自建 小别墅 全流程图解

设计·预算·施工·装修

住宅公园　组织编写

化学工业出版社

·北京·

本书对自建小别墅的建造过程进行了详细的梳理，从最初的选址申报到预算报价、外观构造形式、建造材料选用、主体结构施工与后期内部装修都有系统而专业的讲解，让读者完整地了解小别墅的设计与施工全过程。全书内容大量采用图解方式进行介绍，简洁直观，同时对重点案例解析辅以视频展示，更加生动形象。对于业主最为关心的小别墅建造成本，本书还提供了在线成本估算小程序，读者可以根据具体情况进行估算。

本书可供小别墅业主参考，也可供从事小别墅设计与施工的专业人员参考使用。

图书在版编目（CIP）数据

自建小别墅全流程图解：设计·预算·施工·装修 /
住宅公园组织编写 . —北京：化学工业出版社，2020.1（2025.1重印）
ISBN 978-7-122-35936-0

Ⅰ．①自⋯ Ⅱ．①住⋯ Ⅲ．①别墅－建筑设计－图解
②别墅－室内装饰设计－图解 Ⅳ．① TU241.1-64

中国版本图书馆 CIP 数据核字（2019）第 286415 号

责任编辑：彭明兰　　　　　　　　　　文字编辑：冯国庆
责任校对：王鹏飞　　　　　　　　　　装帧设计：史利平

出版发行：化学工业出版社(北京市东城区青年湖南街13号　邮政编码100011)
印　　装：涿州市殷润文化传播有限公司
787mm×1092mm　1/16　印张16　字数329千字　2025年1月北京第1版第5次印刷

购书咨询：010-64518888　　　　　　　　售后服务：010-64518899
网　　址：http://www.cip.com.cn
凡购买本书，如有缺损质量问题，本社销售中心负责调换。

定　　价：98.00元　　　　　　　　　　　　　版权所有　违者必究

前言

　　随着城镇化战略的稳步推进，人们的生活水平越来越高，对生活品质的要求也是日益提升。无论是城镇还是乡村，广大业主的眼界也更为开阔，原有住房从样式到功能都已经无法满足他们对更高品质生活的需要。住房的更新换代已经成为当下全国各地的一股热潮，其中风格多样、精致美观的小别墅是大部分业主的选择。现代独栋小别墅不管是外观还是功能上与原有住房相比都得到了极大的提升，但小别墅的外观式样繁多，空间设计也各不相同，从设计、预算到结构施工和内部装修，不仅对普通大众来说较为复杂，对于之前没有接触过的专业施工人员来说，也有着不小的难度。

　　本书对自建小别墅的建造过程进行了详细的梳理：丰富的案例充分展现时下流行的小别墅外观与内部构造；依据知名自建房平台——住宅公园大数据形成的在线成本估算小程序，可以更快、更准地预测建造成本；准确、合理的建材选用不仅可以节省建造费用，更是保障小别墅建造质量的基础要素；基础与主体施工工艺的详细讲解，让建造过程变得清晰明了；基于现代设计的内部装修介绍，大大提升小别墅的居住舒适度。全书内容不仅大量采用图解方式进行讲解，非常简洁直观，而且还提供了经典案例的视频介绍，帮助读者全方位地了解小别墅的设计与施工过程。

　　本书由住宅公园组织编写，方远传、郭雨薇参与内容整理。

　　由于编者水平有限，加之时间仓促，书中不妥之处在所难免，恳请广大读者批评指正。

目录

第一章　自建小别墅选型

第一节　房址选择 / 001

第二节　风格选择 / 004

第三节　平面设计 / 007

第四节　立面设计 / 016

第五节　结构设计 / 019

第六节　细部设计 / 022

第二章　自建小别墅工程预算

第一节　工程预算的组成 / 025

第二节　工程预算的编制方法 / 027

第三节　预算的估测及工程量计算 / 029

第四节　工程预算控制技巧 / 038

第三章　自建小别墅主体材料选用

第一节　基本材料选用 / 039

第二节　结构材料选用 / 045

第三节　防水材料选用 / 053

第四节　保温材料选用 / 057

第五节　隔声材料选用 / 059

第四章 自建小别墅基础施工

第一节 常用基础类型 / 061

第二节 常见不良地基处理方法 / 062

第三节 基础放线 / 064

第四节 基础开挖与土方回填 / 066

第五节 基础施工流程 / 072

第六节 基础防水 / 079

第五章 自建小别墅主体施工

第一节 楼柱施工 / 083

第二节 楼梁施工 / 086

第三节 楼板施工 / 090

第四节 地面施工 / 098

第五节 屋顶施工 / 104

第六节 常见构造细部做法 / 120

第六章 自建小别墅墙体砌筑

第一节 砂浆配制 / 137

第二节 墙体砌筑施工 / 139

第三节 构造柱与圈梁施工 / 157

第四节 常见砌筑细部做法 / 159

第七章　　自建小别墅装修

第一节　水电装修 / 165

第二节　吊顶装修 / 175

第三节　地面装修 / 184

第四节　墙面装修 / 190

第五节　门窗安装 / 197

第六节　照明布置 / 202

第七节　软装布置 / 204

第八节　不同价位的装修方案速查 / 212

第八章　　自建小别墅实战案例

第一节　中式风格——白墙黛瓦的小院 / 233

第二节　简欧风格——少见的五层别墅 / 236

第三节　现代风格——打破别墅风格的禁锢 / 240

附录

附录一　宅基地的选择与审批 / 243

附录二　自建小别墅报建手续 / 245

附录三　自建小别墅建房合同书 / 247

第一章
自建小别墅选型

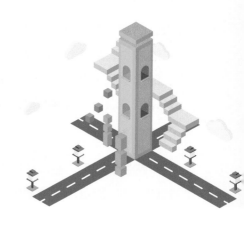

第一节 房址选择

建造房屋首先要做的事情就是选址，地址选择得好坏不仅关系到建设成本的多少，而且对于今后的居住环境、生活都有很大的影响。有条件的房主可以请有关专业人员到现场勘查，从多学科角度全面论证，选择一个符合科学规律的理想地址。

一、选址要求

自建房的选址就是对环境和地质做出全面的评估，并衡量利弊，做出较为合理的选择。一般来说，自建房的选址要遵守以下几点要求。

1. 符合法律

选址一定要符合相关的土地管理法、环境保护法、文物保护法、水法、森林法等法律、法规和当地的规划。通常来说，各个省、市、县的法律法规条文不尽相同，建筑面积、建筑层数等各项指标都有一定的约束条件，因而建房要按规定办理好一系列手续后方可在理想的地址上开工，不可各行其是，乱搭乱盖，违章操作。

2. 地基要稳

要避开洪水、滑坡、泥石流、河道冲蚀等自然灾害袭击和威胁的地段。在地震发生的地区，往往是开阔平坦地形、平缓坡地上的建筑物震害轻；条状突出的山嘴、高耸的山包、非岩质陡坡上的建筑物震害重，而位于滑坡、山崩、地陷地段的建筑物则常被毁坏。此外，坚固的材料和建筑结构也能加强自建小别墅抵抗自然灾害的能力，通常钢筋混凝土房屋的抗灾能力较强。

3. 地势要好

房址地势应高、干、爽、向阳，地下水位要低，地面要有一定的坡度。这样有利于排水、防潮、保持地面干燥，增强房屋的防腐能力，同时还可保持环境清洁，减少苍蝇和蚊虫的滋生。如果地势条件不理想，可以进行人工改善。例如，许多老房依山傍水而筑，山上的雨水顺坡而下，一部分由沟渠流走，一部分渗入地下，侵入房屋墙基，室内十分潮湿，长期居住会影响身体健康，这种情况可以在房屋周围挖深沟排水，改善环境。

4. 朝向要好

房屋建成后，室内环境应冬暖夏凉，舒适宜人，若是单体的小建筑，不仅受大环境、大气候的影响，而且还受当地小环境形成的小气候影响。所以建筑物的朝向、摆布很有讲究，若选址不当就会变成冬冷夏热，对生活造成极大的影响。

5. 环境要好

建筑物尽量处于山环水抱、山清水秀、视野开阔、空气清新和充满生机的地方，良好的环境对于人的身心健康大有裨益。

二、选址常见的问题

自建小别墅在选址时情况较复杂，可能会有多种多样的问题出现。

1. 无计划性

自建小别墅选址大多主观性较强，没有较强的总体规划观念，可能会出现亲属聚集或者无原则扩大建筑面积的情况，这也就造成了很多人会采取见缝插针式的建房，导致房屋布局杂乱无章，交通不便，环境较差。

2. 无理论性

不少自建小别墅的选址很少考虑其他方面的因素，造成非常严重的后果。其中有的是缺乏地质知识，如房屋建在易发生地质灾害的山坡下；有的是缺乏气候知识，如盖一幢朝向西北的别墅，导致室内冬冷夏热，大大影响舒适性；还有的是缺乏环境知识，例如房内人畜混居，楼下养猪、养牛，楼上住人，这类环境既不方便生活，也不利于身体健康。

3. 无科学性

此外，在不少地区，可能房主之间会有一些心理之间的较量。比如很多地方的地基必须要比邻居高一点，房檐也要高出一头，邻居家的房屋不能有高的烟囱等，这些毫无科学根据可言的思想，往往会影响邻里之间的和睦，甚至引发更为严重的后果。

4. 缺乏法律意识

部分房主法律意识淡薄，认为土地是自家的，自己想怎么建房就怎么建，既不考虑法律，也不考虑本地区建设规划，因此，未报建房、未批先建和随意扩大房屋面积等的违法、违规用地的现象屡见不鲜。

三、常见不良地基

在自建房施工时可能会出现不良的地基的情况，这种地基无法为上层建筑物提供有力的支撑，不能有效保证工程质量和建筑物的使用寿命。

1. 有坡度的地基

遇到有坡度的地基，在底面处理时要做成台阶状，不得按照原来的坡度做。而且由于山脉走向本身是有坡度的，地基最深的位置一定要挖到有石块的底部，此时上部房屋的结构宜选择框架结构，通过受力柱基础要直达底部石块，如图 1-1 所示。

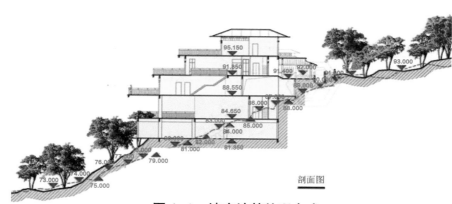

剖面图

图 1-1　坡度地基处理方式

2. 软硬地基相接

软地基上的建筑物沉降量过大，沉降时间过久且具有很大的不均匀性，而软硬地基相接的情况会加重建筑物的不均匀沉降。通常的处理方式是按压强相等的原理，加大软地基处的基础底面积，之后再加强基础部分地梁刚度。需要注意的是，软硬地基相接时，房屋不能建得太空旷，房屋层高也不宜太高，墙体间距可以密一些，尽量不开大尺寸门窗洞口，如原来不是框架结构的可以提升为框架结构等方法来处理。

3. 部分地基在水中

如果从深河中填基础，成本会相当高，这时可采用悬挑大梁的办法来处理。

4. 地基有坑

根据坑的大小，可选择架设地梁穿越或从大坑底部填料做基础的办法。

第二节 风格选择

在建造小别墅时，首先需对房型有一个初步的构想，这是由于对于某些特定的建筑风格，其平面设计、空间组织可能会有某些要求，所以提前考虑能够提高建造的效率。同时风格的选择是自建小别墅的总体的概括性规划，也是经过前期调研和实际情况权衡下的雏形产物。

一、风格选取原则

自建小别墅的主要目的是为居住者提供居住的空间和场所，风格则主要是影响居住环境和居住者的生活及心理状态，因而，广大农村和小城镇的业主在进行住宅风格选取时必须遵循如下原则。

1. 以使用功能为基础

在风格选取和设计时，应根据建房者所建住宅的实际功能来确定。一般情况下，一套完整的小别墅主要由住房及院落两部分组成。住房又包括堂屋、卧室、厨房、杂屋等房间，院落中一般设有厕所、水窖等。如果饲养家禽、家畜等，还必须考虑禽畜房舍的布置，这些都会对风格选取造成影响。

2. 要因地制宜

在设计自建小别墅住宅时，必须结合当地的地理位置、文化传统、自然条件、气候环境等来进行。

比如在河流、湖泊比较丰富的江浙一带，住宅建筑常以粉墙黛瓦进行装饰，风格清新淡雅；木构架以及住宅的门、窗等所有木质材料都饰以栗褐色或褐黑色的油漆，风格素雅清幽。合适的建筑形式也是对当地文化传统的一种延续。

又例如，我国的南方地区气候炎热、多雨、空气湿润，农村住宅必须考虑建筑物的通风散热和防水防潮的问题。在这种情况下，主要住房不仅应有良好的朝向，屋内空间还要设计得高大通透些，因而现代风格可能更合适一些。

北方地区气候较冷且干燥，冬季多北风，住宅设计应考虑建筑物的防寒保温等问题。一般住宅多是坐北朝南，院落基本上是四合院的风格布局，房屋的高度一般为 3.0~3.3m。由于院落四周呈封闭状，可有效阻止北风的入侵。

3. 就地取材

建房时的地基基础用材、墙体用材、房面用材是住宅建设的主要用材。这些材料有着不同的用途和特性。所以,在设计小别墅的风格时,一定要把建筑材料的选择纳入设计的范畴。如多山的地区,可把石材作为首选用材;而盛产木材和竹子的地区,则应多考虑木材和竹子的应用。

二、风格的划分

一般来说,农村自建小别墅的常见外观风格可划分为以下几类。

1. 现代风格

现代风格的自建小别墅没有太多过分的装饰,强调功能与形式的统一,一切从实用性出发,讲究造型比例适度、空间结构图明确,外观明快、简洁,充分利用现代的材料和构筑技术创造符合现代风格的小别墅。现代风格的自建小别墅明显的特征有平屋顶、条形窗、几何感较强,如图1-2所示。

2. 田园风格

田园风格倡导"回归自然",主要是通过外立面的装饰装修表现出田园的气息,是一种贴近自然、向往自然的风格,因此田园风格力求表现悠闲、舒畅、自然的田园生活情趣。

图 1-2　现代风格自建小别墅

图 1-3　田园风格自建小别墅

图 1-4　新中式风格自建小别墅

田园风格最大的特点就是朴实、亲切、实在。若继续细分，田园风格还包括有英式田园、美式乡村、法式田园、中式田园等。田园风格自建小别墅如图 1-3 所示。

3. 新中式风格

新中式风格是将现代生活的流线组织方式、新型的材料等与传统建筑精髓之间水乳交融。新中式建筑的设计中融入了西式生活流线的理念，因此更适合现代国人的居住习惯和心理需求，也让更多的人感受到用现代精神诠释后的文化回归与自信。

同时新中式风格的建筑既能很好地保持传统建筑的精髓，又有效地融合了现代建筑元素与现代设计因素，改变了传统建筑的功能使用，给予重新定位，增强了建筑的识别性和个性。新中式风格自建小别墅如图 1-4 所示。

4. 欧式风格

欧式风格是一个统称，代表了追求华丽、高雅、古典的建筑风格。其中代表风格是巴洛克风格、洛可可风格。典型的欧式风格主要以华丽的装饰、浓烈的色彩、精美的造型达到雍容华贵的装饰效果，门窗上半部多做成圆弧形，并用带有花纹的石膏线勾边，强调力度、变化和动感，部分则偏向夸张、非理性，比较强调装饰性，为装饰而用大量柱子作为点缀，如图 1-5 所示。

图 1-5　欧式风格自建小别墅

5. 简欧风格

顾名思义，简欧风格即为简化之后的欧式风格。它很巧妙地避开了传统欧式风格给人带来的繁杂感，又合理地运用了现代风格的清爽，因而简欧风格故被称为"低调的奢华"。简欧风格在表现形式上强调对称感，整体线条简洁，主要是欧式风格元素的简化应用，如图 1-6 所示。

图 1-6　简欧风格自建小别墅

第三节　平面设计

自建小别墅的平面设计主要涉及功能的组合方式以及各个功能区内部的平面布置。

一、功能的组合方式

在空间组合设计时，还需要注重功能要求，通常空间的组合方式在设计时主要注意以下几点。

① 确保生产区与生活区分开　凡是对人居住生活有影响的生产用房，均要设计在住宅居住区以外，确保家居环境不受影响。

② 注意清洁区域与易脏区域分开　这种区分也就是基本功能与附加功能的区分，如做饭、燃料、农具、洗涤便溺、杂物储藏、禽舍、畜圈等均应远离清洁区。

③ 公共区域与私密区域分开　在一个家庭住宅中，公共区域主要是指全家人共同活动的空间，如客厅、门厅，而私密区域就是每个人的卧室。公私区分，就是公共活动的起居室、餐厅、过道等，应与每个人私密性强的卧室相分离。在这种情况下，基本上也就做到了"静"与"动"的区分。

根据自建小别墅类型和功能需求较多，通常有集中布局和垂直布局两种组合方式。

1. 集中布局

集中布局是整套住宅均在同一层平面上。此种方法一般用于单层式别墅住宅，其水平功能布局均以厅为中心向外围展开，如图1-7所示。

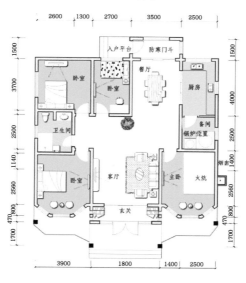

一层平面图 1∶100

图1-7　集中布局

2. 垂直布局

垂直布局（图1-8）就是将同一住户的多功能空间分布在两层或两层以上的楼层。垂直布局的最大优点就是各层均可配置厨房、卫生间，且有各自的起居厅，也可相应配置户外活动场所，具有相对的独立性。这种布局是以各层的厅为中心，以楼梯间为纽带，将各层连成一个统一体。其通常的布局方法是，附加功能空间在下，生活功能空间在上；对外部分在下，对内部分在上。

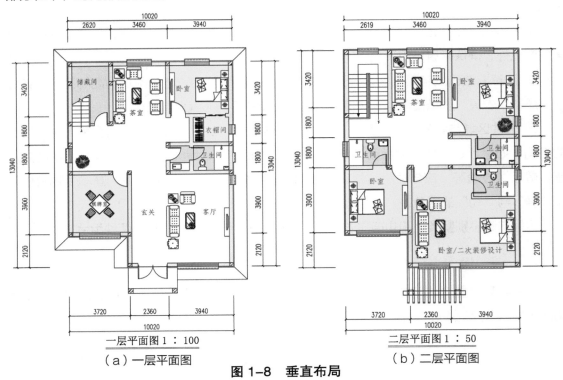

（a）一层平面图　　　　　　　（b）二层平面图

图1-8　垂直布局

二、各个功能区内部的平面布置

自建小别墅设计的另一项任务就是要按照基本功能空间和附加功能空间的要求及特点科学地设计各个空间的构成方法。

1. 门厅

门厅也被称为玄关、过厅，是进门后作为空间过渡的一条通向客厅的过道，主要是换鞋、更衣、脱帽以及存放雨具、外套和鞋之用，所以门厅的地面应以容易打扫、清洗和耐磨为原则。由于在农村，往往是从室外直接进入室内，而不像一般商住楼有楼道作为缓冲空间，所以农村住宅往往更需要门厅，防止雨雪天将泥水带入室内。

通常来讲，门厅的面积以3~5㎡为宜，地面最好选用防水耐磨、易打扫易清理的材料。设置方式主要有三种，分别是联合式（图1-9），即在其他功能空间中设置鞋柜、衣钩等设施用作门厅的形式；独立式（图 1-10），即单独设置门厅；隔离式（图 1-11），做法是在大空间中分隔出相对独立的一部分作为门厅。

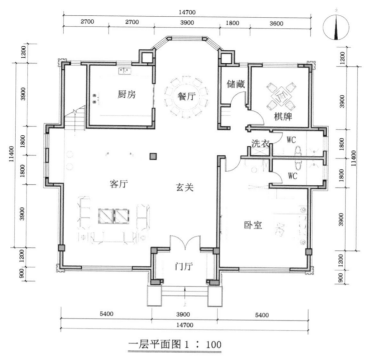

一层平面图 1：100

图 1-9　联合式门厅

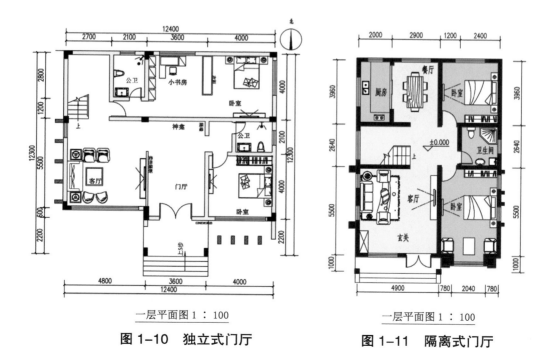

一层平面图 1：100　　　　　　　　　　一层平面图 1：100

图 1-10　独立式门厅　　　　　**图 1-11　隔离式门厅**

2. 堂屋/客厅

和城市住宅不同的是，自建小别墅堂屋/客厅可能要多于城市住宅的客厅数量，一般底层设计一个，上部的各层还会有设置。客厅一般按占据好的位置和好的朝向来设计。在实际设计中，有时客厅不一定朝向南，这主要是看地理位置是否方便，比如临街，或者另外的朝向有更好的景观。

（1）底层客厅设计　在农村和小城镇中，底层客厅（图1-12）一般也称为堂屋，通常设置在房屋的中心地带，具有组织交通的作用。底层客厅是家庭第一重要的功能空间，是对外展示和交流的地方，也是家庭成员交流的中心，其内部设计的方式有多种（图1-13），有些地方还会将底层客厅作为操办婚丧嫁娶的场所，所以空间面积相对而言要大一些，但对于自建小别墅来说，由于建筑技术等方面的限制，最大开间一般采用4~5m即可。

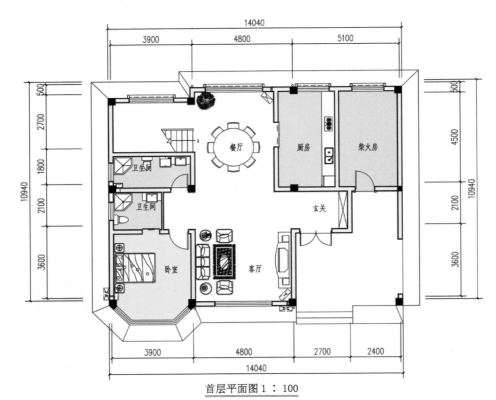

首层平面图 1：100

图1-12　底层客厅

复式设计

●优点：复式设计是两层房子的高度作一层用，去掉上面的一层楼板，这样处理确实有一种高堂大殿的感觉，在高档别墅中并不少见

●缺点：对于普通人来说不太实用，能耗太高，例如开空调，需多耗费更多的电量

地坪下沉设计

● 优点：一般下沉两个踏步，这样一来，客厅层高可稍微高一些，其他空间稍低一些，也有其合理性

● 缺点：这种设计对于有老人的家庭不太合适，因为有了这两个踏步，对老人行走很不方便

错层设计

● 优点：利用楼梯平台标高（一般半层）位置做成前后或左右错开半层的设计，这种设计丰富了家居生活的画面层次，减少了空间浪费，可灵活运用空间

● 缺点：这种形式在实际设计中不太常见，主要原因就是对于自建房房主，以及施工队伍的技术水平而言，这种形式的设计和施工难度相对大了一些

图 1-13 底层客厅内部设计的不同形式

（2）上层客厅的设计 上层客厅面积可大可小，面积小可作为交通核心以及小型的休闲区域，面积大则能满足家庭内部人员丰富的公共活动，部分上层客厅还会设计观景阳台，或者推开门直接到达，如图 1-14 所示。

和城市住宅一样，自建小别墅中的客厅，无论是底层客厅还是上层客厅，都要尽量少使用墙体或隔断分隔空间，以保证客厅的宽敞、明亮，且有足够的空间用于会客、聚会等社交活动。

3. 餐厅

考虑到不同住户的不同习俗及不同要求，餐厅设置可采用下列两种方案。

① 在厨房中隔离出餐厅 在厨房一侧分出一块地方设小餐

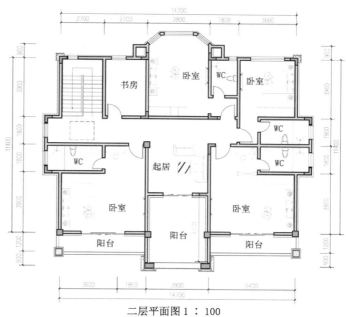

二层平面图 1：100

（a）二层平面图

（b）立面图

图 1-14 通往阳台的上层客厅设计

桌，供特殊情况下单独就餐之用。

② 独立设置餐厅　这是自建小别墅住宅建设的一个发展方向，其面积一般应为 10~15m²，可供 6~10 人用餐。独立餐厅应和厨房、客厅联系紧密，要求功能明确、单一。

4. 卧室

① 卧室数量　一般来说，自建小别墅的卧室数量要多于城市的住宅。除了地域经济的差异和居住习惯的不同外，很重要的一点，就在于成本较低。结合目前的实际情况，自建小别墅卧室的数量只要在城市住宅的基础上加一居室即可，也说是 3~4 居室为宜，过多也是一种浪费。

② 卧室位置设计　一般底层有一个老人用的卧室位置，底层便于老人活动，也安全。还有一个重要的原因是，底层房间由于有地气的作用，有冬暖夏凉的好处。其余卧室可以设计在上层，主卧室一般设计在朝南的位置，其他卧室也应当按照尽可能好的朝向设计。卧室还要注意规避噪声的侵扰，如果景观环境很差，也要规避。

③ 主卧室设计　自建小别墅的卧室面积相对较大，通常开间为 3.6~3.9m，北方地区 3.3m 左右即可，进深宜取 4.8~5.1m 为宜。也有一些房屋主卧室面积很大，有条件的主卧室宜专配一个卫生间、一个踏入式衣柜、专用生活阳台或露台。

④ 次卧室的设计　一户人家，最恰当的卧室设计是大中小结合配套，这才是最经济合理的，次卧室又可细分为中和小两种。小卧室可以设计得很小，甚至于可以和日式的"榻榻米"结合起来设计，既当地又当床。

⑤ 卧室的私密性设计　卧室是一个需要私密的空间，有条件的可以采用书房等功能空间作套间来增加卧室的私密性，卧室门的开户方式也对卧室私密性有一定的影响，有时移门可能比平开门更私密一些。

⑥ 从使用的便利性上讲　卧室通常和卫生间靠在一起比较好。

5. 储藏间

面积大、储藏物品种类繁多是农村和小城镇自建别墅储藏间的一大特点。在规划设计储藏间时，首先要确定储藏间的平面位置。一般情况下，储藏间位置要隐蔽，不宜外露，以避免空间凌乱；储藏间要相对独立，就近分离设置；被服、鞋帽、床上用品等的储藏间应靠近卧室设置；食品、餐具和燃料等的储藏间应于厨房、餐厅就近分类设置；蔬菜、水果等应在房屋的底层或地下室中储藏；小型农机具的存放应设置在房屋底层靠近出门口处等。

在设计储藏间时，可利用楼梯间作为储藏间，或者做成开放的储物格，如图 1-15 所示；底层架空位置作为储藏间。在卧室中，应按使用要求及尺寸专设衣柜间；在使用框架结构的房间中，可采用壁柜隔离作储藏间；可在过道、门头或室内安装吊柜；窗台及家具下部空间做储藏间等。

图 1-15　楼梯下的储物格

6. 厨房

传统的厨房功能具有多样性，不但是炊事的作业场所，而且还具有蒸煮禽畜饲料、存放燃料、冬天取暖的功能。所以，厨房必须达到清洁、整齐、卫生、宽松的要求。通常来说自建小别墅的厨房设计在底层，占用相对朝向较差的一面，这样能够保证客厅有良好的朝向。

厨房门宜面向餐厅方向，方便联系。目前大多数采用玻璃移门，比较大气、漂亮。如果地形条件许可的话，尽量设计一个小阳台，有些较为脏乱的厨事可以在小阳台上进行。完全使用燃气的厨房，开间宜大于 1.8m；对于有土灶的厨房，一定要考虑好安置天然气灶具的位置，还要考虑到一定的放置柴火的空间。厨房间地坪标高宜比其他地面低 3~5cm，厨房的门宜为防火门。

一般厨房的平面布置大致有三种类型，如图 1-16 所示。

与其他房间组合	与住宅相毗连	独立建造
它的特点是布置在住房之内，使用起来较为方便。这种布置对于还在使用土灶的厨房不适用	它的特点是布置在住房外与居室毗连，与居室联系方便，不受雨雪天气的影响，对卧室污染程度小	它的特点是布置在住房外与居室分开，这样可避开烟气对居室的影响
最大缺点就是通风系统不良时，家里易被烟气污染	并无明显缺点，相对于布置在住房内部的厨房在上餐时动线更长	缺点是占地面积大，并且雨雪天气时使用不便

图 1-16　厨房平面布置类型

厨房内部空间的布置则应严格按照储、洗、切、烧的工艺流程进行科学规划，并且要按现代生活要求及不同的燃料、不同的民族习俗等具体条件来配置厨房设施。除洗、切、烹调等主要操作空间外，厨房内还应设附属储藏间，用来储藏粮食、蔬菜及燃料。厨房中的功能布局可视具体条件划分为单排平面布置、双排平面布置、双灶台布置、待客式布置四种形式。

① 单排平面布置　自建小别墅中的单排平面布置主要是采用"L"形的方式。"L"形的布置方式能够避免动线过长所引起的疲劳感，适用于狭长形、长宽比例大的厨房空间形式，如图1-17所示。

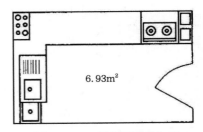

6.93m²

图1-17　单排平面布置

② 双排平面布置　常见的双排平面布置为"二"形和"U"形两种形式，适用于面宽较大的厨房空间，如图1-18所示。

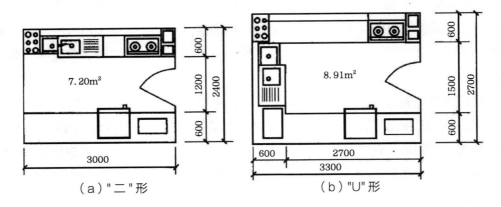

7.20m²

（a）"二"形

8.91m²

（b）"U"形

图1-18　双排平面布置

③ 双灶台布置　农村使用的燃料主要有煤、柴、气三种。北方农村一般采用烧煤和烧柴同时并存的双灶台厨房，一个灶台用来做饭，一个灶台用来烧炕，如图1-19所示。

在自建小别墅的设计中，厨房的通风和采光是至关重要的一部分。厨房通风的重要性源于中国菜的烹饪方式，厨房中的油烟如果不及时排出，对健康会有很大的损害。自建小别墅厨房通风设计的第一要点就是要有直接对外的墙面，保证通风和采光。需要注意的是，在设计时要考虑当地的常年风向，不要出现油烟倒灌的现象，也不要出现排到室外的油烟又被风吹回室内的尴尬情况。

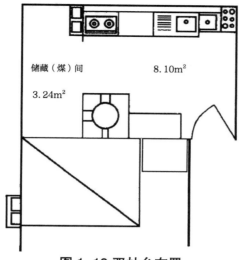

图 1-19 双灶台布置

④ 待客式布置　这种厨房面积应适当扩大，可以摆放小餐桌，可供特殊情况下个别人临时用餐。全家的正式就餐应在专用餐厅。

7. 卫生间

自建小别墅的卫生间设计有其特有的特点，现在的自建房一般以两层楼房居多，一般一层必须要设置一个卫生间，二层可以设置一个或两个卫生间。通常卫生间设计时有以下几个原则。

① 一层卫生间的设计　一层卫生间的设计最好要靠近睡房布置，这是一个基本原则，因为卫生间布置宜按照房主家庭人员使用为主，客人使用为辅。

一层卫生间设计时应当充分考虑到老年人的生活习性（一般考虑老年人在楼下居住），所以一定要有坐便器，甚至可以按照老年人的卫生间使用标准来设计。在设计时，有必要在一层卫生间设置一个放洗衣机的位置。一层卫生间常有布置在楼梯下面的，这时要注意楼梯下面的净高要保证最少 2m。一层卫生间的门不可正对房子进入口的大门，也不宜正对餐桌和厨房，一层卫生间的窗也宜设计得高一些。

② 上层卫生间的设计　一般主卧房和子女房以及客房均安置在上层，所以卫生间也必须按方便卧房使用的原则来设计。经济基础不宽裕的家庭可以配置一个卫生间，这时宜按靠近主卧房布置。经济基础较好的家庭一般设计两个卫生间，一个主卧房专用，一个公用。高档别墅可以按每个卧房一个卫生间来配置，另外再配置一个公共卫生间。

③ 主卧房专用卫生间　一般可配置坐便器和淋浴房或浴缸等，卫生间面积空间要充分考虑到女性生活方便性。另一个公用卫生间，宜配置蹲便器和一个淋浴喷头。公共卫生间的各功能空间宜分隔开来单独使用为好。

在设计规范中规定卫生间的开间最小为 1.6m，但是自建小别墅的卫生间有条件设计得更宽敞一些，可以按最小 1.8m 或 2m 以上考虑。有条件的还可在卫生间外侧套置一个挂衣服的空间，这样可以让卫生间距卧房远一点，在深夜使用卫生间时发出的响声对主人的影响也可少一些。

④ 自建小别墅的卫生间还要考虑靠近厨房和化粪池　在布置下层卫生间时要考虑到上层卫生间的布置，最好上下对齐，这样可以节约管道，方便上下水。上层布置卫生间时不宜布置在厨房和餐厅的上方。卫生间宜设在采光通风条件相对较差的北侧或东西侧区域，一般不宜设计在南侧，卫生间尽量直接对外采光。

8. 车库设计

由于现在人们的消费水平日益增长，很多家庭都购买了属于自己的汽车，因此在自建小别墅的设计中，还要考虑车库的设计。

一般来说，车库都是设计在南面的，因为大门基本是朝南的居多，一般大门前面的路面做得比较好，也方便车辆的进出。车库的房屋设计图一定要注意基本的尺寸：车库门的宽度不宜少于 3m，进深不宜少于 6m，这样的标准才能符合现代小轿车的舒适停放。需要注意的是，车库一般不是独立设计的，在一层的房屋设计图里，车库里面要设计一个门直通堂屋室内空间，否则如果是独立的话，遇到下雨天就比较麻烦了，停好了车还要从室外绕，体验感会比较差。车库门最好采用电动卷帘门，这样下雨天也不用出车外去开门，只要在车内按下遥控器就可以把车库门打开，相对比较方便，如图 1-20 所示。

车库最好也要做室内外高差，防止大雨天车库进水，导致车辆浸泡在水里，这样对车辆的伤害是毁灭性的，一般做 30~50cm 的高差即可。

图 1-20　车库设计

第四节 立面设计

自建小别墅在满足使用要求的同时，它的体型、立面以及内外空间组合等，还要努力追求一种美的享受。住宅内部空间的组合方式是确定外部体型的主要依据。因此，在平面、剖面的设计过程中，就需要综合包括美观在内的多方面因素，考虑到建筑物可能具有外部形象的造型效果，使房屋的体型在满足使用要求的同时，尽可能完整、均衡。

一、立面设计原则

农村住宅的建筑立面是表示房屋四周的外部形象，由许多构件、部件组成，主要有墙体、梁柱等构成房屋的结构构件；有门窗、阳台、外廊等和内部使用的空间直接连通的部件；以及台阶、勒脚、檐口等主要起保护外墙作用的防护结构。

1. 尺度和比例

尺度正确和比例协调是使立面完整统一的重要保证。如建筑立面中的踏步、栏杆和窗台的高度、大门拉手的位置等，这些部位的尺度相应地比较固定，所以若它们的尺寸不符合要求，不仅在使用上不方便，而且在视觉上也会有别扭的感觉。

例如，一幢住宅建筑物的体量、高度和出檐多少均有一定的比例，梁柱的高跨也有相应的比例。这些比例上的要求首先需要符合结构和构造的合理性，同时也应符合立面构图的美观要求，如图 1-21 所示。

图 1-21 协调的建筑外观比例

2. 节奏韵律和虚实对比

节奏韵律和虚实对比是使建筑立面富有表现力的重要手法。在建筑立面上，相同构件或门窗作有规律的重复变化，能给人们在视觉上得到类似音乐诗歌中节奏韵律的感受效果。在门窗的排列组合、墙面构件的划分中，立面的节奏感表现得比较突出。如

图 1-22 房屋的立面处理

图 1-22 所示为房屋的立面处理。墙面中构件的竖向或横向划分也能够明显地展现立面的节

奏感和方向感。例如柱和墙墩的竖向划分、通长的栏板、遮阳板等的横向划分等。横向划分的立面通常具有轻巧、亲切的感觉，而竖向划分的立面一般具有庄重、挺拔的感受。

建筑立面的虚实对比通常是指由于形体凹凸的光影效果，所形成的比较强烈的明暗对比关系。例如墙面实体和门窗洞口、栏板和凹廊、柱墩和门廊之间的明暗对比关系等。不同的虚实对比，能给人们以不同的感觉。例如实墙面较大、门窗洞口较小时，常使人感到厚实和封闭；相反，门窗洞口较大、实墙面较小时，则感到轻巧和开敞。

3. 材料质感和色彩配置

根据不同建筑物的标准，以及建筑物所在地区的环境和气候条件，材料和色彩的选择应有所区别。

一般来说，粗糙的混凝土或砖石表面显得较为厚重；平整而光滑的面砖或金属、玻璃的表面，感觉比较轻巧。以白色或浅色为主的立面色调，常使人感到明快、清新；以深色为主的立面，又显得端庄、稳重；红、褐等暖色趋于热烈，蓝、绿等冷色使人感到宁静等。各种冷暖和深浅的色彩进行不同的组合及配置时，会产生多种不同的效果。

4. 重点及细部的处理

突出建筑物立面中的重点，既是建筑造型的设计手法，也是房屋使用功能的需要。建筑物的主要出入口和楼梯间等部分，是人们经常通过和接触的地方，在使用上要求这些部分的地位突出一些，在立面设计中，相应地也应该对这些立面进行适当的重点处理。

图 1-23　对称式外观

二、组合方式

对于自建小别墅而言，外观组合方式无外乎就是对称（图 1-23）和不对称（图 1-24）两种：对称的房屋体型有明确的中轴线，建筑物各部分组合体的主从关系分明，形体比较完整；不对称的房屋体型特点是布局比较灵活自由，能适应功能关系复杂或不规则的地基形状。相对而言，不对称的房屋体型容易使建筑物取得舒展、活泼的造型效果。

建筑物的外观还需要注意与周围环境、道

图 1-24　不对称式外观

路的呼应、配合，要考虑地形、绿化等周边环境的协调一致，使建筑物在周边环境中显得完整统一、配置得当。

三、层高设计

北方的自建小别墅平均层高应为 3.0~3.3m，过高或者过低都不合适。而南方空气湿润，夏天炎热，为了保持空气流通，主流自建小别墅的一层高度通常是 3.6~3.9m，个别地方为了追求房屋的整体美观效果，一层层高也有做到 5.4m 的。二层相应减少一些，层高为 3.0~3.3m，三层一般控制在 3m 左右即可。为了增加房屋的采光，南方的农村自建小别墅一般会做一个架空层，这样可以和地底的湿气隔绝开来，房屋的高度也能增加，从而获得更好的采光效果，但高度要适宜，因为住宅层高过高也会带来一些弊端，常见的有以下几种。

① 增加建房成本　别墅层高越高，墙体自然就高，消耗的红砖、钢筋、水泥等建材就更多，自然建房成本就会增加。据统计，别墅高度每降低 10cm，可以节约 1.2%~1.5% 的工程造价。

② 能耗过大　层高过高，室内空间大，制冷和采暖所要覆盖的范围就更大，能耗就更多，而且制冷和采暖所需的时间更长。另外层高过高不利于房间保温，无形之中增加了制冷、采暖成本。

③ 装修施工困难　层高过高，装修时一般的梯子够不到，吊顶和墙体施工时都要受到影响，同时也容易引发安全问题。

④ 空间浪费　我们的日常活动主要在居室的下部空间，楼层上部过大，空间完全没有得到利用，造成空间浪费。同时房屋过大，容易使人感到空荡，缺少家的温馨感，还会增多楼梯步数，增大占用面积，加大平面布局设计的难度。

第五节 结构设计

我国是一个自然灾害频发的地域，因此，在小别墅的建设过程中，一定要未雨绸缪，注重抗震与防灾的设计，从而为自己的生命和财产多增加一份保障。

一、结构设计原则

1. 结构布置要合理

建筑平面和立面布置尽可能简单对称。形状不规则的房屋因为各个部分结构的刚度和承载力分布不均匀、不连续，容易形成抗震的薄弱环节。房屋的女儿墙、高门脸和屋顶小塔等构件，在地震作用下，如果与主体结构连接不牢，非常容易引起严重破坏，甚至倒塌。

2. 传力途径要明确可靠

房屋重量、使用荷载和风、地震等外力作用通过承重构件传递，所以结构体系的设计一定要使这些力的作用尽可能简捷、明确地传递，避免传力中断。

① 砖混结构中要求承重墙自上而下均匀连续布置，减少承重墙的局部缺失而造成承重墙置于墙梁上的做法，增加结构的抗侧刚度，如图 1-25 所示。

图 1-25　砖混结构布置

② 框架结构中要求柱子自上而下连续布置，减少柱子的局部变位，增加整个框架结构的抗侧刚度，并且减少由于重力偏离而造成的扭转，如图 1-26 所示。

图 1-26　框架结构布置

3. 可靠的连接保证结构整体性

预制钢筋混凝土装配式结构构件的连接应保证结构的整体性，如屋面大梁和墙、柱支座的连接，预制空心板和大梁及板之间的连接均要牢靠。

二、房屋结构选取

对房屋结构来说，重力荷载是长期作用的荷载，其他荷载均是临时荷载。因此，在任何条件下，保证房屋结构中的主要承重构件不破坏，才能保证房屋的安全。

目前的自建小别墅住宅的建筑结构主要分为砖混与框架结构两种。砖混结构是使用得最早、最广泛的一种建筑结构形式。这种结构能做到就地取材，因地制宜，适合于一般的自建房。钢筋混凝土框架结构则适用于层高比较高，开间要求比较大，或者是抗震要求比较高的住宅中。两者的不同见表 1-1，房主可根据自身情况灵活选择房屋的结构形式。

表 1-1　框架结构与砖混结构的部分差异

区别	砖混结构	框架结构
本质区别	承重构件不同	
承重构件	承重构件主要是墙（虽有构造柱，有圈梁，但其作用是加强整体性，不是承重）	承重构件主要是框架柱子、框架梁承重
传力方式	楼板传力给墙体，墙体以线荷载的形式传给基础	荷载作用在楼板上，楼板传力给梁，由于梁搁在柱子上，所以力传至柱子，柱子再传给基础，墙体只是起分隔和围护作用
牢固性能	牢固性一般，一般不超过 6 层	牢固性很好，可以做到几十层
改造特点	砖混结构中很多墙体是承重结构，不允许拆除，只能在少数非承重墙上采取措施	多数墙体不承重，所以改造起来比较简单
隔声效果	红砖隔声效果中等	取决于隔断材料的选择，最常用的加气混凝土砌块隔声效果很好
空间大小	因为砖的承重能力有限，做到 5m 就已经很不错了。 开间进深较小，房间面积小	梁和柱的结构使得框架结构的空间可以做到 6m 以上。 适合开间进深大，房间形状自由的建筑
工程造价	工程造价较低，根据施工地点不同而造价差异不同，一般来说，比框架结构每平方米造价要低 300 元左右	工程造价较高
环保特点	红砖由黏土烧制而成，浪费耕地	大部分原料都是工业废料，节能环保
使用寿命	框架结构的使用寿命和抗震强度要高于砖混结构	
适用范围	适合多层和低层的房屋	适用范围广泛，高层，多层，甚至两三层的别墅
空气湿度	红砖调节空气湿度性能较好	混凝土调节空气湿度性能较差
抗 震 性	抗震性能较差	抗震性能明显提升

第六节 细部设计

1. 过道与走廊的设计

过道与走廊是连接各个房间、楼梯和门厅等各部分的设施，以保持住宅内各功能间的水平联系和人员的活动。

过道的宽度应符合人员顺畅活动及建筑防火的要求。在住宅人数较少时，住宅过道中，考虑到两人相向而行和搬运家具的需要，过道的最小宽度不宜小于1.1~1.2m。

过道有坡度时，坡度应小于1∶8，如果坡度大于1∶8时，则坡道上应有防滑措施或增加扶手。

2. 楼梯的设计

楼梯是保持房屋各层间的垂直联系的部分，是各楼层人员活动必经的通路。楼梯不仅和各层的走道直接联系，而且还与门厅、出入口相衔接。

（1）楼梯类型选择

楼梯的种类繁多，有单跑、双跑和三跑之分（图1-27）。按踏步板材质分有木质、混凝土、大理石等。栏杆种类有混凝土现浇、木质、玻璃、不锈钢管等。

单跑楼梯	双跑楼梯	三跑楼梯
也就是"一"字形楼梯。最小宽度私家用可为0.85m，如条件许可不宜选择最小尺寸，同时也不宜太宽。这种楼梯占用面积和空间最小，一般楼梯的上下空间大多还可开发利用起来，所以一般小面积住宅常采用。但是这种楼梯容易给人一种很长，空间很深的感觉	也就是一折返楼梯，这是最常见的形式。这种楼梯间开间一般为2.4m，最小的也有2.1m的，最大的也有2.6m的。开间尺寸的选择要根据具体空间面积和经济情况而定。如果在双跑楼梯的下面空间设置卫生间等空间，这时开间就应相对大一些	也就是"C"形楼梯，这种楼梯往往是在双跑楼梯不能满足要求的情况下才采用的一种形式，有面积和空间浪费现象，但这种楼梯有空间开敞感，一般来说，在公共场所比较多见，自建小别墅中，除非豪华别墅，用得不是很多

图1-27 楼梯类型

（2）楼梯踏步的设计

① 踏步板高度　室内一般选取165~175mm为宜。室外一般为120~150mm。

② 踏步板宽度　室内一般为250~260mm，空间小时可取小值，正常情况下采用260mm。室外踏步板宜宽一些，通常为300~350mm。在计算踏步级数时要注意，宽要比高少一些。

③ 平台设置　根据设计规范要求，踏步板连续18级后必须要加设一个休息平台。休息平台最小宽度应大于等于楼梯板宽度，一般自建小别墅按1200mm确定。

④ 旋转楼梯　旋转楼梯由于外观漂亮，比较受年轻人的欢迎。一般选用定制的不锈钢楼梯，比较节省空间。旋转楼梯设计时要注意旋转的方向，在下楼梯时右手扶持扶手栏杆的内侧为好，这样比较安全。

（3）楼梯设计注意事项

① 楼梯间尽量不占用好的朝向。

② 当楼梯宽度大于 1400mm 时，两侧应设扶手。

③ 楼梯井中超过 500mm 长的水平栏杆，其高度不得低于 1000mm。楼梯栏杆或栏板上皮至踏步中心的垂直高度和 500mm 长度以内的水平栏杆或栏板的高度均不应低于 900mm。

④ 两面抹灰的双跑楼梯栏板，其相邻板间的净空不应小于 200mm，以便于施工。水平方向的金属栏杆，在休息板的转弯处，不应做成尖角，以免伤人或刮破衣服。

⑤ 楼梯间休息平台处的窗台高度低于 750mm 时，无论开启与否，在窗的内侧均应设置防护栏杆。

⑥ 楼梯休息平台板下经常有人通过时，其楼梯梁底面或楼梯板面距离建筑地面的高度不得低于 2m。

3. 门的设计

在单个房间的平面设计中，门的位置和数量对于房间的使用起重要作用。门的设置主要应考虑室内人员活动便捷、出入方便，同时，也应考虑室内面积的充分利用、家具的布置合理以及便于室内通风等。通常来说门设于房间的一角，这样可保持墙面的完整，便于布置家具，同时也节省了开门所占的空间。如果房间为套间，外间就要开设两个门。两个门设置的位置距离越近越好，而且应避免两个门之间对角线斜穿房间。

门的高度可根据居住者的身高来确定，一般都在 2.1m 左右。门的宽度则需要根据人员活动的多少和搬运家具的大小来确定。起居室及生活房间门的宽度常为 900mm；住宅中的厕所、浴室等门的宽度只需要 650~800mm；住宅阳台门的宽度为 800mm。当门的宽度大于 1000mm 时，宜采用双扇门。

4. 窗的设计

窗的作用主要是采光与通风。因此，窗的大小和位置则应根据不同房间对采光和通风的要求来确定。窗户的面积通常应根据采光的要求，以窗口的面积与房间地面面积的比值来确定。窗户的位置，一般宜设在房间外墙的中间，以利于采光与通风。

窗台距离地面的高度主要根据使用要求、人员的高矮、家具的高度来确定。一般来说，窗台距离地面的高度常采用 900~1000mm；首层厕所与浴室，必须采用高位窗，窗高约

2m。窗户的面积大小与开窗的形式和所采用的结构方案有关。如砖混结构的墙面，窗户面积不能开得太大。特别是在地震区，根据地震烈度的等级，对两窗之间和窗与墙的宽度都有一定的要求。

5. 屋顶的设计

自建小别墅在设计的时候，设计人员往往会纠结于选平屋顶还是坡屋顶。其实这两者各有利弊，不能一概而论，一般都是根据立面要求来确定的。

① 坡屋顶的成本一般要比平屋顶的成本高。

② 坡屋顶的下部空间一般还可以开发利用起来，有时甚至于可以作为住房。

③ 有木材的地方可以做木结构的坡屋顶，不过在全国大部分地方现在做成钢筋混凝土的比较普遍。

④ 坡屋顶对下部居住空间有着非常好的保温隔热效果。

⑤ 平屋顶也有优点，可以做成屋顶平台，也可以做成空中花园。

⑥ 平屋顶的缺点是保温隔热难以解决好，所以对下部的使用空间温度有一定影响。

⑦ 屋顶的形式还应与周边的环境相融合。比如，邻居家多是平顶，自家突然做一个坡屋顶，就会显得格格不入。

第二章
自建小别墅工程预算

第一节 工程预算的组成

对于自建小别墅，无论是自己组织进行施工，还是将工程承包给个体工匠或建筑企业，都属于自建房屋。由于一般的建筑企业都需要收取管理费、获取利润和计取税金，因此大多数人在自建小别墅的时候多把建房工程承包给当地的个体施工队，以降低建造成本。本章的所有内容也都是针对将建房工程承包给个体施工队的这种模式，该模式下预算费用组成如图 2-1 所示。

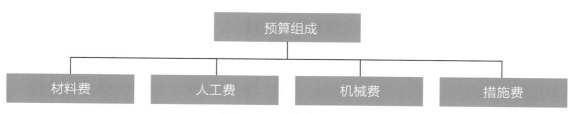

图 2-1　预算费用组成

一、材料费

这里的材料费是指在施工过程中耗用的构成房屋实体的各种原材料、辅助材料、构配件、半成品的费用，如水泥、钢筋、砖瓦等。不包括周转使用材料的摊销（或租赁）费用，如模板、脚手架等。材料费由材料原价（或供应价）、销售手续费、包装费、材料自来源地运至工地的装卸费、运输费及途中损耗、采购及保管费等构成。材料费等于各种材料的消耗量分别乘以各自的预算单价的总和，即

$$材料费 = \Sigma 材料消耗量 \times 材料预算单价$$

二、人工费

人工费是指直接从事工程施工的生产技术工人和辅助生产工人开支的各项费用，即各种技工、普工的费用开支。随着人工费用的不断上涨，现在自建小别墅的总造价成本中，

人工费的比例越来越高。

虽然现在很多地方人工费还是采用计算工时的方法，但这种计算方法不仅不利于调动承包者的积极性，而且效率、成本上很难控制。因此，可以采用实物工程量和实物工程量人工单价来确定人工费，即

$$人工费 = \sum 实物工程量 \times 实物工程量人工单价$$

实物工程量根据施工图按照一定的计算规则计算。

实物工程量人工单价则主要根据当地人工市场价来确定，也可从当地建设主管部门定期发布的建筑工程实物工程量与建筑工种人工成本信息中获取。

这种计算方式的好处就在于相当于工程全部承包，一定的工程量给予一定的人工费用，施工者为了获得更好的经济效益，必然会加快施工进程。此外，当工程量确定之后，人工费用也就确定了，有利于建房成本的控制。

三、机械费

由于是自建房，施工机械相对不多，而且请的施工队经常会自带机械，因此，机械费在建房成本中的比例相对不大。需要注意的是，不同的机械进场的时间是不一样的，没有必要一次租齐，应该与施工队协商，确定一个大概的进场时间，然后再与租赁商家谈妥具体的取设备时间，这样可以最大限度地减少设备租赁费用的浪费。

在自建小别墅的成本中，机械费主要是指搅拌机、升降机、龙门架甚至小型发电机等设备的租赁费用。这些机械的租赁时间可以与承包队沟通确定，价格一般参考当地的实际价格，再乘以所需租赁的时间即可。

四、措施费

这里的措施费是指为完成工程施工，产生于该工程施工前和施工过程中非工程实体项目的费用。针对自建小别墅施工的实际情况，措施费主要包括以下项目。

① 安全施工费　指施工现场安全施工所需要的各项费用。

② 临时设施费　指为进行工程施工所必须搭设的生活和生产用的临时建筑物、构筑物和其他临时设施费用等。临时设施包括临时工棚、材料机加工棚、淋灰池、水管、电线等。

③ 夜间施工费　指因夜间施工所产生的夜班补助、夜间施工降效、夜间施工照明设备摊销及照明用电等费用。

④ 二次搬运费　指因施工场地狭小等特殊情况而产生的二次搬运费用。

⑤ 大型机械设备进出场、使用及安拆费　指机械整体或分体自停放场地，或从某个施工地点运至施工现场所产生的机械进出场运输和转移费用，以及机械在施工现场进行安装、

使用、拆卸所需的人工费、材料费、机械费、试运转费和安装所需辅助设施的费用。

⑥ 混凝土、钢筋混凝土模板及支架费　指混凝土施工过程中需要的各种钢模板、木模板、支架等的支、拆、运输费用及模板、支架的摊销（或租赁）费用。

⑦ 脚手架费　指施工需要的各种脚手架搭、拆、运输费用及脚手架的摊销（或租赁）费用。

⑧ 已完工程及设备保护费　指竣工验收前，对已完工程及设备进行保护所需费用。

⑨ 施工排水、降水费　指为确保工程在正常条件下施工，采取各种排水、降水措施所产生的各种费用。

由于措施费包括的费用项目多，不易详细计算，为了便于计取，通常措施费按人工费的一定比例计算，该比例称为措施费率。根据房屋建筑工程的体量大小，措施费按人工费的 20%~30% 计取。

工程造价 = 人工费 + 材料费 + 机械费 + 措施费

第二节　工程预算的编制方法

工程预算的编制分解来看即为掌握编制方法、计算出工程量、确定综合单价、汇总相加，从而得出整体的预算价格。

一、编制依据

① 图纸资料　图纸资料是编制预算的主要工作对象，它完整地反映了工程的具体内容，各分部分项工程的做法、结构尺寸及施工方法是编制工程预算的重要依据。

② 现行预算定额、参考价目表、费用定额及计价程序　这是确定分部分项工程数量，计算直接费及工程造价，编制工程预算的主要资料。

预算定额是在合理的劳动组织和合理地使用材料及机械的条件下，预先规定完成单位合格产品所消耗的资源数量的标准。对于每一个施工项目，都测算出用工量，包括基本工和其他用工。再加上这个项目的材料，包括基本用料和其他材料。对于用工的单价，是当地根据当时不同工种的劳动力价值规定的，材料的价值是根据前期的市场价格制定出来的预算价格。简单来说，就是根据每一个项目的工料用量，制定出每一个项目的工料合价，按照不同类别，汇总成册，这就是定额。

③ 施工组织相关信息　如土石方开挖时，选择人工挖土还是机械挖土等。对于自建小别墅施工来说，这些信息都比较简单，有些业主自己能够理解，有些需询问承包商。这些资料在工程量计算、定额项目的套用等方面都起着重要作用。

④ 工程承包合同或协议　工程承包合同中约定的内容双方必须遵守，其中有关条款是编制工程预算的依据。

二、编制程序

1. 看图纸

在编制工程预算之前，必须熟悉施工图纸，尽可能详细地掌握施工图纸和有关设计资料，熟悉施工组织流程和现场情况，了解施工方法、工序、操作及施工组织、进度。要掌握诸如层数、层高、室内外标高、墙体、楼板、顶棚材质、地面厚度、墙面装饰等工程的做法，对工程的全貌和设计意图有了全面、详细的了解后，才能正确结合各分部分项工程项目计算相应的工程量。

2. 掌握计算规则

在编制工程预算和计算工程量之前，必须清楚所列项目包括的内容、使用范围、计量单位及工程量的计算规则等，以便为工程项目的准确列项、计算、套单价做好准备。

3. 列项计算工程量

工程量是确定工程造价的基础数据，计算时以施工图作为参照来计算工程量的有关规定列项。工程量的计算要认真和仔细，既不重复计算，又不漏项。最好能够留一个计算底稿，便于复查。

4. 套人工、材料费用和单价

根据计算出来的工程量，套定额算出人工和材料用量、套单价，编制工程预算书。套单价时将工程量计算底稿中的预算项目和数量填入工程预算表中，套相应综合单价，计算工程费用，然后按照一定的比例计算出措施费，最后汇总求出工程预算总费用。

5. 汇总成表

工程施工预算书计算完毕后，为了方便大家查阅，应该汇总成清晰的表格，将项目、工程量、单价、总价一一标明清楚，一般做成 Excel 表格。

三、编制方法

房屋建筑工程预算的编制方法有单价法和实物法两种。

1. 单价法编制工程预算

单价法指用事先编制的各分项工程单位估价表来编制工程预算的方法。用根据施工图计算的各分项工程的工程量，乘以单位估价表中相应单价，汇总相加得到工程直接费用，然后再加上措施费等，就可以得出工程预算总费用。单价法具有计算简单，工作量小，编制速度快等优点。如图 2-2 所示为单价法编制工程预算的流程。

图 2-2　单价法编制工程预算的流程

但由于采用事先编制的单位估价表，其价格只能反映某个时期的价格水平。在市场价格波动较大的情况下，通过单价法计算的结果 往往会偏离实际价格，导致不能及时准确确定工程造价。

2. 实物法编制工程预算

实物法是先根据施工图计算出的各分项工程的工程量，然后套用预算定额或实物量定额中的人工、材料、机械台班消耗量，再分别乘以现行的人工、材料、机械台班的实际单价，得出单位工程的人工费、材料费、机械费，并汇总求和，得出直接工程费，再加上按规定程序计算出来的措施费等，即得到工程预算价格。这也是自建小别墅最为有效的预算编制办法，其流程如图 2-3 所示。

在市场经济条件下，人工、材料和机械台班单价是随市场而变化的，而且是影响工程造价最活跃、最主要的因素。用实物法编制工程预算，采用工程所在地当时的人工、材料、机械台班价格，反映实际价格水平，工程造价准确性高。

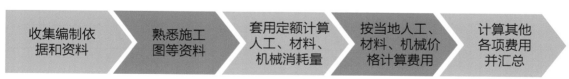

图 2-3　实物法编制工程预算的流程

第三节　预算的估测及工程量计算

自建小别墅在建造之前通常都会进行一些大致的预算来进行整体规划，工程量计算相对于预算估测来说要严谨很多，计算的方式也更科学。

一、预算估测

所谓的估算，就是通过一些经济指标数值快速地确定工程造价。

1. 整体估算

整体估算是一种粗糙的估算，主要就是针对房屋整体的造价水平进行一种类比估算。最通行的办法就是通过了解同类型房屋的总体造价来获得一个基本的数值。例如，周围邻居去年刚建好的楼房，大概花费了 20 万元，若大小相同但装修更好，价格可能在 23 万元左右。还有通过造价指标进行估算，比如一般的自建小别墅造价指标为 1500~2000 元 /m²，只要知道大概的建筑面积，就能够得出一个基本总价，但是误差也比较大，只能作为一开始的初步估计。

2. 细部估算

细部估算相对准确一些，主要是通过对建筑结构的分解，将一个个项目的价格估算出来，最后再汇总成整体价格。相对而言，这种估算方法要准确得多，当然，过程也会复杂一些。表 2-1 ~表 2-4 列出了一些小别墅施工过程中可能会用到的价格指标及用量，以供参考。

表 2-1 自建小别墅估算人工价格参考

项目	价格 / 元	单位	备注
模板工程	20 ~ 24	m²	粘灰面
混凝土施工	40 ~ 43	m³	
钢筋（按重量）	320~430	t	
钢筋（按面积）	11~14	m²	
砌筑	60~75	m²	
抹灰	8~16	m²	不扣除门窗洞口，不包括脚手架搭拆
面砖粘贴	18~20	m²	
室内地面砖	15~18	m²	600mm×600mm
踢脚线	3~4	m	
室内墙砖	25~30	m²	包括倒角
石膏板吊顶	20~25	m²	平棚
铝扣板吊顶	25~30	m²	平棚
大白乳胶漆	6 ~ 8	m²	
外墙砖	43~52	m²	
屋顶挂瓦	13~16	m²	
水暖	9~11	m²	建筑面积
电气照明	6 ~ 8	m²	

表 2-2　自建小别墅估算建筑价格参考

项目	价格 /（元 /m²）	备注
桩基工程	70 ～ 100	如果有
钢筋	160 ～ 300	35 ～ 40kg/ ㎡
混凝土	100 ～ 165	0.3 ～ 0.5m³/ ㎡
砌体工程	60 ～ 120	
抹灰工程	25 ～ 40	
外墙工程	50 ～ 100	包括保温，以一般涂料为标准
室内水电安装工程	60 ～ 120	
屋顶工程	15 ～ 30	
门窗工程	90 ～ 150	一般档次，不含进户门。每平方米建筑面积的门窗面积为 0.25 ～ 0.5 ㎡
土方、进户门、烟道	30 ～ 150	
地下室	40 ～ 100	如果有，增加造价
电梯工程	80 ～ 120	一般档次
人工费	130 ～ 200	
模板、支撑、脚手架	70 ～ 150	
临时设施	30 ～ 50	
简单装修	250 ～ 350	
精装修	750 ～ 1200	

表 2-3　砖混结构主要材料用量

材料		用量
水泥		160kg/ ㎡
砖		140 ～ 160 块 / ㎡
钢筋		18 ～ 20kg/ ㎡
外墙抹灰		（70%～100%）× 建筑面积
内墙抹灰		1.7 倍建筑面积
室内抹灰		3 ～ 3.4 倍建筑面积
水泥地面抹灰		3 ㎡ / 袋
砖墙（厚度）	60mm	606 块 /m³
	120mm	552 块 /m³
	180mm	539 块 /m³
	240mm	529 块 /m³
	370mm	522 块 /m³
	490mm	518 块 /m³
外墙瓷砖		(30%～33%)× 建筑面积

表 2-4　框架结构主要材料用量

材料	用量
水泥	175～190kg/㎡
砖	110～130块/㎡
钢筋	35～40kg/㎡
外墙抹灰	(70%～90%)×建筑面积
内墙抹灰	1.7倍建筑面积
粘灰面积	2倍建筑面积

二、工程量计算

正确计算工程量是编制工程预算的基础。在整个编制工作中，许多工作时间消耗在工作量计算阶段内，而且工程项目划分是否齐全、工程量计算得正确与否将直接影响预算的编制质量。

1. 建筑面积计算规则

建筑面积是指房屋建筑各层水平面积相加后的总面积。它包括房屋建筑中的使用面积、辅助面积和结构面积三部分，其主要内容见表 2-5。

表 2-5　建筑面积的组成

组成部分	具体内容
使用面积	指建筑物各层平面布置中可直接为生产或生活使用的净面积的总和，如生活间、工作间和生产间的净面积
辅助面积	指建筑物各层平面布置中为辅助生产或生活使用的净面积的总和，如楼梯间、走道间、电梯井等所占面积
结构面积	指建筑物各层平面布置中的墙柱体、垃圾道、通风道、室外楼梯等结构所占面积的总和

《建筑工程建筑面积计算规范》（GB/T 50353—2013）对建筑工程建筑面积的计算做出了具体的规定和要求，其主要内容如下。

① 单层建筑物建筑面积，应按其外墙勒脚以上结构外围水平面积计算（勒脚是墙根部很矮的一部分墙体加厚，不能代表整个外墙结构，所以要扣除勒脚墙体加厚的部分），并应符合下列规定。

a. 单层建筑物高度在 2.20m 及以上者应计算全部面积；高度不足 2.20m 者应计算 1/2 面积。

b. 利用坡屋顶内空间时净高超过 2.10m 的部位应计算全面积；净高 1.20 ～2.10m 的

部位应计算 1/2 面积；净高不足 1.20m 的部位不应计算面积。

② 单层建筑物内设有局部楼层者，局部楼层的 2 层及以上楼层，有围护结构的应按其围护结构外围水平投影面积计算，无围护结构的应按其结构底板水平投影面积计算。层高在 2.20m 及以上者应计算全面积；层高不足 2.20m 者应计算 1/2 面积。

① 单层建筑物应按不同的高度确定其面积的计算。其高度指室内地面标高至屋顶板板面结构标高之间的垂直距离。遇有以屋顶板找坡的平屋顶单层建筑物，其高度指室内地面标高至屋顶板最低处板面结构标高之间的垂直距离。

② 坡屋顶内空间建筑面积计算，可参照《住宅设计规范》（ GB 50096—2011 ）中的有关规定，将坡屋顶的建筑按不同净高确定其面积的计算。净高指楼面或地面至上部楼板底面或吊顶底面之间的垂直距离。

③ 多层建筑物首层应按其外墙勒脚以上结构外围水平投影面积计算；2 层及以上楼层应按其外墙结构外围水平投影面积计算。层高在 2.20m 及以上者应计算全面积；层高不足 2.20m 者应计算 1/2 面积。

④ 多层建筑坡屋顶内，当设计加以利用时，净高超过 2.10m 的部位应计算全面积；净高在 1.20 ～2.10m 的部位应计算 1/2 面积；当设计不加以利用或室内净高不足 1.20m 时，不应计算面积。

⑤ 地下室、半地下室，包括相应的有永久性顶盖的出入口，应按其外墙上口（不包括采光井、外墙防潮层及其保护墙）外边线所围水平面积计算。层高在 2.20m 及以上者应计算全面积；层高不足 2.20m 者应计算 1/2 面积。

⑥ 坡地建筑物吊脚架空层（图 2-4）、深基础架空层，设计加以利用并有围护结构的，

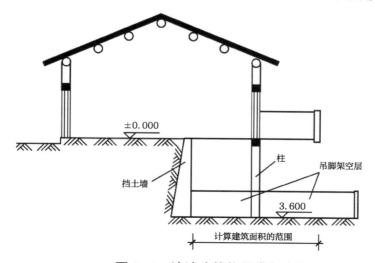

图 2-4　坡地建筑物吊脚架空层

层高在 2.20m 及以上的部位应计算全面积；层高不足 2.20m 的部位应计算 1/2 面积。设计加以利用、无围护结构的建筑吊脚架空层，应按其利用部位水平面积的 1/2 计算；设计不加以利用的深基础架空层、坡地吊脚架空层、多层建筑坡屋顶内的空间不应计算面积。

⑦ 建筑物的门厅、大厅按一层计算建筑面积。门厅、大厅内设有回廊时，应按其结构底板水平面积计算。层高在 2.20m 及以上者应计算全面积；层高不足 2.20m 者应计算 1/2 面积。

⑧ 建筑物间有围护结构的架空走廊，应按其围护结构外围水平面积计算。层高在 2.20m 及以上者应计算全面积；层高不足 2.20m 者应计算 1/2 面积。有永久性顶盖无围护结构的应按其结构底板水平面积的 1/2 计算。

⑨ 建筑物外有围护结构的落地橱窗、门斗、挑廊、走廊、檐廊，应按其围护结构外围水平面积计算。层高在 2.20m 及以上者应计算全面积；层高不足 2.2m 者应计算 1/2 面积。有永久性顶盖无围护结构的应按其结构底板水平面积的 1/2 计算。

⑩ 建筑物顶部有围护结构的楼梯间、水箱间、电梯机房等，层高在 2.20m 及以上者应计算全面积；层高不足 2.20m 者应计算 1/2 面积。注：如遇建筑物屋顶的楼梯间是坡屋顶，应按坡屋顶的相关规定计算面积。

⑪ 设有围护结构不垂直于水平面而超出底板外沿的建筑物，应按其底板面的外围水平面积计算。层高在 2.20m 及以上者应计算全面积；层高不足 2.20m 者应计算 1/2 面积。

⑫ 雨篷结构的外边线至外墙结构外边线的宽度超过 2.10m 者，应按雨篷结构板水平投影面积的 1/2 计算。

⑬ 有永久性顶盖的室外楼梯，应按建筑物自然层水平投影面积的 1/2 计算。

⑭ 建筑物的阳台均应按其水平投影面积的 1/2 计算。

⑮ 高低联跨的建筑物，应以高跨结构外边线为界分别计算建筑面积；其高低跨内部连通时，其变形缝应计算在低跨面积内。

⑯ 建筑物外墙外侧有保温隔热层的，应按保温隔热层外边线计算建筑面积。

⑰ 建筑物内的变形缝，应按其自然层合并在建筑物面积内计算。

⑱ 下列项目不应计算面积。

a. 建筑物通道（骑楼、过街楼的底层）。

b. 建筑物内设备管道夹层。

c. 建筑物内分隔的单层房间等。

d. 屋顶水箱、花架、凉棚、露台、露天游泳池。

e. 建筑物内的操作平台、上料平台、安装箱和罐体的平台。

f. 勒脚、附墙柱垛、台阶、墙面抹灰、装饰面、镶贴块料面层、装饰性幕墙、空调室外机搁板（箱）、飘窗、构件、配件、宽度在 2.10m 及以内的雨篷以及与建筑物内不相连通的装饰性阳台、挑廊。

g. 无永久性顶盖的架空走廊，室外楼梯和用于检修、消防等的室外钢楼梯、爬梯。

h. 自动人行道。

2. 装修工程计算规则

装修工程计算规则需要根据不同类型的工程项目加以区分，常见的装修工程计算规则如表 2-6~ 表 2-10 所示。

表 2-6   不同楼地面工程计算规则

项目	计算规则	计量单位
整体面层	水泥砂浆楼地面、现浇水磨石楼地面按设计图示尺寸以面积计算，应扣除突出地面构筑物、设备基础、地沟等所占面积，不扣除柱、垛、间壁墙、附墙烟囱及面积在 0.3 ㎡ 以内的孔洞所占面积，但门洞、空圈、暖气包槽的开口部分也不增加	㎡
块料面层	天然石材楼地面、块料楼地面按设计图示尺寸以面积计算，不扣除 0.1 ㎡ 以内的孔洞所占面积	㎡
其他材料面层	按设计图示尺寸以面积计算，不扣除 0.1 m² 以内的孔洞所占面积	㎡
踢脚线	按设计图示长度乘高度以面积计算，踢脚线砂浆打底与墙柱面抹灰不得重复计算，即墙柱面设计要求抹灰时，其踢脚线可以不考虑砂浆打底	㎡
楼梯装饰	按设计图示尺寸以楼梯（包括踏步、休息平台以及 500mm 以内的楼梯井）水平投影面积计算	㎡
扶手、栏杆、栏板装饰	按设计图示扶手中心线以长度计算，不扣弯头所占长度，扶手、栏杆、栏板适用于楼梯、阳台、走廊、回廊及其他装饰性栏杆、栏板	m

表 2-7   墙柱面工程计算规则

项目		计算规则	计量单位
墙面抹灰	一般抹灰	按设计图示尺寸及垂直投影面积计算。外墙按抹灰面垂直投影面积计算，内墙面抹灰按室内地面（或墙裙顶面）至顶棚底面计算，应扣除门窗洞口和 0.3 ㎡ 以上孔洞所占的面积。内墙抹灰不扣除踢脚线、挂镜线及 0.3 ㎡ 以内的孔洞和墙与构件交接处的面积，但门窗洞口、孔洞的侧壁面积也不增加。墙柱的侧面抹灰并入墙面抹灰工程量内计算	㎡

项目		计算规则	计量单位
墙面抹灰	装饰抹灰	按设计图示尺寸及垂直投影面积计算。装饰抹灰的计算原则与一般抹灰基本一致，但有个别的点需要注意：墙面勾缝按垂直投影面积计算，应扣除墙裙和墙面抹灰面积，不扣除门窗洞口、门窗套、腰线等零星抹灰所占的面积，附墙柱和门窗洞口侧面勾缝面积也不增加。与墙面同材质的踢脚线，或踢脚线已列入墙面、墙裙项目内的，踢脚线不再单独列项目	m²
柱面抹灰		按设计图示尺寸以面积计算	m²
零星抹灰		按设计图示尺寸以展开面积计算	m²
墙面镶贴块料	碎拼石材	按设计图示尺寸以面积计算	m²
	干挂石材	按设计图示尺寸以质量计算	t
柱面镶贴块料		天然石材柱面、碎拼石材柱面、块料柱面按设计图示尺寸以实贴面积计算	m²
零星镶贴块料	装饰板墙面	按设计图示墙净长乘以净高以面积计算，扣除门窗的洞口及0.3 m²以上的孔洞所占面积	m²
	装饰板柱（梁）面	按设计图示外围饰面尺寸乘以平方米计算。柱帽、柱墩工程量并入相应柱面积内计算	m²
	隔断	按设计图示尺寸以框外围面积计算，扣除0.3 m²以上的孔洞所占面积，浴厕隔断门的材质相同者，其门的面积不扣除，并入隔断内计算	m²
	幕墙	按设计图示尺寸以幕墙外围面积计算，带肋全玻幕墙其工程量按展开尺寸以面积计算。设在玻璃幕墙、隔墙上的门窗，可包括在玻璃幕墙、隔墙项目内，但应在项目中加以注明	m²

表2-8　顶棚工程计算规则

项目		计算规则	计量单位
顶棚抹灰		按设计图示尺寸以面积计算，不扣除间壁墙、垛、柱、墙烟囱、检查口和管道所占的面积。带梁顶棚、梁两侧抹灰面积并入顶棚内计算；板式楼梯底面抹灰按斜面积计算；锯齿形楼梯底板按展开面积计算	m²
顶棚装饰	灯带	按设计图示尺寸框外围面积计算	m²
	送风口、回风口	按设计图示规定数量计算	个
	采光玻璃大棚	按设计图示尺寸框外围水平投影以面积计算	m²

项目		计算规则	计量单位
顶棚吊顶	顶棚面层	按设计图示尺寸以面积计算，顶棚面中的灯槽、跌级、锯齿形、吊挂式、藻井式展开增加的面积不另计算，不扣除间壁墙、检查洞、附墙烟囱、柱垛和管道所占面积，应扣除0.3㎡以上孔洞、独立柱及与顶棚相连的窗帘盒所占的面积	㎡
	格栅吊顶	按设计图示尺寸主墙间净空以面积计算	㎡
	藤条造型悬挂吊顶	按图示尺寸水平投影以面积计算	㎡
	织物软雕吊顶	按设计图示尺寸主墙间净空以面积计算	㎡

表 2-9　门窗工程计算规则

项目	计算规则	计量单位
门窗	按设计规定数量计算	樘
门窗套	按设计图示尺寸以展开面积计算	㎡
窗帘盒、窗帘轨、窗台板	按设计图示尺寸以长度计算	m
门窗五金	按设计数量计算	㎡

表 2-10　油漆、涂料、裱糊工程计算规则

项目	计算规则	计量单位
门窗油漆	按设计图示数量计算	樘
木扶手油漆	按设计图示尺寸以长度计算	m
木材面油漆	按设计图示尺寸以面积计算	㎡
木地板油漆	按设计图示尺寸以面积计算，不扣除0.1㎡以内孔洞所占的面积	㎡
金属面油漆	按设计图示构件以质量计算	t
抹灰面涂料	按设计图示尺寸以面积计算	㎡
喷塑、涂料、裱糊	按设计图示尺寸以面积计算	㎡
线条刷浆、漆	按线条设计图示尺寸以长度计算	m

第四节 工程预算控制技巧

自建小别墅的成本主要由人工费、材料费、机械费等组成，想把小别墅的成本费用降到最低就应该严格把控工程量的计算和审核。

① 必须口径一致　施工图列出的工程项目（工程项目所包括的内容及范围）必须与计量规则中规定的相应工程项目一致，才能准确地套用工程量单价。计算工程量除必须熟悉施工图纸外，还必须熟悉计算规则中每个项目所包括的内容和范围。

② 必须按工程量计算规则计算　工程量计算规则是综合和确定各项消耗指标的基本依据，也是具体工程测算和分析资料的准绳。

③ 必须按图纸计算　工程量计算时，应严格按照图纸所注尺寸进行计算，不得任意加大或缩小、任意增加或减少，以免影响工程量计算的准确性。图纸中的项目，要认真反复清查，不得漏项和余项或重复计算。

④ 必须列出计算式　在列计算式时，必须部位清楚，详细列项标出计算式，注明计算结构构件的所处位置和轴线，并保留工程量计算书，作为复查依据。工程量计算应力求简单明了、醒目易懂，并要按一定的次序排列，以便审核和校对。

⑤ 必须计算准确　工程量计算的精度将直接影响工程造价确定的精度，因此数量计算要准确。一般规定工程量的精确度应按计算规则中的有关规定执行。

⑥ 计量单位必须一致　工程量的计量单位，必须与计算规则中规定的计量单位一致，才能准确地套用工程量单价。有时由于所采用的制作方法和施工要求不同，其计算工程量的计量单位是有区别的，应予以注意。

⑦ 必须注意计算顺序　为了计算时不遗漏项目，又不产生重复计算，应按照一定的顺序进行计算。例如，对于具有单独构件（梁、柱）的设计图纸，可按如下的顺序计算全部工程量：首先，将独立的部分（如基础）先计算完毕，以减少图纸数量；其次，计算门窗和混凝土构件，用表格的形式汇总其工程量，以便在计算砖墙、装饰等工程项目时运用这些计算结果；最后，按先水平面（如楼地面和屋顶），后垂直面（如砌体、装饰）的顺序进行计算。

⑧ 力求分层分段计算　要结合施工图纸尽量做到结构按楼层，内装修按楼层分房间，外装修按从地面分层施工计算。这样，在计算工程量时既可避免漏项，又可为编制工料分析和安排施工进度计划提供数据。

⑨ 必须注意统筹计算　各个分项工程项目的施工顺序、相互位置及构造尺寸之间存在内在联系，要注意统筹计算顺序。例如，墙基沟槽挖土与基础垫层，砖墙基础、墙体防潮层，门窗与砖墙及抹灰等之间的相互关系。通过了解这种存在的内在关系，寻找简化计算过程途径，以达到快速、高效的目的。

⑩ 必须自我检查复核　工程量计算完毕后，检查其项目、计算式、数据及小数点等有无错误和遗漏。

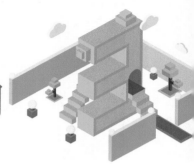

第三章
自建小别墅主体材料选用

第一节 基本材料选用

　　建材是修建住宅最为重要的方面，而且费用支出也是最大的，能够占到全部造价六七成，况且建材质量是否过关，也会影响到房屋的质量。而基本材料作为其中重要的一项，在选购时也要格外重视。

一、水泥

　　水泥（图3-1）是粉状水硬性无机胶凝材料。加水搅拌后成浆体，能在空气中硬化或者在水中硬化，并能把砂、石等材料牢固地胶结在一起。通常来说，自建小别墅的材料一般采用硅酸盐水泥和普通硅酸盐水泥。

图3-1　水泥

1. 技术指标与规范

　　针对自建小别墅常用的水泥类型，它们的主要技术指标见表3-1，不同龄期水泥的强度规范要求见表3-2。

表 3-1 水泥主要技术指标

技术指标	定义	性能要求
细度	水泥颗粒的粗细程度	颗粒越细、硬化得越快，早期强度也越高。硅酸盐水泥和普通硅酸盐水泥细度以比表面积表示，不小于 300 ㎡/kg
凝结时间	①从加水搅拌到开始凝结所需的时间称初凝时间；②从加水搅拌到凝结完成所需的时间称终凝时间	硅酸盐水泥初凝时间不小于 45min，终凝时间不大于 6.5h；普通硅酸盐水泥初凝时间不小于 45min，终凝时间不大于 6h
体积安定性	指水泥在硬化过程中体积变化的均匀性能	水泥中含杂质较多，会产生不均匀变形
强度	指水泥胶砂硬化后所能承受外力破坏的能力	不同品种、不同强度等级的通用硅酸盐水泥，其不同龄期的强度应符合表 3-2 的规定。

表 3-2 不同龄期水泥的强度规范要求

品种	强度等级	抗压强度 /MPa		抗折强度 /MPa	
		3d	28d	3d	28d
硅酸盐水泥	42.5 42.5R	≥ 17.0 ≥ 22.0	≥ 42.5	≥ 3.5 ≥ 4.0	≥ 6.5
	52.5 52.5R	≥ 23.0 ≥ 27.0	≥ 52.5	≥ 4.0 ≥ 5.0	≥ 7.0
	62.5 62.5R	≥ 28.0 ≥ 32.0	≥ 62.5	≥ 5.0 ≥ 5.5	≥ 8.0
普通硅酸盐水泥	42.5 42.5R	≥ 17.0 ≥ 22.0	≥ 42.5	≥ 3.5 ≥ 4.0	≥ 6.5
	52.5 52.5R	≥ 23.0 ≥ 27.0	≥ 52.5	≥ 4.0 ≥ 5.0	≥ 7.0

2. 选购要点

在选购水泥时，可以从如图 3-2 所示几个方面加以判断。

看包装

● 看水泥的包装是否完好，标识是否完整。正规水泥包装袋上的标识有：工厂名称，生产许可证编号，水泥名称，注册商标，品种（包括品种代号），强度等级（标号），包装年、月、日和编号

测细度

● 用手指捻一下水泥粉，如果感觉到有少许细、砂、粉，则表明水泥细度是正常的

察色泽

● 看水泥的色泽是否为深灰色或深绿色，如果色泽发黄（熟料是生烧料）、发白（矿渣掺量过多），其水泥强度一般比较低

核日期

● 水泥也是有保质期的。一般而言，超过出厂日期 30d 的水泥，其强度将有所下降。储存 3 个月后的水泥，其强度会下降 10%~20%，6 个月后会降低 15%~30%，一年后会降低 25%~40%。正常的水泥应无受潮结块现象，优质水泥在 6h 左右即可凝固，超过 12h 仍不能凝固的水泥，质量属于不合格

比价格

● 作为基础建材，市面上水泥的价格相对比较透明，例如强度等级为 32.5 级的普通硅酸盐水泥，一袋也就是 20 元左右。水泥的强度等级越高，价格也相应高一些

图 3-2　水泥选购要点

二、砂

其实，对于自建小别墅而言，在选择砂（图 3-3）的时候，首先要弄清楚砂是用来做什么的，如果是搅拌混凝土就选中粗砂，如果是要装饰抹面，则选相对细的砂。然后看里面是否有其他杂质，砂的颗粒是否饱满、均匀，是否有一些风化的砂。至于是选天然砂还是机制砂，主要受制于当地的自然环境，一般以更经济的作为首选。

1. 用砂种类

一般建筑用砂可分为天然砂和人工砂。

天然砂是由自然风化、水流搬运和分选、堆积形成的，粒径小于 4.75mm 的岩石颗粒，包括河砂、湖砂、山砂、淡化海砂，但不包括软质岩、风化岩石的颗粒。

人工砂是经除土处理的机制砂、混合砂的统称。机制砂是由机械破碎、筛分制成的，粒径小于 4.75mm 的岩石颗粒，但是不包括软质岩、风化岩石的颗粒。混合砂则是由机制砂和天然砂混合制成的建筑用砂。

图 3-3　建筑用砂

2. 用砂规格

建筑用砂在实际中主要按照细度模数分为细、中、粗三种规格（表 3-3）。

表 3-3   建筑用砂的规格及参数

类别	细度模数 /mm	应用范围
细砂	1.6～2.2	常用来抹面
中砂	2.3～3.0	混凝土配置
粗砂	3.1～3.6	混凝土配置

3. 用砂类别

据国家规范，建筑用砂按技术要求分为Ⅰ、Ⅱ、Ⅲ三种类别，分别用于不同强度等级的混凝土，见表3-4。

表 3-4   不同种类砂的适用范围

类别	适用范围
Ⅰ类	宜用于强度等级大于C60的混凝土
Ⅱ类	宜用于强度等级为C30～C60以及有抗冻、抗渗或其他要求的混凝土
Ⅲ类	宜用于强度等级小于C30的混凝土和建筑砂浆。因为自建小别墅所需混凝土的强度等级一般不高，因此，选择Ⅲ类砂即能够满足要求

建筑用砂类别的划分涉及的因素较多，包含颗粒级配、含泥量、含石粉量、有害物质含量（这里的有害物质是指对混凝土强度的不良影响）、坚固性指标、压碎指标六个方面。对于普通业主来说，很多因素是很难了解的，一般可以大概地去辨别：类别低的砂看着更细一些，清洁程度也要差一点，当然，石粉和有害物质等含量也会相对多一些，最后拌和的混凝土强度也会等级低一点。

4. 选购要点

① 砂的表观密度、松散堆积密度、空隙率应符合如下规定：表观密度大于2500kg/m³；松散堆积密度大于1350kg/m³；空隙率小于47%。对于这一点，业主在选购时，主要看砂的重量够不够，颗粒是不是相对立体、均匀，有没有风化的砂。

② 挑选砂石料时，要注意砂石料中不宜混有草根、树叶、树枝、塑料品、煤块、炉渣等有害物质。对于预应力混凝土、接触水体或潮湿条件下的混凝土所用砂，其氯化物含量应小于0.03%。

三、石灰

石灰（图3-4）在自建房中是用途比较广泛的建筑材料，在实际生产中，由于石灰石原料的尺寸大或煅烧时窑中温度分布不匀等原因，石灰中常含有欠火石灰和过火石灰。欠火石灰中的碳酸钙未完全分解，使用时缺乏黏结力。过火石灰结构密实，表面常包覆一层熔融物，熟化很慢。

图 3-4　石灰

1. 石灰种类的划分

生石灰呈白色或灰色块状，为便于使用，块状生石灰常需加工成生石灰粉、消石灰粉或石灰膏（图 3-5）。通常自建小别墅用的都是生石灰，然后要经过熟化或消化，即用水熟化一段时间，得到熟石灰或消石灰，就是常说的氢氧化钙。

生石灰粉	消石灰粉	石灰膏
生石灰粉是由块状生石灰磨细而得到的细粉	消石灰粉是块状生石灰用适量水熟化而得到的粉末，又称熟石灰	石灰膏是块状生石灰用较多的水（为生石灰体积的 3~4 倍）熟化而得到的膏状物，也称石灰浆

图 3-5　石灰种类

在自建小别墅的施工中，石灰熟化常用两种方法：消石灰浆法和消石灰粉法。石灰熟化时会放出大量的热，体积增大 1 ~ 2 倍，在熟化过程中，一定要注意好防护安全，避免出现意外情况。一般煅烧良好、氧化钙含量高的石灰熟化较快，放热量和体积增大也较多。

石灰熟化理论上需水量为石灰重量的 32% 左右，在生石灰中，均匀加入 60% ~80% 的水，可以得到颗粒细小、分散均匀的消石灰粉。若用过量的水熟化，将得到具有一定稠度的石灰膏。石灰中一般都含有过火石灰，过火石灰熟化慢，若没有经过彻底的熟化，在使用后期会继续与空气中的水分发生熟化，从而产生膨胀而引起隆起和开裂。所以，为了消除过火石灰的这种危害，石灰在熟化后，一定要"陈伏"两周左右。

2. 选购要点

在购买生石灰时，应选块状生石灰，好的块状生石灰应该具有以下几个方面的特点。

① 表面不光滑、毛糙。表面光滑有反光，轮廓清楚的石灰块，一般都是没有烧好的。

② 同样体积的石灰，烧得好的较轻，没烧好的石灰块沉，且轮廓清楚无毛刺。

③ 好的石灰化水时全部化光，没有杂质，也没有石块沉淀物。

④ 在购买石灰时，最好现买、现化、现用。

四、管道

现在市面上的管道材质五花八门，各种材质、型号、功能往往让人晕头转向。要想选对、选好管道，首先应了解管道的种类，以及用在什么地方。在具体施工中，应根据自己的经济实力和对管道材料的使用要求进行选择，力求达到经济实惠。常用管道的主要性能及特点见表3-5。

表 3-5 常用管道的主要性能及特点

名称	性能及特点
 薄壁不锈钢管	最常见的一种基础管材，耐腐蚀、不易氧化生锈、抗腐蚀性强、使用安全可靠、抗冲击性强、热导率相对较低。但不锈钢管的价格目前相对较高，另外在选择使用时要注意选择耐水中氯离子的不锈钢型号
 薄壁铜管	住宅建筑中的铜管是指薄壁紫铜管。按有无包覆材料分类，有裸铜管和塑覆铜管（管外壁覆有热挤塑料覆层，用以保护铜管和管道保温）两种，薄壁铜管具有较好的力学性能和良好的延展性，其管材坚硬、强度高
 UPVC 管	UPVC 管又称硬聚氯乙烯管，适合用于温度低于 45℃、压力小于 0.6MPa 的管道。UPVC 管的化学稳定性好、耐腐蚀性强、使用卫生、对水质基本无污染，还具有热导率低，不易结露，管材内壁光滑，水流阻力小，材质较轻，加工、运输、安装、维修方便等特点。但要注意的是，其强度较低，耐热性能差，不宜在阳光下暴晒
 铝塑复合管	其结构为塑料—胶黏剂—铝材，即内外层是聚乙烯塑料，中间层是铝材，经热熔共挤复合而成。铝塑复合管和其他塑料管道的最大区别是它集塑料与金属管的优点于一身，其力学性能优越，耐压较高；采用交联工艺处理的交联聚乙烯（PEX）做的铝塑复合管耐热性较好，可以长期在 95℃高温下使用；能够阻隔气体的渗透且热膨胀系数低。铝塑复合管有足够的强度，可将其作为供水管道，若其横向受力太大，则会影响其强度，所以宜做明管施工或将其埋入墙体内，不宜埋入地下

名称	性能及特点
PPR 管	一般用于给水管，管道压力不能大于 0.6MPa，温度不能高于 70℃，其优点是价格比较便宜，施工方便，是目前应用最多的一种管材。选购时应注意管材上的标识，产品名称应为"冷热水用无规共聚聚丙烯管材"或"冷热水用 PPR 管材"，并标明了该产品执行的国家标准。当发现产品被冠以其他名称或执行其他标准时，则尽量不要选购该产品。PPR 管具有如下特点 ① 耐腐蚀、不易结垢，避免了镀锌钢管锈蚀结垢造成的二次污染 ② 耐热，可长期输送温度为 70℃以下的热水 ③ 保温性能好，20℃时的热导率仅约为钢管的 1/200、紫铜管的 1/1400 ④ 卫生、无毒，可以直接用于纯净水、饮水管道系统 ⑤ 重量轻，强度高，PPR 管的密度一般为 0.89～0.91g/cm³，仅为钢管的 1/9、紫铜管的 1/10 ⑥ 管材内壁光滑，不易结垢，管道内流体阻力小，流体阻力远低于金属管道
PVC 镀锌钢管	兼有金属管材强度大、刚性好和塑料管材耐腐蚀的优点，同时也克服了两类材料的缺点。PVC 镀锌钢管的优点是管件配套多、规格齐全，但这种复合管材也存在自身的缺点，例如材料用量多，管道内实际使用管径小；在生产中需要增加复合成型工艺，其价格要比单一管材的价格稍高。此外，如黏合不牢固或环境温度和介质温度变化大时，容易产生离层而导致管材质量下降

第二节 结构材料选用

结构材料是自建小别墅中的骨架材料，也是承重和围护构件的主要材料。

一、钢筋

钢筋是自建小别墅时要购买的一个大宗建材，在结构中，钢筋的作用非常重要，对于结构的安全性起着至关重要的作用，因此，钢筋的选购非常关键，一定要购买货真价实的合格产品。

扫码看视频

钢筋的选用

1. 钢筋种类

钢筋种类很多，通常按轧制外形、直径大小、力学性能、生产工艺以及在结构中的用途进行分类。

（1）按轧制外形分类

按轧制外形分类见表 3-6。

表 3-6　按轧制外形分类

名称	形态	内容
光面钢筋		HPB300 级钢筋（Ⅰ级钢筋）均轧制为光面圆形截面，供应形式有盘圆，直径不大于 10mm，长度为 6~12m
带肋钢筋		直径不大于 10mm，长度为 6 ~ 12m
钢线及钢绞线	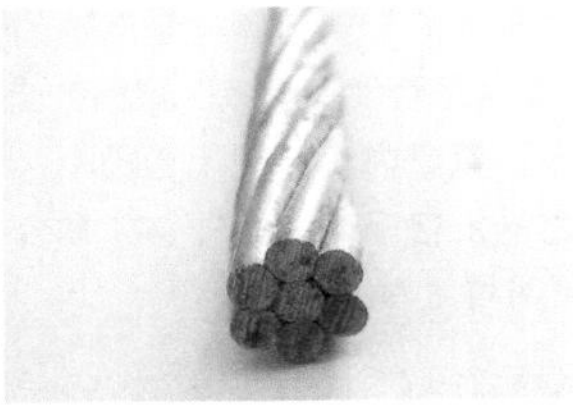	有螺旋形、人字形和月牙形三种，一般 HRB335（Ⅱ级）、HRB400（Ⅲ级）钢筋轧制成人字形，HRB500（Ⅳ级）钢筋轧制成螺旋形及月牙形
冷轧扭钢筋	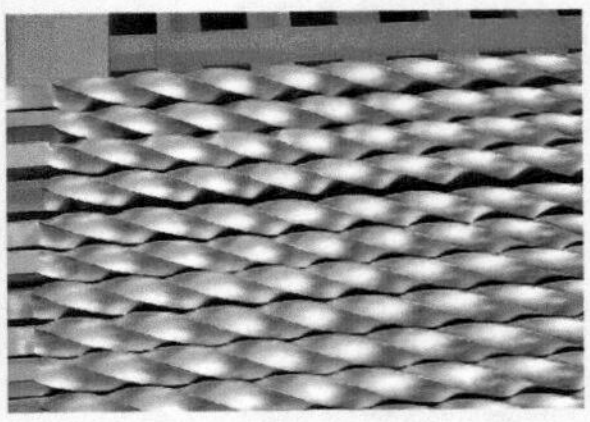	钢丝分低碳钢丝和碳素钢丝两种

（2）按直径大小分类

按直径大小分类见表 3-7，对于自建小别墅来说，最常用的为细钢筋。

表 3-7　按直径大小分类

种类	钢丝	细钢筋	粗钢筋
直径	3~5mm	6~10mm	大于 22mm

（3）按力学性能分类

按力学性能分为Ⅰ级钢筋（HPB300）、Ⅱ级钢筋（HRB335）、Ⅲ级钢筋（HRB400）、Ⅳ级钢筋（HRB500）。

（4）按生产工艺分类

按生产工艺可粗略地分为热轧、冷轧、冷拉的钢筋，还有以Ⅳ级钢筋经热处理而成的热处理钢筋，这种钢筋的强度比前者更高。

（5）按在结构中的作用分类

按在结构中的作用可分为受压钢筋、受拉钢筋、架立钢筋、分布钢筋、箍筋等。

2. 钢筋选用

若想快速、合理地选择钢筋就要知道什么是优质的钢筋，什么是劣质的钢筋，明确了这个概念以后才能快速、合理地选择钢筋。优质与劣质钢筋的对比见表3-8。

表3-8　优质与劣质钢筋的对比

识别内容	螺纹钢		线材	
	国标材	伪劣材	国标材	伪劣材
肉眼外观	颜色深蓝、均匀，两头断面整齐、无裂纹。凸形月牙纹清晰、间距规整	有发红、发暗、结痂、夹杂现象，断端可能有裂纹、弯曲等。月牙纹细小、不整齐	颜色深蓝、均匀，断面整齐、无裂纹。高速线材只有两个断端。蓝色氧化皮屑少	有发红、发暗、结痂、夹杂现象，断端可能有裂纹、弯曲等。线材有多个断头，氧化屑较多
触摸手感	光滑、沉重、圆度好	粗糙、明显不圆感（即有"起骨"的感觉）	光滑，无结疤与开裂等现象，圆度好	粗糙、有夹杂、结疤、明显不圆感（起骨）
初步测量	直径与圆度符合国标	直径与不圆度不符合国标	直径与圆度符合国标	直径与不圆度符合国标
产品标牌	标牌清晰光洁，牌上钢号、重量、生产日期、厂址等标识清楚	多无标牌，或简陋的假牌	标牌清晰光洁，牌上钢号、重量、生产日期、厂址等标识清楚	多无标牌，或简陋的假牌
质量证明书	计算机打印、格式规范、内容完整（化学成分、力学性能、合同编号、检验印章等）	多无质量证明书，或做假，即所谓质量证明"复印件"	计算机打印、格式规范、内容完整（化学成分、力学性能、合同编号、检验印章等）	多无质量证明书，或做假，即所谓质量证明书"复印件"
销售授权	商家有厂家正式书面授权	商家说不清或不肯说明钢材来源	商家有厂家正式书面授权	商家说不清或者不肯说明钢材来源
理化检验	全部达标	全部或部分不达标	全部达标	全部或部分不达标
售后服务	质量承诺"三包"	不敢书面承诺	质量承诺"三包"	不敢书面承诺

注：1. 圆度是指钢材直径最大值与最小值的比率。在没有相应测量工具的情况下，用手触摸也可感觉钢材的大概圆度情况，因为人手的触觉相当敏锐。

2. 质量证明书是钢材产品的"身份证"，购买时要查阅原件，然后索取复印件，同时盖经销商公章并妥善保管。注意有的伪劣产品的所谓"质量证明书"，是以大钢厂的质量证明书为蓝本用复印机等篡改而成的，细看不难发现字迹模糊、前后反差大、笔画粗细不同、字间前后不一致等破绽。

3. 钢筋可用机械或人工调直。经调直后的钢筋不得有局部弯曲、死弯、小波浪形，其表面伤不应使钢筋截面减小 5%。钢筋是否符合质量标准，直接影响房屋的使用安全，在购买钢筋时还需注意以下几个方面。

① 购进的钢筋应有出厂质量证明书或试验报告单，每捆或每盘钢筋均应有标牌。

② 钢筋的外观检查：钢筋表面不得有裂缝、结疤、折叠或锈蚀现象；钢筋表面的凸块不得超过螺纹的高度；钢筋的外形尺寸应符合技术标准规定。

③ 钢筋根上印有直径尺寸，对比一下，看是否与标定相符。

二、砖

砖是最传统的砌体材料，自建小别墅在选用砖时需要根据砌体的性质来决定。

1. 承重墙用砖

承重墙是指在砌体结构中支撑着上部楼层重量的墙体，在图纸上为黑色墙体，若打掉承重墙会破坏整个建筑结构。承重墙的设计是经过科学计算的，如果在承重墙上打孔开洞，就会影响建筑结构的稳定性，改变建筑结构的体系。

能作为承重墙用砖的种类很多，有黏土砖、页岩砖、灰砂砖等。农村与小城镇自建小别墅一般采用普通黏土砖。目前，国家严格限制普通黏土砖的使用，一些承重墙体改用页岩砖等材料。

2. 非承重墙用砖

其实"非承重墙"并非不承重，只是相对于承重墙而言，非承重墙起到次要承重作用，但同时也是承重墙非常重要的支撑部位。非承重墙通常以黏土、工业废料或其他地方资源为主要原料，用不同工艺制造的墙砖来砌筑的，所以又叫作砌墙砖。

用作砌筑非承重墙的砖按照生产工艺分为烧结砖和非烧结砖。经焙烧制成的砖为烧结砖；经碳化或蒸汽（压）养护硬化而成的砖属于非烧结砖。

按照孔洞率［砖上孔洞和槽的体积总和与按外尺寸算出的体积比（％）］的大小，砌墙砖分为实心砖、多孔砖和空心砖。实心砖是没有孔洞或孔洞率小于 15% 的砖；孔洞率等于或大于 15%，孔的尺寸小而数量多的砖称为多孔砖；孔洞率等于或大于 15%，孔的尺寸大而数量少的砖称为空心砖。

非承重墙用砖的类型及每种砖的主要性能和选用技巧见表 3-9。

表 3-9　非承重墙用砖的类型及每种砖的主要性能和选用技巧

名称	性能	选用技巧
蒸压灰砂砖	蒸压灰砂砖以适当比例的石灰和石英砂、砂或细砂岩，经磨细、加水拌和、半干法压制成型并经蒸压养护而成，是替代烧结黏土砖的产品	（1）蒸压灰砂砖的外形为直角六面体，标准尺寸与普通黏土砖一样。根据抗压强度和抗折强度分为 MU10、MU15、MU20、MU25 四个强度等级 （2）蒸压灰砂砖材质均匀密实，尺寸偏差小，外形光洁整齐。MU15 及其以上的灰砂砖可用于基础及其他建筑部位；MU10 的灰砂砖仅可用于防潮层以上的建筑部位。由于灰砂砖中的某些水化产物（氢氧化钙、碳酸钙等）不耐酸，也不耐热，因此不得用于长期受热 200℃以上、受急冷急热和有酸性介质侵蚀的建筑部位，也不宜用于有流水冲刷的部位
烧结普通砖	烧结普通砖是以黏土、页岩、煤矸石、粉煤灰为主要原料，经焙烧而成的普通砖。按主要原料分为烧结黏土砖、烧结页岩砖、烧结煤矸石砖和烧结粉煤灰砖	（1）烧结普通砖具有较高的强度，较好的绝热性、隔声性、耐久性及价格低廉等优点，加之原料广泛、工艺简单，所以是应用历史最久、应用范围最为广泛的墙体材料。另外，烧结普通砖也可用来砌筑柱、拱、烟囱、地面及基础等，还可与轻骨料混凝土、加气混凝土、岩棉等复合砌筑成各种轻质墙体，在砌体中配置适当的钢筋或钢丝网，也可制作柱、过梁等，代替钢筋混凝土柱、过梁使用 （2）烧结普通砖的缺点是生产能耗高，砖的自重大、尺寸小，施工效率低，抗震性能差等，尤其是黏土实心砖的制作大量毁坏土地、破坏生态。从节约黏土资源及利用工业废渣等方面考虑，应提倡大力发展非黏土砖。所以，我国正大力推广墙体材料改革，以空心砖、工业废渣砖、砌块及轻质板材等新型墙体材料代替黏土实心砖，已成为不可逆转的趋势
烧结多孔砖	按主要原料分为黏土砖、页岩砖、煤矸石砖和粉煤灰砖。烧结多孔砖的孔洞垂直于大面，砌筑时要求孔洞方向垂直于承压面。因为它的强度较高，所以主要用于建筑物的承重部位	烧结多孔砖、烧结空心砖与烧结普通砖相比，具有很多的优点，可使建筑物自重减轻 1/3 左右，节约黏土 20%～30%，节省燃料 10%～20%，且烧成率高，造价降低 20%，施工效率可提高 40%，并能改善砖的绝热和隔声性能，在相同的热工性能要求下，用空心砖砌筑的墙体厚度可减薄半砖左右
烧结空心砖	由两两相对的顶面、大面及条面组成直角六面体，在烧结空心砖的中部开设有至少两个均匀排列的条孔，条孔之间由肋相隔，条孔与大面、条面平行，其间为外壁，条孔的两开口分别位于两顶面上，在所述的条孔与条面之间分别开设有若干孔径较小的边排孔，边排孔与其相邻的边排孔或相邻的条孔之间为肋。空心砖结构简单，制作方便；砌筑墙体后，能确保这种墙面上的串点吊挂的承载能力，适用于非承重部位作墙体围护材料	

名称	性能	选用技巧
粉煤灰砖	蒸压（养）粉煤灰砖是以粉煤灰和石灰为主要原料，掺入适量的石膏和骨料，经坯料制备、压制成型、高压或常压蒸汽养护而制成。其颜色呈深灰色。粉煤灰砖的标准尺寸与普通黏土砖一样，强度等级分为 MU7.5、MU10、MU15、MU20 四个等级。优等品的强度级别应不低于 MU15 级，一等品的强度级别应不低于 MU10 级	粉煤灰砖可用于墙体和基础，但用于基础或易受冻融和干湿交替作用的部位时，必须使用一等品和优等品。粉煤灰砖不得用于长期受热 200℃ 以上、受急冷急热和有酸性介质侵蚀的建筑部位。为避免或减少收缩裂缝的产生，用粉煤灰砖砌筑的建筑物，应适当增设圈梁及伸缩缝
炉渣砖	炉渣砖是以煤渣为主要原料，加入适量石灰、石膏等材料，经混合、压制成型、蒸汽或蒸压养护而制成的实心砖。颜色呈黑灰色。其标准尺寸与普通黏土砖一样，强度等级与灰砂砖相同	炉渣砖也可以用于墙体和基础，但用于基础或用于易受冻融和干湿交替作用的部位必须使用 MU15 级及其以上的砖。炉渣砖同样不得用于长期受热 200℃ 以上、受急冷急热和有酸性介质侵蚀的建筑部位

三、砌块

砌块是形体大于砌墙砖的人造块材。砌块一般为直角六面体，也有各种异形的。砌块系列中主规格的长度、宽度或高度有一项或一项以上分别大于 365mm、240mm 或 115mm，但高度不大于长度或宽度的 6 倍，长度不超过高度的 3 倍，砌块的类型及尺寸见图 3-6。

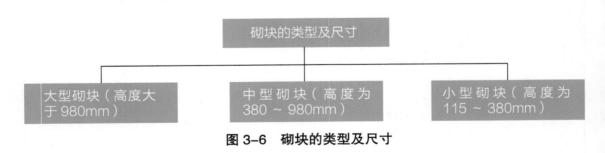

图 3-6 砌块的类型及尺寸

1. 普通混凝土小型空心砌块

适用于地震设计烈度为 8 度及 8 度以下地区的建筑物的墙体。对用于承重墙和外墙的砌块，要求其干缩值小于 0.5mm/m，非承重或内墙用的砌块，其干缩值应小于 0.6mm/m。

2. 粉煤灰砌块

属于硅酸盐类制品，是以粉煤灰、石灰、石膏和骨料（炉渣、矿渣）等为原料，经配料、加水搅拌、振动成型、蒸汽养护而制成的密实砌块。

粉煤灰砌块的干缩值比水泥混凝土大，适用于墙体和基础，但不宜用于长期受高温和经常受潮湿的承重墙，也不宜用于有酸性介质侵蚀的部位。

3. 蒸压加气混凝土砌块

以钙质材料（水泥、石灰等）、硅质材料（砂、矿渣、粉煤灰等）以及加气剂（铝粉）等，经配料、搅拌、浇筑、发气、切割和蒸压养护而成的多孔砌块。

蒸压加气混凝土砌块重量轻，具有保温、隔热、隔声性能好，抗震性强，耐火性好，易于加工，施工方便等特点，是应用较多的轻质墙体材料之一。蒸压加气混凝土砌块适用于承重墙、间隔墙和填充墙，作为保温隔热材料也可用于复合墙板和屋顶结构中。在无可靠的防护措施时，该类砌块不得用于水中以及高湿度和有侵蚀介质的环境中，也不得用于建筑物的基础和温度长期高于 80℃ 的建筑部位。

4. 轻骨料混凝土小型空心砌块

由水泥、砂（轻砂或普砂）、轻粗骨料、水等经搅拌、成型而得。所用轻粗骨料有粉煤灰陶粒、黏土陶粒、页岩陶粒、膨胀珍珠岩、自然煤矸石轻骨料、煤渣等。其主要规格尺寸为 390mm×190mm×190mm。

砌块按强度等级分为 MU1.5、MU2.5、MU3.5、MU5.0、MU7.5、MU10 六个等级；按尺寸允许偏差和外观质量，分为一等品和合格品。强度等级为 3.5 级以下的砌块主要用于保温墙体或非承重墙体，强度等级为 3.5 级及以上的砌块主要用于承重保温墙体。

四、新型墙体材料

现在市面上不少材料都是打着新型材料的旗号，其实，包括上面叙述的不少砌体都属于新型墙体材料的范畴。目前市面上可见的新型墙体材料归纳起来，其种类与名称可以参考表 3-10。

表 3-10　新型墙体材料的种类及名称

种类	名称
砖类	非黏土烧结多孔砖和非黏土烧结空心砖 混凝土多孔砖 蒸压粉煤灰砖和蒸压灰砂空心砖 烧结多孔砖和烧结空心砖

种类	名称
砌块类	普通混凝土小型空心砌块 轻集料混凝土小型空心砌块 烧结空心砌块（以煤矸石、江河湖淤泥、建筑垃圾、页岩为原料） 蒸压加气混凝土砌块 石膏砌块 粉煤灰小型空心砌块
板材类	蒸压加气混凝土板 建筑隔墙用轻质条板 钢丝网架聚苯乙烯夹芯板 石膏空心条板 玻璃纤维增强水泥轻质多孔隔墙条板 金属面夹芯板 建筑平板（包括纸面石膏板、纤维增强硅酸钙板、纤维增强低碱度水泥建筑平板、维纶纤维增强水泥平板、建筑用石棉水泥平板）

注：1. 原料中掺有不少于 30% 的工业废渣、农作物秸秆、建筑垃圾、江河（湖、海）淤泥的墙体材料产品，都可以看作是新型墙体材料。

2. 符合国家标准、行业标准和地方标准的混凝土砖、烧结保温砖（砌块 / 中空钢网内模隔墙、复合保温砖 / 砌块、预制复合墙板 / 体、聚氨酯硬泡复合板及以专用聚氨酯为材料的建筑墙体等）也归于新型墙体材料之列。

五、木材

房屋建筑包括房架、屋顶、檩条、椽子、屋顶板、房檐、柱子、门、窗、地板、墙壁板、天花板等部分。这些部分都可以采用木材做主要材料，且用材含水率必须在 15% 以下（生材绝不可使用），同时还需预先做防腐、防虫、防火处理。可用树种很多，但最佳用材为针叶材（地板例外）：南方首选杉木，次选松木；北方首选红松，次选其他松木。木材的选购标准如图 3-7 所示。

- 新鲜的木材略带红色，纹理清晰。如果其色彩呈暗黄色、无光泽，则说明是朽木

- 看所选木材横切面大小的规格是否符合要求，头尾是否光滑均匀，前后不能大小不一

- 看木材是否平直。如果有弯曲也只能是顺弯，不能有波浪弯，否则使用后容易引起结构变形、翘曲

- 要选木节较少、较小的木方。如果木节大而且多，钉子、螺钉在木节处会拧不进去或者钉断木方，导致结构不牢固，而且容易从木结处断裂

● 要选没有树皮、虫眼的木材。树皮是寄生虫栖身之地，有树皮的木方易生蛀虫，有虫眼的也不能用。如果这类木方用在装修中，蛀虫会吃掉所有它能吃的木质

● 要选密度大的木材，用手拿有沉重感，用指甲抠不会有明显的痕迹，用手压木材有弹性，弯曲后容易复原，不会断裂

● 最好选择加工结束时间长一些且不是露天存放的木材，这样的木材比刚刚加工完的木材含水率相对会低一些

图 3-7　木材的选购标准

第三节　防水材料选用

一般来说能防止雨水、地下水、腐蚀性液体以及空气中的湿气、蒸汽等侵入建筑物的材料基本上都统称为防水材料。在自建小别墅中，常用的防水材料有防水卷材、防水涂料等。

一、防水卷材

经常使用的屋顶防水卷材主要包括以下几种：合成高分子防水卷材、高聚物改性沥青防水卷材、沥青防水卷材等。防水卷材在选用时，首先看外观，其评判标准如图 3-8 所示。

● 看表面是否美观、平整、有无气泡、麻坑等

● 看卷材厚度是否均匀一致，看断面油质光亮度

● 看胎体位置是否居中，有无未被浸透的现象（常说的露白槎）

● 看覆面材料是否黏结牢固

图 3-8　看外观评判防水卷材质量

1. 合成高分子防水卷材

合成高分子防水卷材是以合成橡胶、合成树脂或两者的共混体为基料，制成的可卷曲的片状防水材料。合成高分子防水卷材具有以下特点：

① 匀质性好；

② 拉伸强度高，完全可以满足施工和应用的实际要求；

③ 断裂伸长率高，合成高分子防水卷材的断裂伸长率都在 100% 以上，有的高达

500% 左右，可以较好地适应建筑工程防水基层伸缩或开裂变形的需要，确保防水质量；

④ 抗撕裂强度高；

⑤ 耐热性能好，合成高分子防水卷材在 100℃ 以上的温度条件下，一般都不会流淌和产生集中性气泡；

⑥ 低温柔性好，一般都在 −20℃ 以下，如三元乙丙橡胶防水卷材的低温柔性在 −45℃ 以下；

⑦ 耐腐蚀能力强，合成高分子防水卷材的耐臭氧、耐紫外线、耐气候等能力强，耐老化性能好，比较耐用。

2. 高聚物改性沥青防水卷材

高聚物改性沥青防水卷材是以合成高分子聚合物改性沥青为涂盖层，纤维织物或纤维毡为胎体，粉状、粒状、片状或薄膜材料为覆面材料制成可卷曲的片状材料。高聚物改性沥青卷材常用的有以下两种。

① 弹性体改性沥青卷材（SBS 改性沥青卷材） 用 SBS 改性沥青浸渍胎基，两面涂以 SBS 沥青涂盖层，上表面撒以细砂、矿物粒（片）料或覆盖聚乙烯膜，下表面撒以细砂或覆盖聚乙烯膜所制成的一类卷材。该类卷材使用聚酯毡和玻璃纤维毡两种胎基。聚酯毡（长丝聚酯无纺布）的力学性能很好，耐水性、耐腐蚀性也很好，是各种胎基中最高级的；玻璃纤维毡耐水性、耐腐蚀性好，价格低，但强度低，无延展性。

改性沥青防水卷材的最大特点是低温柔性好，冷热地区均适用，特别适用于寒冷地区，可用于特别重要及一般防水等级的屋顶、地下防水工程、特殊结构防水工程。施工可采用热熔法，也可采用冷粘法。

② 塑性体改性沥青卷材（APP 改性沥青卷材） 属于塑性体沥青防水卷材中的一种。它是用 APP 改性沥青浸渍胎基（玻璃纤维毡、聚酯毡），并涂盖两面，上表面撒以细砂、矿物粒（片）料或覆盖聚乙烯膜，下表面撒以砂或覆盖聚乙烯膜的一类防水卷材。

APP 改性沥青防水卷材的性能接近 SBS 改性沥青卷材。其最突出的特点是耐高温性能好，130℃ 的高温下不流淌，特别适合高温地区或太阳辐射强烈地区使用。另外 APP 改性沥青防水卷材热熔性非常好，特别适合热熔法施工，也可用冷粘法施工。

3. 沥青防水卷材

沥青防水卷材指的是有胎卷材和无胎卷材。凡是用厚纸或玻璃丝布、石棉布、棉麻织品等胎料浸渍石油沥青制成的卷状材料，都称为有胎卷材；将石棉、橡胶粉等掺入沥青材料中，经碾压制成的卷状材料称为辊压卷材，即无胎卷材。

二、防水涂料

市面上能见到的防水涂料主要有：水性沥青基防水涂料、聚氨酯防水涂料、水性聚氯乙烯焦油防水涂料、聚氯乙烯弹性防水涂料、皂液乳化沥青防水涂料、溶剂型橡胶沥青防水涂料、聚合物乳液建筑防水涂料、聚合物水泥防水涂料、内部渗透型防水涂料等。在选购防水涂料时可看其颜色是否纯正，有无沉淀物等；然后将样片放入杯中加入清水泡一泡，看看水是否变浑浊，有无溶胀现象，有无乳液析出；再取出样片，拉伸时如果变糟变软，这样的材料长期处于泡水的环境是非常不利的，不能保证防水质量。

需要提醒的是，有些防水涂料因为有毒和污染现场，已被国家明令限制使用，如聚氯乙烯改性煤焦油防水涂料等。按材料性质，防水涂料可以分为以下三种。

1. 有机防水涂料

有机防水涂料主要包括合成橡胶类、合成树脂类和橡胶沥青等。有机防水涂料固化成膜后最终是形成柔性防水层，常用于房屋的迎水面，这可充分发挥有机防水涂料在一定厚度时有较好的抗渗性的优点。在房屋的基层面上（特别是在各种复杂表面上）既能形成无接缝的完整的防水膜，又能避免涂料与基层黏结力较小的弱点。在冬季施工时，水乳型防水涂料效果不好，应改用反应型防水涂料。溶剂型防水涂料虽然也适合冬季使用，但由于溶剂挥发会污染环境，故不宜在封闭的环境中使用。

常见的如氯丁橡胶改性沥青防水涂料、SBS 改性沥青防水涂料等聚合物乳液防水涂料属挥发固化型，聚氨酯防水涂料属于反应固化型，目前市面上常见有机防水涂料的性能与应用如表 3-11 所示。

表 3-11　常见有机防水涂料的性能与应用

名称	组成	性能	应用
氯丁橡胶改性沥青防水涂料	一种高聚物改性沥青防水涂料	在柔韧性、抗裂性、拉伸强度、耐高低温性能、使用寿命等方面比沥青基防水涂料有很大改善	可广泛应用于屋顶、地面、混凝土地下室和卫生间等的防水工程
SBS 改性沥青防水涂料	采用石油沥青为基料，以 SBS 为改性剂并添加多种辅助材料配制而成的冷施工防水涂料	具有防水性能好、低温柔性好、延伸率高、施工方便、良好的适应屋顶变形能力等特点	主要用于屋顶防水层，防腐蚀地坪的隔离层，金属管道的防腐处理；水池、地下室、冷库、地坪等的抗渗、防潮等

名称	组成	性能	应用
APP 改性沥青防水涂料	以高分子聚合物和石油沥青为基料，与其他增塑剂、稀释剂等助剂加工合成	具有冷施工、表干快、施工简单、工期短的特点；具有较好的防水、防腐和抗老化性能；能形成涂层无接缝的防水膜	适用于各种屋顶、地下室防水、防渗；斜沟、天沟建筑物之间连接处、卫生间、浴池、储水池等工程的防水、防渗
聚氨酯防水涂料	一种液态施工的环保型防水涂料，以进口聚氨酯预聚体为基本成分，无焦油和沥青等添加剂	它与空气中的湿气接触后固化，在基层表面形成一层坚固的无接缝整体防水膜	可广泛应用于屋顶、地基、地下室、厨房、卫浴等的防水工程
丙烯酸防水涂料	一种高弹性彩色高分子防水材料，是以防水专用的自交联纯丙乳液为基础原料，配以一定量的改性剂、活性剂、助剂及颜料加工而成	无毒、无味、不污染环境，属于环保产品；具有良好的耐老化性、延伸性、弹性、黏结性和成膜性；防水层为封闭体系，整体防水效果好，特别适用于异形结构基层的施工	主要用于各种屋顶、地下室、工程基础、池槽、卫生间、阳台等的防水施工，也可适用于各种旧屋顶修补
有机硅防水涂料	该涂料是以有机硅橡胶等材料配制而成的水乳性防水涂料，具有良好的防水性、憎水性和渗透性	涂膜固化后形成一层连续均匀、完整一体的橡胶状弹性体，防水层无搭头接点，非常适合异形部位，具有良好的延伸率及较好的拉伸强度，可在潮湿表面上施工	适用于新旧屋顶、楼顶、地下室、洗浴间、游泳池、仓库的防水、防渗、防潮、隔气等用途，其寿命可达20年

2. 聚合物水泥防水涂料

聚合物水泥防水涂料简称 JS 防水涂料。聚合物水泥防水涂料所用原材料不会对环境和人体健康构成危害，具有比一般有机涂料干燥快、弹性模量低、体积收缩小、抗渗性好等优点，国外称为弹性水泥防水涂料或者水凝固型涂料。JS 防水涂料又可以分为以下两类。

① 以聚合物为主的防水涂料，主要用于非长期浸水环境下的建筑防水工程。

② 以水泥为主的防水涂料，适用于长期浸水环境下的建筑防水工程。

3. 无机防水涂料

无机防水涂料主要是水泥类无机活性涂料，包括聚合物改性水泥基防水涂料和水泥基渗透结晶型防水涂料。这是一种以水泥石英砂等为基材，掺入各种活性化学物质配制的一种刚性防水材料，它既可作为防水剂直接加入混凝土中，也可作为防水涂层涂刷在混凝土基面上。该材料借助其中的载体不断向混凝土内部渗透，并与混凝土中某种组分形成不溶于水的结晶体充填毛细孔道，大大提高混凝土的密实性和防水性。

无机防水涂料不适用于变形较大或受震动部位，而且无机防水涂料由于凝固快，与基面有较强的黏结力，与水泥砂浆防水层、涂料防水层黏结性好，最宜用于在背水面混凝土基层上做防水过渡层。

三、材料选用技巧

现在市场上的防水材料众多，很多人不知道怎么去选择，但是防水对于自建房来说，非常关键。防水材料的质量不好，导致的结果就是返潮、长霉，进而影响结构安全与环境。对于常见的防水材料，建议从以下几个方面入手进行挑选。

① 闻一闻气味　以改性沥青防水卷材来说，符合国家标准的合格产品，基本上没有什么气味。在闻的过程中，要注意以下几点：a.有无废机油的味道；b.有无废胶粉的味道；c.有无苯的味道；d.有无其他异味。

质量好的改性沥青防水卷材在施工烘烤过程中不太容易出油，一旦出油后就能黏结牢固。而有些材料极易出油，是因为其中加入了大量的废机油等溶剂，使得卷材变得柔软，然而当废机油挥发后，在很短的时间内，卷材就会干缩发硬，各种性能指标就会大幅下降，使用的寿命大大缩短。一般来说，对于防水涂料而言，有各种异味的涂料大多属于非环保涂料，应慎重选择。

② 多问　多向商家询问、咨询，从了解的内容来分析、辨别、比较材料的质量。主要了解以下几点：a.厂家原材料的产地、规格、型号；b.生产线及设备状况；c.生产工艺及管理水平。

③ 试一试　对于防水材料可以多试一试，比如可以用手摸、折、烤、撕、拉等，以手感来判断材料的质量。

以改性沥青防水卷材来说，应该具有以下几个方面的特点：a.手感柔软，有橡胶的弹性；b.断面的沥青涂盖层可拉出较长的细丝；c.反复弯折其折痕处没有裂纹，质量好的产品，在施工中无收缩变形、无气泡出现。

而三元乙丙橡胶防水卷材的特点则是：a.用白纸摩擦表面，无析出物；b.用手撕，撕不裂或撕裂时呈圆弧状的质量较好。

对于刚性堵漏防渗材料来说，可以选择样品做试验，在固化后的样品表面滴上水滴，如果水滴不被吸收，呈球状，表明质量相对较好；反之则是劣质品。

第四节　保温材料选用

保温材料的作用主要是减少能量的消耗与传递，从而保证建筑室内的温度达到一个较为稳定的状态，通常北方地区对保温要求较高。

一、墙体保温

对于现阶段的房屋施工来说，采用黏土空心砖、各种混凝土空心砌块、加气混凝土砌块或条板等单一墙体材料已难满足节能保温的需求。大幅提高外墙保温性能的有效途径就是采用复合墙体。

　　复合墙体是指用承重材料（如砖或砌块）与高效保温材料（如聚苯板、岩棉板或玻璃棉板等）进行复合而成的墙体。在复合墙体中，根据保温材料所处的相对位置不同，又分为外保温复合墙体、内保温复合墙体以及夹芯保温复合墙体（图3-9）。

内保温做法

● 即在外墙内侧（室内一侧）增加保温措施。常用的做法有贴保温板、粉刷石膏（即在墙上粘贴聚苯板，然后用粉刷石膏做面层）、聚苯颗粒胶粉等。内保温虽然保温性能不错，施工也比较简单，但是对外墙某些部位如内外墙交接处难以处理，从而形成"热桥"效应。另外，将保温层直接做在室内，一旦出现问题，维修时对居住环境影响较大。因此，对工程质量必须进行严格把关，避免出现开裂、脱落等现象

外保温做法

● 即在墙体外侧（室外一侧）增加保温措施。保温材料可选用聚苯板或岩棉板，采取粘接的方法或用锚固件与墙体连接，面层做聚合物砂浆用玻璃纤维网格布增强；对现浇钢筋混凝土外墙，可采取模板内置保温板的复合浇筑方法，使结构与保温同时完成；也可采取聚苯颗粒胶粉在现场喷、抹形成保温层的方法；还可以在工厂制成带饰面层的复合保温板，到现场安装，用锚固件固定在外墙上。与内保温做法比较，外保温的热工效率较高，不占用室内空间，对保护主体结构有利，不仅适用于新建房屋，也适用于既有建筑的节能改造。因此，外保温复合墙体已成为墙体保温方式的发展方向。但由于保温层处于室外环境，因而对外保温的材料性能和施工质量有更为严格的要求

夹芯保温做法

● 即把保温材料（聚苯颗粒、岩棉、玻璃棉等）放在墙体中间，形成夹芯墙。这种做法将墙体结构和保温层同时完成，对保温材料的保护较为有利。但由于保温材料把墙体分为内外"两层"，因此在内外层墙皮之间必须采取可靠的拉结措施，尤其是对于有抗震要求的地区，措施更是要严格到位

图3-9　墙体保温做法及材料选择

二、屋顶保温

　　市面上屋顶保温材料有很多种类，应用范围也很广，屋顶保温材料应选用孔隙多、表观密度小、热导率低的材料。常用屋顶保温材料主要有以下几类。

　　① 憎水珍珠岩保温板　具有容量轻、憎水率高、强度好、热导率低、施工方便等优点，是其他材料无法比拟的。广泛用于屋顶、墙体、冷库、粮仓及地下室的保温、隔热和各类保冷工程。

　　② 岩棉保温板　以玄武岩及其他天然矿石等为主要原料，经高温熔融成纤维，加入适量黏结剂，固化加工而制成。建筑用岩棉保温板具有优良的防火、保温和吸声性能，主要用于建筑墙体、屋顶的保温隔声；建筑隔墙、防火墙、防火门的防火和降噪。

　　③ 膨胀珍珠岩　具有无毒、无味、不腐、不燃、耐碱耐酸、容量轻、吸声等性能，使

用安全、施工方便。

④ 聚苯乙烯膨胀泡沫板（EPS 板）　属于有机类保温材料，它是以聚苯乙烯树脂为基料，加入发泡剂等辅助材料，经加热发泡而成的轻质材料。

⑤ XPS 挤塑聚苯乙烯发泡硬质隔热保温板　由聚苯乙烯树脂及其他添加剂通过连续挤压出成型的硬质泡沫塑料板，简称 XPS 保温板。XPS 保温板因采用挤压的方式，制造过程中会出现连续均匀的及闭孔式蜂窝结构，这些蜂窝结构的互联壁有一致的厚度，完全不会出现间隙。这种结构让 XPS 保温板具有良好的隔热性能、低吸水性和抗压强度高等特点。

⑥ 水泥聚苯小型空心轻质砌块　这种砌块是利用废聚苯和水泥制成的空心砌块，可以改善屋顶的保温隔热性能，有 390mm×190mm×190mm、390mm×90mm×190mm 两种规格，前者主要用于平屋顶，后者主要用于坡屋顶。

⑦ 泡沫混凝土保温隔热材料　利用水泥等胶凝材料，大量添加粉煤灰、矿渣、石粉等工业废料，是一种利废、环保、节能的新型屋顶保温隔热材料。泡沫混凝土屋顶保温隔热材料制品具有轻质高强、保温隔热、物美价廉、施工速度快等显著特点。既可制成泡沫混凝土屋顶保温板，又可根据要求现场施工直接浇筑，施工省时、省力。

⑧ 玻璃棉　属于玻璃纤维中的一个类别，是一种人造无机纤维。采用石英砂、石灰石、白云石等天然矿石为主要原料，配合一些纯碱、硼砂等化工原料熔成玻璃。在熔融状态下，借助外力吹制成絮状细纤维，纤维和纤维之间为立体交叉，互相缠绕在 一起，呈现出许多细小的间隙，具有良好的绝热、吸声性能。

⑨ 玻璃棉毡　为玻璃棉施加胶黏剂，加热固化成型的毡状材料。其容重比板材轻，有良好的回弹性，价格便宜，施工方便。玻璃棉毡是为适应大面积敷设需要而制成的卷材，除保持了保温隔热的特点外，还具有十分优异的减振、吸声特性，尤其对中低频和各种振动噪声均有良好的吸收效果，有利于减少噪声污染，改善工作环境。

第五节　隔声材料选用

人在房屋中活动，总会产生一定程度的噪声，为了互不影响，在建造过程中必须要使用一定量的隔声材料。

隔声材料种类繁多，比较常见的有砖块、钢筋混凝土墙、木板、石膏板、铁板、隔声毡、纤维板等。严格意义上说，几乎所有的材料都具有隔声作用，其区别就是不同材料间隔声量的大小不同而已。

从理论上讲，隔声材料的单位密集面密度越大，隔声量就越大，材料的面密度与隔声量成正比关系。对于隔声材料，要减弱透射声能，阻挡声音的传播，就不能如同吸声材料那样多孔、疏松、透气；相反，它的材质应该是重而密实的。因此，在选择隔声材料时，主要选择那些密实无孔隙、有较大重量的材料，如钢板、铅板、砖墙等。隔声毡与石膏板搭配使用如图 3-10 所示。

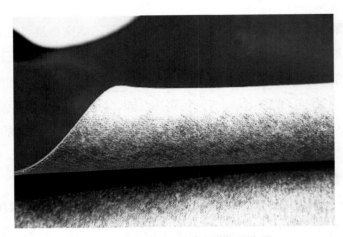

图 3-10　隔声毡与石膏板搭配使用

　　由于对噪声控制的手段缺乏了解，关于吸声与隔声的概念常常被混淆。例如玻璃棉、岩矿棉一类具有良好吸声性能但隔声性能很差的材料就被误称为"隔声材料"。但吸声和隔声虽然有着本质上的区别，在具体的工程应用中，它们却常常结合在一起，并发挥了综合的降噪效果。当吸声材料和隔声材料组合使用，或者将吸声材料作为隔声构造的一部分时，一般都能够提升隔声结构的效果。从理论上讲，加大室内的吸声量，相当于提高了分隔墙的隔声量。常见的有隔声房间、隔声罩、由板材组成的复合墙板等。

第四章
自建小别墅基础施工

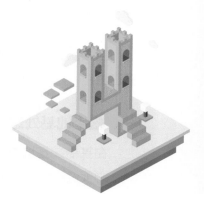

第一节 常用基础类型

　　基础是房屋的建筑根本，是至关重要的建筑结构。由于地域的不同和地质条件的复杂多变，基础也是多种多样的，一定要选择适合自己房屋的基础形式，才能在保证房屋安全的前提下，获得更好的经济性。自建小别墅常用的基础类型见表4-1。

表 4-1　自建小别墅常用的基础类型

名称	图示	定义
独立基础		当建筑物上部结构为梁、柱构成的框架、排架或其他类似结构时，下部常采用阶梯形或锥体形的结构形式，称为独立基础
条形基础		在砖混结构的建筑中，砖墙为主要垂直承重的结构，沿承重墙连续设置的基础就称为条形基础或带形基础。条形基础是墙下基础的基本形式，也是自建小别墅最常用的一种基础形式
筏形基础		当上部荷载很大、地基又比较松软或地下水位较高时，常将柱下或墙下基础连成一片，形成平板式或梁板式钢筋混凝土地板，这种结构形式就称为筏形基础

第二节 常见不良地基处理方法

自建小别墅地基的施工过程中，对于一些特殊的地基必须要进行处理。除了在选址时要注意避开陷空、滑坡等不良地段外，在实际施工中，最容易碰到的就是地基土层的处理。

一、松土地基处理

在基槽或基坑中，局部地层会出现比较松软的土层。这种土层对地基的承载力影响较大，必须进行处理。一般可以采取以下几种处理方法。

① 基础开挖结束后，应对基土进行钎探，其目的就是通过钢钎打入地基一定深度的击打次数，判断地基持力土质是否分布均匀、平面分布范围和垂直分布的深度。

② 打完钎孔，如无不良现象后，即可进行灌砂处理。灌砂处理时，每灌入 300mm 深时可用平头钢筋棒捣实一次。

③ 当基槽或基坑开挖后，发现基槽或基坑的中间部位有松土坑时，首先要探明松土坑的深度，再将坑中的松软土挖除，使坑的四壁和坑底均应见到天然土为止。如天然土为较密实的黏性土时，用 3：7 灰土回填夯实；如天然土为砂土时，用砂或级配砂石回填；天然土若为中密可塑的黏性土或新近沉积黏性土时，可用 2：8 灰土分层回填夯实。各类分层回填厚度不得超过 200mm。

④ 松软土坑在基槽或基坑中范围过大，且超过了槽、坑的边缘，并且超过部分还挖不到天然土层时，只将松软土坑下部的松土挖出，并且应超过槽、坑边不少于 1m，然后按第②项的内容进行处理。

⑤ 松土坑深度大于槽宽或者超过 1.5m，这时将松土挖出至天然土，然后用砂石或灰土处理夯实后，在灰土基础上 1~2 皮砖处或混凝土基础内，防潮层下 1~2 皮砖处及首层顶板处，加配直径为 8~12mm 的钢筋，长度应为在松土坑宽度的基础上再加 1m，以防该处产生不均匀沉降，导致墙体开裂。

⑥ 土坑长度超过 5m，应挖出松土，如果坑底土质与槽、坑底土质相同，可将此部分基础加深，做成 1：2 踏步与同端相连，每步高不大于 500mm，长度不大于 1m。

⑦ 当松土已挖至水位时，应将松土全部挖去，再用砂石或混凝土回填。如坑底在地下水位以下，回填前先用 1：3 粗砂与碎石分层回填密实，地下水位以上用 3：7 灰土回填夯实至基槽、坑底相平。

二、膨胀土地基处理

膨胀土是一种黏性土，在一定荷载作用下受水潮湿时，土体膨胀；干燥失水时，土体收缩，具有这种性质的土称为膨胀土。膨胀土地基对建筑物有较严重的危害性，必须进行处理。

① 建筑物应尽量建在地形平坦地段，避免挖方与填方改变土层条件和引起湿度的过大变化。

② 组织好地面排水，使场地积水不流向建筑物或构造物，以免雨水浸泡或渗透。散水宽度不宜大于 1.5m。高耸建筑物、构造物的散水应超出基础外缘 0.5~1m。散水外缘可设明沟，但应防止断裂。

③ 砖混建筑物的两端不宜设大开间。横墙基础隔段宜前后贯通。

④ 在建筑物周围植树时，应使树与建筑物隔开一定距离，一般不小于 5m 或成年树的高度。

⑤ 建筑物地面，一般宜做块料面层，采用砂、块石等做垫层。经常受水浸湿或可能积水的地面及排水沟，应采用不漏水材料。

三、冻土地基处理

冻土具有极大的不稳定性。在寒冷地区，当温度在 0℃ 以下时，由于土中的水分结冰后体积产生膨胀，导致土体结构破坏；气温升高后，冰冻融化，体积缩小而下沉，使上部建筑结构随之产生不均匀下沉，造成墙体开裂、倾斜或者倒塌。

① 在严寒地区，为防止基土冻胀力和冻切力对建筑物的破坏，须选择地势高、地下水位低的场地，上部结构宜选择对冻土变形适应性较好的结构类型，做好场地排水设计。

② 选择建房位置时，应选在干燥、较平缓的高阶地上或地下水位低、土的冻胀性较小的建筑场地上。

③ 合理选择基础的埋置深度，采用对克服冻切力较有利的基础形式，如有大放脚的带形基础、阶梯式柱基础、爆扩桩、筏形基础。

④ 基础应深埋于季节影响层以下的冻土层或不冻胀土层之上。基础梁下有冻胀土层时，应在梁下填充膨胀珍珠岩或炉渣等松散材料，并有 100mm 左右的空隙。室外散水、坡道、台阶均要与主体结构脱离，散水坡下应填充砂、炉渣等非冻胀性材料。

小 贴 士

在冬季，地面以下的土壤受到冰冻形成冻土层，温度越低，冻土层越厚。冻土层以下是非冰冻土层。冻土层与非冻土层的结合处称为冰冻线。如将基础放在冰冻层上时，土的冻胀则会将基础抬起；气温回升冻土层解冻后，基础会下沉。这样，建筑物周期性地处于不稳定状态，导致建筑物产生较大的变形，严重时还会引起墙体开裂，建筑物倾斜甚至倒塌。所以一般情况下，为保证基础不受土壤冻融的影响，基础埋深（从建成后室外地坪最低处算起）不应小于当地冻土层厚度，且不小于 50cm，必要时，应请专业的设计人员加以设计。地基必须挖至老土层，土质应均匀一致，并且进入老土层深度不应小于 20cm。

第三节 基础放线

在开挖地基土方前，首先要进行地基的测量和放线，将设计好的建筑物图样，按设计尺寸在预定建筑地面上进行测量，并用各种标志标出该建筑物的施工位置、尺寸和形状。

在自建小别墅的建设中，由于受地理条件、施工场地、测量仪器等条件的限制，会给定位放线带来一定的不便。而且，在农村和小城镇地区建房，相对来说，没有那么精确的定位要求，所以通常用的都是相对简易的放线定位方法。常用的工具和材料主要就是钢卷尺、水平尺、透明塑料水管、线绳、白灰粉、木楔。

一、按原有房屋定位

如果在拟建的地方有原建房屋，无论其是同排、错排、同列的布局，均应把原有的房屋作为参照物，然后从参照物的墙体向拟建房屋的位置方向引线。如两者同排，应从原房屋的纵墙上引线；如两者同列，则从横墙上引线；当两者为错排时，哪个边距拟建房屋较近时，就以该边为引线。引线时必须注意一个问题，就是引线不能和原房屋的墙体接触，必须用两个相等厚度的垫块分别支放在墙体的两端，将线搭放在垫块上，然后用钢卷尺顺原墙体的延长线量出拟建房屋和原有房屋的距离，将木楔打入土内作为固定点，再按勾股定理找出拟建房屋的各边边线。

二、根据规划道路定位

先测量出道路的中心线，并从道路中心线向拟建房屋的位置拉两条平行线，定出拟建房屋的基础边线。然后根据基础平面图的基槽宽度，用5m钢卷尺找出墙体中线。

以墙体中线为准线，并在划定的边线作垂线，在垂线和准线上分别以固定点量出3m和4m的长度，并标出记号，使两个固定点相交，用钢卷尺量垂线和准线上3m及4m两点间的距离，如达不到5m时，应调整垂线的左右位置，直到量出5m时将垂线固定。这个垂线定位边就是房屋的横墙边线。然后分别以准线和垂线量出对应的边线，就定出了房屋的所在位置，如图4-1所示。

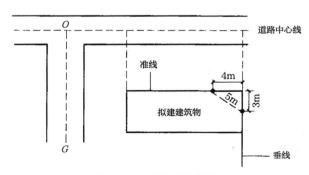

图4-1　定位示意图

三、基槽的定位

　　自建小别墅使用最多的就是条形基础。房屋的基槽宽度都不是很大，一般在 1000mm 左右，深度一般在 500mm 左右。基槽是在所有边线定位后定位。

　　基槽定位时，先在拟建房屋的四角打上木楔，或根据图 4-2 所示设置龙门桩，根据测量数据，在龙门桩上标出基槽的边线、墙体中心线和水平线及标高线。当各线测量准确后，用白灰粉顺线撒出基槽的两边线。可用水平尺或水平管测定水平点和标高点。

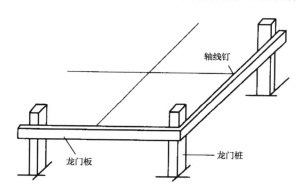

图 4-2　龙门桩设置示意

1. 使用水平尺测定

　　用水平尺测定时，先在原有房屋的某点或规划的标高点处拉一根直线，将水平尺放在线的中间部位，并用两小堆砂将水平尺架起，调整水平尺中的气泡处于水平位置，将所拉的直线与水平尺面相平行，直线两端也就成为平行关系。以这个水平点为准，用直尺向上或向下量出房屋的 ±0.000 或基础的基底标高，并将这点标在木楔或龙门桩上，作为复核、验线的标准点，如图 4-3 所示。

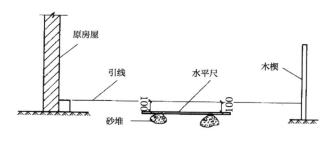

图 4-3　水平尺定位示意

2. 使用水平管测定

　　将水平管内注满水，但不得混有气泡。如果水位看不清时，可在水中加点颜料，使水变色。然后将水平管的一端放在规划的水平点或放在原有房屋的某一标高点。这点即是临时的标准点，并使管中的水平面与该点平齐。另一端放于木楔或龙门桩旁，上下移动水平管，使一端管中的水平面与标准点平齐稳定的情况下，标出另一端的水平面位置，这时两点间呈水平状态，这种方法称为水平点的测定。然后将水平管一端移到拟建房屋的另外三个大角，以另一端为标准点，分别测出其余三个大角的水平位置，并标在龙门桩或木楔上。如果水平管的长度足够长时，也可在一端不移动的情况下，在另一端分别测出各个角的水平线。

四、标高的定位

房屋标高是指每层房屋的设计高度和房屋的总高度。图纸上设计的 ±0.000 标高有两种表示方法：一种是绝对标高；另一种是相对标高。其定位方法如下。

1. 绝对标高 ±0.000 的定位

施工图上一般均注明 ±0.000 相当绝对标高的数值。该数据可从建筑物附近的水准控制点或大地水准点进行引测，并在供放线用的龙门桩上标出。

如拟建建筑的 ±0.000 相当于绝对标高的 95m，附近水准点的标高为 94.5m，将水准仪安放在水准点与建筑物龙门桩的中间，调平后，通过望远镜观测水准点，水准尺上的读数为 1.5m，则 95 + 1.5 - 94.5 = 2（m）。将水准尺下部靠着龙门桩，上下移动，使望远镜中水准尺的读数为 2m，在水准尺底部用铅笔在龙门桩一侧画出横线，这个横线就是 ±0.000 的位置。

2. 相对标高 ±0.000 的定位

一般来说，相对标高在自建小别墅的施工中用得更为广泛一些。在有的施工图上，由于原有建筑较多，或临街道较近时，往往在施工图上直接标注 ±0.000 的位置与某种建筑物或道路的某处标高相同或成某种关系，在 ±0.000 定位时，就可以由该处进行引测。如某拟建建筑物 ±0.000 与道路路边石高出 350mm，在标高定位时，先将水准尺放到路边石上，将水准仪安放在路边石与龙门桩的中间，调平后，用望远镜读出水准尺上的读数，然后将水准尺移至龙门桩，上下移动水准尺，当前读数与望远镜横丝相平时，在水准尺底部的龙门桩上画一条直线，然后用尺向上量测 350mm，即为相对标高 ±0.000 的定位线。

第四节 基础开挖与土方回填

基础定位放线撒灰结束后，经复线检查符合设计基础平面的尺寸要求后，就可以进行基槽或基坑的开挖。由于自建小别墅建筑面积较小，所以基槽或基坑的土方量都不大，一般均采用人工或小型开挖机械开挖的方法。使用小型机械开挖时，还需要人工修理槽壁和槽底。

一、基础开挖

在开挖前，必须把现场平整范围内的障碍物如树木、电线、电线杆、管道、房屋、坟墓等清理干净。场地如有高压线、电线杆、塔架、地上和地下管道、电缆、坟墓、树木、沟渠以及旧有房屋、基础等，应进行拆除或搬迁、改建、改线；对附近原有建筑物、电线杆、塔架等采取有效的防护和加固措施，可利用的建筑物应充分利用。在黄土地区或有古墓地区，应在工程基础部位，按设计要求位置，用洛阳铲进行详探，发现墓穴、土洞、地道、地窖、废井等应对地基进行局部处理。

无论是人工开挖还是机械开挖都要注意，为了方便在基槽内施工，开挖基槽时，每边都应比设计的槽宽多开挖作为施工空间。

1. 人工开挖

① 开挖浅的条基，如不放坡时，应先沿灰线直边切除槽轮廓线，然后自上而下分层开挖。每层深 500mm 为宜，每层应清理出土，逐步挖掘。

② 在堆土时，应保证边坡和直立壁的稳定，抛于槽边的土应距槽边 1m 以外。

③ 在接近地下水位时，应先完成标高最低处的挖方，以便在该槽处集中排水。

④ 挖到一定深度时，测量员测出距槽底 500mm 的水平线，沿水平线从槽端部开始每隔 2~3m 在槽边上钉小木橛。

⑤ 挖至槽底标高后，由两端轴线引桩拉通线，检查基槽尺寸，然后修槽清底。

⑥ 开挖放坡基槽时，应在槽帮中间留出 800mm 左右的倒土台。

小贴士

人工开挖的质量监控通常涉及以下几项。

① 定位桩、轴线引桩、水准点、龙门板不得碰撞，必须用混凝土筑护。

② 对邻近建筑物、道路、管线等除了规定的加固外，应随时注意检查和观测。

③ 距槽边 600mm 挖 200mm×300mm 的明沟，并有 2‰坡度，排除地面雨水，或筑 450mm×300mm 的土埝挡水。

----

2. 机械开挖

机械开挖与人工开挖的步骤基本相同，在挖基槽前，要控制好开挖的深度，并要有控制的措施。机械不得在输电线路一侧挖掘，无论任何情况下，机械的任何部位与架空线路都要按照规定保证安全距离。

（1）测量控制网布设

① 标高误差和平整度要求均应严格按规范、标准执行。机械挖土接近坑底时，由现场

专职测量员用水平仪将水准标高引测至基槽侧壁。然后随着挖土机逐步向前推进，将水平仪置于坑底，每隔 4~6m 设置一个标高控制点，纵横向组成标高控制网，以准确控制基坑标高。最后一步土方挖至距基底 150~300mm 位置，所余土方采用人工清土，以免扰动基底的旧土，测量精度的控制及误差范围见表 4-2。

表 4-2　测量精度的控制及误差范围

测量项目	测量的具体方法及误差范围
测角	采用三测回，测角过程中误差控制在 2″ 以内，总误差在 5mm 以内
测弧	采用偏角法，测弧度误差控制在 2″ 以内
测距	采用往返测法，取平均值
量距	用鉴定过的钢尺进行量测并进行温度修正，轴线之间偏差控制在 2mm 以内

② 对地质条件好、土（岩）质较均匀、挖土高度在 5~8m 以内的临时性挖方的边坡，其边坡值可按表 4-3 取值，但应验算其整体稳定性并对坡面进行保护。

表 4-3　不同类型土壤的边坡值取值参考

土的类别		边坡值
砂土（不包括细砂、粉砂）		（1：1.25）~（1：1.50）
一般性黏土	硬	（1：0.75）~（1：1.00）
	硬、塑	（1：1.00）~（1：1.25）
	软	1：1.50 或更缓
碎土	充填坚硬、硬塑黏性土	（1：0.50）~（1：1.00）
	充填砂石	（1：1.00）~（1：1.50）

（2）分段、分层均匀开挖

① 当基坑（槽）或管沟受周边环境条件和土质情况限制无法进行放坡开挖时，应采取有效的边坡支护方案，开挖时应综合考虑支护结构是否形成，做到先支护后开挖，一般支护结构强度达到设计强度的 70% 以上时，才可继续开挖。

② 开挖基坑（槽）或管沟时，应合理确定开挖顺序、路线及开挖深度，然后分段分层均匀下挖。

③ 采用挖土机开挖大型基坑（槽）时，应从上而下分层分段，按照坡度线向下开挖，严禁在高度超过 3m 或在不稳定土体之下作业，但每层的中心地段应比两边稍高一些，以防积水。

④ 在挖方边坡上如发现有软弱土、流砂土层时，或地表面出现裂缝时，应停止开挖，并及时采取相应补救措施，以防止土体崩塌与下滑。

⑤ 土方开挖宜从上到下分层分段依次进行。随时做成一定坡势，以利泄水。

（3）修边、清底

① 放坡施工时，应人工配合机械修整边坡，并用坡度尺检查坡度。

② 在距槽底设计标高 200~300mm 的槽帮处，抄出水平线，钉上小木橛，然后用人工将暂留土层挖走。同时由两端轴线（中心线）引桩拉通线（用小线或钢丝），检查距槽边的尺寸，确定槽宽标准，以此修整槽边，最后清理槽底土方。

③ 槽底修理铲平后，进行质量检查验收。

④ 开挖基坑（槽）的土方，在场地有条件堆放时，一定留足回填需用的好土；多余的土方，应一次运走，避免二次搬运。

3. 槽深、槽宽的控制

当基坑、基槽开挖结束后，应对基坑、基槽的深度和宽度进行检查：在龙门板两端拉直线，按龙门板顶面与槽底设计标高差，在标杆上画一道横线。检查时，将标杆上的横线与所拉的小线相比较，横线与小线齐平时，说明坑底或槽底标高符合要求，否则不符合要求，如图 4-4 所示。

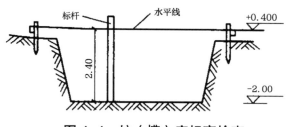

图 4-4 坑（槽）底标高检查

二、土方回填

土方回填分基槽或基坑回填、室内外地面回填等。土方回填与夯实对农村住宅建筑工程质量影响较大。

1. 回填前基坑（槽）处理

回填前，应清除基底上的草皮、杂物、树根和淤泥，排除积水，并在四周设排水沟或截洪沟，防止地面水流入填方区或基槽（坑），浸泡地基，造成基土下陷。

① 当填方基底为耕植土或松土时，应将基底充分夯实或碾压密实。

② 当填方位于水田、沟渠、池塘或含水量很大的松散地段，应根据具体情况采取排水疏干，或将淤泥全部挖除换土、抛填片石、填砂砾石、翻松、掺石灰等措施进行处理。

③ 当填土场地地面陡于 1/5 时，应先将斜坡挖成阶梯形，阶高为 0.2~0.3m，阶宽大于 1m，然后分层填土，以利结合和防止滑动。

小 贴 士

　　回填时土壤宜优先选用基槽（坑）中挖出的原土，并清除其中的有机杂质和粒径大于 50mm 的颗粒，含水量应符合设计要求，不应采用地表的耕植土、淤泥、膨胀土及杂填土。

扫码看视频

回填土的含水量

　　① 基底为灰土地基时，土料应尽量采用地基槽中挖出的土。土块较大时，则应过筛筛除。拌制三七灰土的石灰必须消解后方可应用，粒径不得大于 5mm，与黏土拌和均匀后铺入槽内。

　　② 砂垫层或者砂石垫层地基宜采用质地坚硬、粒径为 0.25~0.5mm 的中砂、粗砂，或采用粒径为 20~50mm 的碎石或卵石。

　　③ 室内回填土时，不得采用拆除的旧墙土、旧土坯等碱性大的土，以防返潮。

2. 地基回填与夯实施工

地基回填与夯实施工工序如图 4-5 所示。

基层处理	●填土前应检验土料质量、含水量是否在控制范围内。土料含水量一般以"手握成团、落地开花"为适宜。当含水量过大时，应采取翻松、晾干、风干、换土回填、掺入干土或其他吸水性材料等措施，防止出现橡皮土。如土料过干（或砂土、碎石类土）时，则应预先洒水湿润，增加压实遍数或使用较大功率的压实机械等措施
分层摊铺	●回填土应分层摊铺和夯压密实，每层铺土厚度和压实遍数应根据土质、压实系数和机具性能而定 ●在地形起伏处填土，应做好接槎，修筑 1：2 阶梯形边坡，每台阶高可取 500mm，宽可取 1000mm。分段填筑时，每层接缝处应做成大于 1：1.5 的斜坡。接缝处不得在基础、墙角、柱墩等重要部位
分层压（夯）密实	●人工回填打夯前应将填土初步整平，打夯要按一定方向进行，一夯压半夯，夯夯相接，行行相连，两遍纵横交叉，分层夯打 ●夯实基槽时，行夯路线应由四边开始，然后夯向中间。用蛙式打夯机等小型机具夯实时，打夯之前应对填土进行初步整平，用打夯机依次夯打，均匀分开，不留间歇 ●填土层如有地下水或滞水时，应在四周设置排水沟和集水井，将水位降低。已填好的土层如遭水浸泡，应把稀泥铲除后，方能进行上层回填；填土区应保持一定横坡，或中间稍高两边稍低，以利排水；当天填土应在当天压实 ●雨期基槽（坑）或管沟回填，从运土、铺填到压实各道工序应连续进行。雨前应压完已填土层，并形成一定坡度，以利排水。施工中应检查、疏通排水设施，防止地面水流入坑（槽）内，造成边坡塌方或使基土遭到破坏 ●冬期填方，要清除基底上的冰雪和保温材料，排除积水，挖出冰块和淤泥。回填宜连续进行，逐层压实，以免地基土或已填的土受冻

图 4-5　地基回填与夯实施工工序

案例讲解——灰土地基基础夯实

在自建小别墅中，大多采用灰土地基，夯实的机具为柴油打夯机、蛙式打夯机，也可采用人工夯实的方式。

① 材料的处理　灰土基础中所用的土和熟石灰粉要分别过筛处理。

② 灰土的拌制　灰土的拌和配合比一般是石灰粉：土为 3 ：7 或 2 ：8。拌和的灰土必须均匀一致，灰土颜色应统一，翻拌次数不得少于 3 遍，并要随拌随用。灰土施工时，一定要控制含水量。在现场检查时，用手将灰土握成团，然后用两手指轻轻一按即碎为宜。当含水量不足或超量时，必须洒水湿润或晾晒。

③ 基底处理　将基底表面铲平，并用铁耙抓毛，打两遍底夯。如果局部有软弱土层时，应即时挖除，并用灰土回填夯实。

④ 分层铺土　灰土分层铺设时，应根据所用压实机具的夯实厚度规定执行。各层虚铺后，都应用十指铁耙将表面修平。

⑤ 夯压　人工夯实时，要使用 60~80kg 的木夯、铁夯或石夯击打，举起的高度不小于500mm。夯击时，后一夯应压住前夯的一半，或者按梅花形夯击后，再夯击每夯的相连处，依次序进行，不得隔夯。

用蛙式打夯机夯实时，夯打前应对所铺的基土进行初步平整，用夯机依次夯打，均匀分布，不留间隔。同时拉夯者的速度不宜太快，要随着夯机的惯性逐渐向前。扶夯者要掌握好夯的方向，不得产生漏夯。到达四角位置时，要夯击到基础的边沿，然后退回再转弯。

夯压的遍数一般不应少于 4 遍。夯击时，应做到夯与夯相连，行行相连，不得有漏夯现象。每夯击一遍后，都应修整表面。夯实后，表面应无虚土、坚实、发黑、发亮。

⑥ 接槎与留槎　如因条件限制，灰土分段施工时，不得在墙角、柱基及承重墙窗间墙下接槎。上下两层灰土的接槎距离不得少于500mm，并应做成直槎。当灰土地基标高不同时，应做成台阶式，每阶宽度不少于500mm，如图 4-6 所示。每层虚土应从留缝处往前延伸500mm。夯实时，应夯过接缝300mm 以上。

灰土垫层夯实后，应注意保护，在未砌筑基础前，不得受雨水或自来水的浸泡，否则，必须将其挖开后重新夯实。

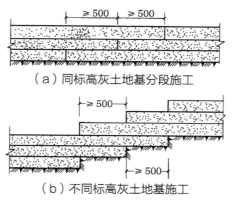

（a）同标高灰土地基分段施工

（b）不同标高灰土地基施工

图 4-6　灰土垫层接槎

第五节 基础施工流程

一、独立基础施工

在自建小别墅的施工中，独立基础是基础做法中较为常规的一种形式，在地基承载力满足施工要求的情况下，独立基础可以减少土方开挖量，极大地节约工程成本，节省施工时间。独立基础在施工时一般分为以下几个步骤。

1. 基础土方开挖

首先在总平面图上将建筑物的定位控制点的坐标找出来，然后根据建设单位提供的原始坐标控制点进行测量放线。现在大多数的施工单位都是选择直接采用全站仪进行放线，将承台的角点放出来，然后适当留出一定的工作面和放坡需要的尺寸，再进行开挖。土方开挖采用机械与人工开挖相结合方法施工，挖出的土方根据现场实际情况选择一部分就地堆放，作为承台施工完成后回填土的来源。

土方采用机械开挖时，基础土方应预留 300mm 左右厚的土，由人工开挖，以免扰动基底土。对于超挖部分，需用级配砂石回填。基础开挖时，在基础边开挖 20cm 左右宽排水沟，设置 400mm×400mm×400mm 的集水井由潜水泵抽水。

土方开挖至垫层底设计标高后，应进行基槽验收，符合勘察设计要求后进入下道工序施工。地基验槽这个工序，一定要做到位，否则基础验收时会有问题，而且这也是保证工程质量的一个很重要的措施和手段。

2. 清理及垫层浇灌

地基验槽完成后，清除表面浮土及扰动土，不留积水，立即进行垫层混凝土施工，垫层混凝土必须振捣密实、表面平整，严禁晾晒基土。

3. 钢筋绑扎

垫层浇灌完成，混凝土强度达到 1.2MPa 后，在其表面弹线并进行钢筋绑扎（图 4-7）。钢筋绑扎不允许漏扣，柱插筋弯钩部分必须与底板筋成 45° 绑扎，连接点处必须全部绑扎，距底板 5cm 处绑扎第一个箍筋，距基础顶 5cm 处绑扎最后一个箍筋，作为标高控制筋及定位筋，柱插筋最上部再绑扎一道定位筋。上下箍筋及定位箍筋绑扎完成后将柱插筋调整到位并用井字木架临时固定，然后绑扎剩余箍筋，保证柱插筋不变形走样，两道定位筋在基

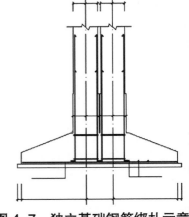

图 4-7 独立基础钢筋绑扎示意

础混凝土浇筑完成后，必须进行更换。

配置梁箍筋时应按内皮尺寸计算，避免量钢筋骨架尺寸小于设计尺寸。箍筋末端应弯成 135°，平直部分长度为 10d（d 为钢筋的直径）。

钢筋绑扎好后，地面及侧面应搁置保护层塑料垫块，厚度为设计保护层厚度，垫块间距不得大于 100mm（视设计钢筋直径确定），以防出现漏筋的质量通病；注意对钢筋的成品进行保护，不得任意碰撞钢筋，造成钢筋移位。

4. 模板安装

完成后立即进行模板安装（图 4-8），模板采用小钢模或木模，利用架子管或木方加固。锥形基础坡度 > 30° 时，采用斜模板支护，利用螺栓与底板钢筋拉紧，防止上浮，模板上设透气孔和振捣孔；坡度 ≤ 30° 时，利用钢丝网（间距 30cm）防止混凝土下坠，上口设井字木控制钢筋位置。不得用重物冲击模板，不准在吊帮的模板上搭设脚手架，保证模板的牢固和严密。

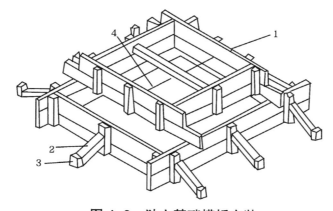

图 4-8　独立基础模板安装
1—第二阶模板；2—斜撑；3—木桩；4—对拉铅丝

5. 清理

清除模板内的木屑、泥土等杂物，对木模进行浇水湿润，堵严板缝和孔洞。

6. 混凝土浇筑

混凝土应分层连续进行浇筑，间歇时间不超过混凝土初凝时间，一般不超过 2h，为保证钢筋位置正确，先浇一层 5~10cm 混凝土固定钢筋，如图 4-9 所示。浇筑混凝土前应检查钢筋位置是否正确，振捣混凝土时防止碰动钢筋，浇完混凝土后立即修正甩筋的位置，防止柱筋、墙筋位移。

对于台阶形基础，每一层台阶高度整体浇筑，每浇筑完一层台阶停顿 0.5h 待其下沉，再浇上一层。分层下料，每层厚度为振动棒的有效长度。防止由于下料过后振捣不实或漏振、吊帮的根部砂浆涌出等原因造成蜂窝、麻面或孔洞。

图 4-9　独立基础混凝土浇筑

7. 混凝土振捣

采用插入式振捣器，插入的间距不大于振捣器作用部分长度的 1.25 倍。上层振捣棒插入下层 3~5cm。尽量避免碰撞预埋件、预埋螺栓，防止预埋件移位。

8. 混凝土找平

混凝土浇筑后，对于表面比较大的混凝土，应使用平板振捣器振一遍，然后用刮杆刮平，再用木抹子搓平。收面前必须校核混凝土表面标高，不符合要求处立即整改。

9. 混凝土养护

已浇筑完的混凝土，应在 12h 内覆盖和浇水。一般常温养护不得少于 7d，特种混凝土养护不得少于 14d。养护设专人检查落实，防止由于养护不及时，造成混凝土表面裂缝。

二、条形基础施工

条形基础的作用是把墙或柱的荷载传递至地基，使之满足地基承载力和变形的要求。

1. 放线开挖

将施工区域内的地下、地上障碍物清除，处理完毕，并根据基准线（一般为大门中线和一条墙体边线）及图纸标注尺寸确定房屋外包尺寸线及开挖边线，并将四个角点做好引点，便于开挖后重新拉线。测量完后用白灰做好标记，采用反铲挖掘机开挖，开挖尺寸比基础尺寸每边各留出宽 300mm 的工作面，作为侧面支模的位置，人工辅助修坡修底，沿房屋纵向，由一端逐步后退开挖，挖出的土立即运出场外。挖坑后要验槽，验槽项目如表 4-4 所示。

表 4-4　验槽项目

项目	允许偏差 /mm
基槽长度及整体尺寸	±30
基槽深度及断面尺寸复核	±30

2. 垫层浇筑

槽开挖、清理并验槽合格后，随即清除表层浮土及扰动土，不留积水，立即进行垫层混凝土施工。垫层混凝土必须振捣密实，控制好厚度、宽度，表面用刮尺平整，每隔 1m钉一个竹桩。

3. 绑扎钢筋

绑扎前用粉笔画好受力钢筋的间距，在转角以及"L"形和"⊥"形交接处应重叠布置（图 4-10），沿基底宽度的受力筋应放置在底部，沿纵向的分布筋应放在上部，受力筋弯钩朝上，绑扎完成后垫 35mm 垫块，请监理做隐蔽验收。

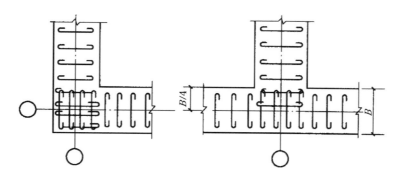

图 4-10　条形基础交接处钢筋放置

4. 立模浇筑

① 基础模板一般由侧板、斜撑、平撑组成。基础模板安装时，先在基槽底弹出基础边线，再把侧板对准边线垂直竖立，校正调平无误后，用斜撑和平撑钉牢。如基础较大，可先立基础两端的两侧板，校正后在侧板上口拉通线，依照通线再立中间的侧板。当侧板高度大于基础台阶高度时，可在侧板内侧按台阶高度弹基准线，并每隔 2m 左右在基准线上钉圆钉，作为浇捣混凝土的标志。每隔一定距离在左侧板上口钉上搭头木，防止模板变形。

② 基础浇筑应分段分层连续进行，一般不留施工缝。各段各层间相互衔接，每段长2~3m，逐段逐层呈阶梯形推进，注意先使混凝土充满模板边角，然后浇筑中间部分，以保证混凝土密实。若在施工过程中因一些原因不能连续施工时，则必须留置施工缝。施工缝应留置在外墙或纵墙的窗口或门口下，或横墙和山墙的跨度中部，必须避免留在内外墙丁字交接处和外墙大角附近。

③ 当条形基础长度较大时，应考虑在适当的部位留置贯通后浇带，以避免出现温度收缩裂缝和便于进行施工分段流水作业。对超厚的条形基础，应考虑较低水泥水化热和浇筑

入模的温度措施，以免出现过大温度收缩应力，导致基础底板裂缝。

条形基础模板安装如图 4-11 所示。

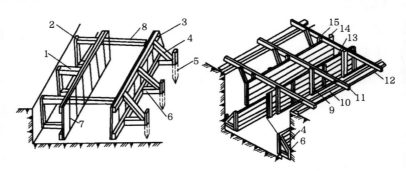

（a）矩形条形基础模板的安装　　（b）带地梁条形基础模板的安装

图 4-11　条形基础模板的安装

1—平撑；2—垂直垫木木楞；3—木楞；4—斜撑；5—木桩；6—水平撑；7—侧板；8—搭木；9—地梁模板斜撑；
10—垫板；11—桥杠；12—木楔；13—地梁侧板；14—木楞；15—吊木

5. 砌砖基

砖头应采用耐腐蚀的青砖，砂浆应为 MU7.5 的水泥砂浆，采用一顺一丁砌法，灰缝在 10mm 左右。砖基砌到顶上的三皮时，应按间隔 1m 留一个 120mm × 120mm 的洞眼，作为上部地圈梁支模用，地圈梁模板拆除后应及时把洞眼补上。

6. 绑扎地圈梁钢筋和构造柱插筋

地圈梁的钢筋搭接可以不烧焊，梁的上部接头位置宜设置在跨中 1/3 的范围内，下部钢筋接头的位置宜设置在梁端 1/3 跨度范围内。上下两排钢筋的接头要互相错开。

7. 支地圈模浇筑

① 支模完成后，应保持模内清洁，防止掉入砖头、石子、木屑等杂物，应保护钢筋不受扰动。混凝土要连续浇筑，避免中断，浇筑时保证混凝土保护层及钢筋位置的正确性，不得踩踏钢筋。

② 混凝土浇筑完成后强度达到 1.2MPa 即可拆除地梁两侧侧模，梁底不能拆除。混凝土达到凝结强度的时间可参考表 4-5，拆除侧模时不能破坏地梁混凝土观感。

表 4-5 普通混凝土达到 1.2MPa 强度所需龄期参考

外界温度 /℃	水泥品种及级别	混凝土强度等级	期限 /h	外界温度 /℃	水泥品种及级别	混凝土强度等级	期限 /h
1~5	普通 42.5	C15	48	10~15	普通 42.5	C15	24
		C20	44			C20	20
	矿渣 32.5	C15	60		矿渣 32.5	C15	32
		C20	50			C20	24
5~10	普通 42.5	C15	32	15 以上	普通 42.5	C15	20 以上
		C20	28			C20	20 以上
	矿渣 32.5	C15	40		矿渣 32.5	C15	20
		C20	32			C20	20

8. 基础回填

回填土的材质要符合要求，回填土要分层回填，每个开间的高度要一致，杜绝一次倒满，夯实时两个开间最好同时进行，避免对基础墙产生侧压力。

三、筏形基础施工

筏形基础建筑物的荷载作用在一块整板上，相当于一个倒置的钢筋混凝土楼盖，扩大了基底的面积，提高了基础的整体性，能有效地调整地基的不均匀沉降。

1. 基坑开挖

按设计施工图放好轴线和基坑开挖边线后进行基坑土方开挖；如有地下水，应采用人工降低地下水位至基坑底 50cm 以下部位，以保证在无水的情况下进行土方开挖和基础结构施工。

2. 垫层施工

① 基坑土方开挖至设计标高，经验槽合格后，即可采用 C15 混凝土浇筑垫层。若底板有防水要求，应待底板混凝土达到 25% 以上强度后再进行底板防水层施工；防水层施工完毕，应浇筑一定厚底的混凝土保护层，以避免进行钢筋安装绑扎时防水层受到破坏。

② 当垫层达到一定强度后，在其上弹线、支模、铺放钢筋、连接柱的插筋。

3. 浇筑混凝土

① 筏板钢筋及模板安装完毕并检查无误，并清除模内泥土、垃圾、杂物和积水之后，即可进行筏形基础底板混凝土浇筑，混凝土应一次连续浇筑完成。当筏形基础长度过长（40m 以上）时，往往在中部位置留设贯通后浇带或膨胀加强带。对于超厚的筏形基础，应

充分考虑采取降低水泥水化热和浇筑入模温度的措施，以避免出现过大温度收缩效应，导致基础底板开裂。

②浇筑混凝土时，应经常观察模板、钢筋、预埋件、预留孔洞和管道，若有偏位、变形的情况，应先停止浇筑，及时纠正好后再继续浇筑，确保在混凝土初凝前处理好。

四、石砌体基础施工

在山区或者是石料比较丰富的地区，常采用石块来砌筑基础。这种基础的强度较高，但由于石块没有砖块那样标准，所以，在砌筑时，石块与石块之间的搭接是石砌体基础施工的重点。在石砌体基础中，常用的有毛石基础和料石基础。

1. 毛石基础

毛石基础的施工工序如图 4-12 所示。

立皮数杆	●在垫层转角处、交接处及高低处立好基础皮数杆。基础皮数杆要进行抄平，使杆上所示底层室内地面标高与设计的底层室内地面标高一致
基层处理	●毛石基础砌筑前，基础垫层表面应清扫干净，洒水湿润
组砌准备	●砌筑前，应对弹好的线进行复查，位置、尺寸应符合设计要求，根据现场石料的规格、尺寸、颜色进行试排，摆底并确定组砌方法 ●砌毛石基础时应双面拉基准线。第一皮按所放的基础边线砌筑，以上各皮按基准线砌筑
组砌	●毛石基础宜分皮卧砌，各皮石块间应利用毛石自然形状经敲打修整，使其能与先砌毛石基础基本吻合、搭砌紧密；毛石应上下错缝，内外搭砌，不得采用先砌外面石块、后中间填心的砌筑方法；对于石块间较大的空隙，应先填塞砂浆，然后用碎石嵌实，不得采用先塞碎石、后塞砂浆或干填碎石的方法 ●毛石基础的每皮毛石内每隔 2m 左右设置一块拉结石。拉结石宽度：如基础宽度等于或小于 400mm，拉结石宽度应与基础宽度相等；如基础宽度大于 400mm，可用两块拉结石内外搭接，搭接长度不应小于 150mm，且其中一块长度不应小于基础宽度的 2/3 ●阶梯形毛石基础，上阶的石块应至少压砌下阶石块的 1/2，相邻阶梯毛石应相互错缝搭接。毛石基础最上一皮，宜选用较大的平毛石砌筑。转角处、交接处和洞口处也应选用平毛石砌筑 ●毛石基础转角处和交接处应同时砌筑，如不能同时砌又必须留槎时，应留成斜槎，斜槎长度应不小于斜槎高度，斜槎面上毛石不应找平，继续砌时应将斜槎面清理干净，浇水润湿有高低台的毛石基础，应从低处砌起，并由高台向低台搭接，搭接长度不小于基础高度

图 4-12　毛石基础的施工工序

2. 料石基础

料石基础的前面工序与毛石基础基本上是一样的，只是在砌筑这一环节，略有不同。

料石基础砌筑形式有丁顺叠砌和丁顺组砌。丁顺叠砌是一皮顺石与一皮丁石相隔砌筑，上下皮竖缝相互错开 1/2 石宽；丁顺组砌是同皮内 1~3 块顺石与一块丁石相隔砌筑，丁石中距不大于 2m，上皮丁石坐中于下皮顺石，上下皮竖缝相互错开至少 1/2 石宽（图 4-13）。

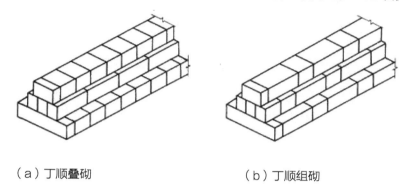

（a）丁顺叠砌　　　　　　　　　　（b）丁顺组砌

图 4-13　料石基础砌筑形式

第六节　基础防水

基础防水是施工中非常重要的一步，做好防水能够减轻底层的潮湿感，为人提供更好的居住环境。基础防水常见的有两种做法：一种是用水泥砂浆做防水；另一种是用防水卷材做防水。

一、地下水泥砂浆防水施工

地下水泥砂浆防水属于刚性防水，操作较为简单，材料也易获得。

1. 基层处理

（1）砖砌体基层处理

① 将砖墙面残留的灰浆、污物清除干净，充分浇水湿润。

② 对于用石灰砂浆和混合砂浆砌筑的新砌体，需将砌体灰缝剔进 10mm 深，缝内呈直角（图 4-14），以增强防水层与砌体的黏结力；对水泥砂浆砌筑的砌体，灰缝可不剔除，但已勾缝的需将勾缝砂浆剔除。

图 4-14　砖砌体剔缝
1—剔缝不合格；2—剔缝合格

（2）料石或毛石砌体基层处理

这种砌体基层处理与混凝土和砖砌体基层处理基本相同。对于石灰砂浆或混合砂浆砌筑的石砌体，其灰缝应剔进 10mm，缝内呈直角；对于表面凹凸的石砌体，清理完毕后，在基层表面要做找平层。找平层做法是：先在砌体表面刷水灰比为 0.5 左右的水泥浆一道，厚约 1mm，再抹 10~15mm 厚的 1：2.5 水泥砂浆，并将表面扫成毛面，一次找不平时，隔 2d 再分次找平。

（3）混凝土基层处理

① 混凝土表面用钢丝刷打毛，表面光滑时，用剁斧凿毛，每 10mm 剁三道，油污严重时要剥皮凿毛，然后充分浇水湿润。

② 混凝土表面有蜂窝、麻面、孔洞时，先用凿子将松散不牢的石子剔除，若深度小于 10mm 时，用凿子打平或剔成斜坡，表面凿毛；若深度大于 10mm 时，先剔成斜坡，用钢丝刷清扫干净，浇水湿润，再抹素灰 2mm 厚，水泥砂浆 10mm 厚，抹完后将砂浆表面横向扫毛；若深度较深时，等水泥砂浆凝固后，再抹素灰和水泥砂浆各一道，直至与基层表面平直，最后将水泥砂浆表面横向扫毛。

③ 当混凝土表面有凹凸不平时，应将凸出的混凝土块凿平，凹坑先剔成斜坡并将表面打毛后浇水湿润，再用素灰与水泥砂浆交替抹压，直至与基层表面平直，最后将水泥砂浆横向扫毛。

④ 混凝土结构的施工缝，要沿缝剔成八字形凹槽，用水冲洗干净后，用素灰打底，水泥砂浆嵌实抹平。

2. 刷素水泥浆

根据配合比将材料拌和均匀，在基层表面涂刷均匀，随即抹底层砂浆。

3. 抹底层砂浆

按配合比调制砂浆，搅拌均匀后进行抹灰操作，底灰抹灰厚度为 5~10mm，在砂浆凝固之前用扫帚扫毛。砂浆要随拌随用，拌和后使用时间不宜超 1h，严禁使用拌和后超过初凝时间的砂浆。

4. 刷素水泥浆

抹完底层砂浆 1~2d，再刷素水泥砂浆，做法与第一层相同。

5. 抹面层砂浆

刷完素水泥浆后，紧接着抹面层砂浆，配合比同底层砂浆，抹灰厚度为 5~10mm。抹灰宜与第一层垂直，先用木抹子搓平，后用铁抹子压实、压光。

6. 刷素水泥浆

面层抹灰 1d 后刷素水泥浆，做法与第一层同。

7. 抹灰

① 抹灰程序：宜先抹立面后抹地面，分层铺抹或喷刷，铺抹时压实抹干和表面压光。

② 防水各层应紧密结合，每层宜连续施工，必须留施工缝时应采用阶梯形槎（图4-15），但离开阴阳角处不得小于 200mm。

③ 防水层阴阳角应做成圆弧形。加入聚合物水泥砂浆的施工要点：掺入聚合物的量要准确计量，拌和、分散均匀，在 1h 内用完。

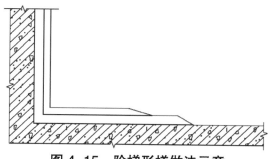

图 4-15　阶梯形槎做法示意

8. 水泥砂浆防水层的养护

① 普通水泥砂浆防水层终凝后应及时养护，养护温度不宜低于 5℃，并保持湿润，养护时间不得少于 14d。

② 聚合物水泥砂浆防水层未达到硬化状态时，不得浇水养护或雨水直接冲刷，硬化后应采用干湿交替的养护方法。在潮湿环境中，可在自然条件下养护。

③ 使用特种水泥、外加剂、掺合料的防水砂浆，养护应按新产品有关规定执行。

二、地下卷材防水施工

在自建小别墅施工中，也有很多采用柔性防水，即卷材防水。卷材防水层应采用高聚物改性沥青防水卷材和合成高分子防水卷材。所选用的基层处理剂、胶黏剂、密封材料等配套材料，均应与铺贴的卷材特性相容。下面以施工中常用的热熔铺贴法为例进行卷材防水施工讲解。

1. 基层清理

施工前将验收合格的基层清理干净、平整牢固、保持干燥。

2. 涂刷基层处理剂

在基层表面满刷一道用汽油稀释的高聚物改性沥青溶液，涂刷应均匀，不得有露底或堆积现象，也不得反复涂刷，涂刷后在常温经过 4h 后（以不粘脚为准）开始铺贴卷材。

3. 特殊部位加强处理

管根、阴阳角部位加铺一层卷材。按规范及设计要求将卷材裁成相应的形状进行铺贴。

4. 基层弹分条铺贴线

在处理后的基层面上，按卷材的铺贴方向弹出每幅卷材的铺贴线，保证不歪斜（以后上层卷材铺贴时同样要在已铺贴的卷材上弹线）。

5. 热熔铺贴卷材

① 底板垫层混凝土平面部位宜采用空铺法或点粘法，其他与混凝土结构相接触的部位应采用满粘法；采用双层卷材时，两层之间应采用满粘法。

② 将改性沥青防水卷材按铺贴长度进行裁剪并卷好备用，操作时将已卷好的卷材端头对准起点，点燃汽油喷灯或专用火焰喷枪，均匀加热基层与卷材交接处，喷枪距加热面保持 300mm 左右往返喷烤，当卷材表面的改性沥青开始熔化时即可向前缓缓滚铺卷材。

③ 卷材的搭接。卷材的短边和长边搭接宽度均应大于 100mm。同一层相邻两幅卷材的横向接缝应彼此错开 1500mm 以上，避免接缝部位集中。地下室的立面与平面的转角处，卷材的接缝应留在底板的平面上，距离立面应不小于 600mm。

6. 热熔封边

卷材搭接缝处用喷枪加热，压合至边缘挤出沥青并粘牢，卷材末端收头用沥青嵌缝膏嵌填密实（图 4-16）。

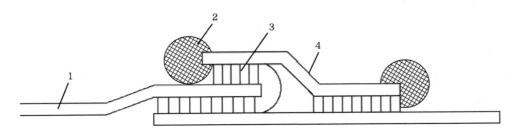

图 4-16　热熔封边示意
1—封口条；2—卷材胶黏剂；3—密封材料；4—卷材防水层

7. 保护层施工

平面应浇筑细石混凝土保护层；立面防水层施工完，宜采用聚乙烯泡沫塑料片材做软保护层。

第五章
自建小别墅主体施工

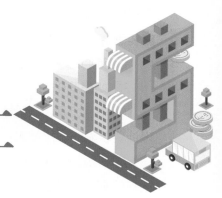

第一节 楼柱施工

　　楼柱作为主要的承重构件，其应该满足具有足够的承载力、刚度和稳定性等硬性指标，以保证建筑物的安全和坚固。楼柱施工一般涉及三个方面，分别为柱钢筋安装、柱模板施工以及柱混凝土浇筑。

一、柱钢筋安装

　　① 按图纸要求间距，计算好每根柱箍筋数量，先将箍筋套在下层伸出的搭接筋上，然后立柱子钢筋，即植筋。

　　② 植筋后采用绑扎搭接连接时，在搭接长度内，绑扣不少于 3 个，绑扣要向柱中心。如果柱子主筋采用光圆钢筋搭接时，角部弯钩应与模板成 45°角，中间钢筋的弯钩应与模板成 90°角。钢筋骨架绑扎时应注意绑扎方法，宜用部分反十字扣和套扣绑扎，不得全用一面顺扣，以防钢筋变形（图 5-1）。在立好的柱子竖向钢筋上，按图纸要求用粉笔画箍筋间距线。排放钢筋时应将受力钢筋的绑扎接头错开。从任一绑扎接头中心到搭接长度的 1.3 倍区段范围内。有绑扎接头的受力钢筋截面面积占受力钢筋总截面面积比例：在受拉区不得超过 25%；在受压区不得超过 50%。绑扎接头中钢筋的横向净距不应小于钢筋直径且不应小于 25mm。

　　③ 按已画好的箍筋位置线，将已套好的箍筋往上移动，由上往下绑扎，宜采用缠扣绑扎。

　　④ 箍筋的接头（弯钩叠合处）应交错布置在四角纵向钢筋上；箍筋转角与纵向钢筋交叉点均应扎牢（箍筋

图 5-1　柱钢筋绑扎

平直部分与纵向钢筋交叉点可间隔扎牢），绑扎箍筋时，绑扣相互间应呈八字形。箍筋与主筋要垂直。

⑤ 箍筋的弯钩叠合处应沿柱子竖筋交错布置，并绑扎牢固。

⑥ 如箍筋采用 90°搭接，搭接处应焊接，单面焊缝长度不小于 5d（d 为箍筋直径）。

⑦ 柱上下两端箍筋应加密，加密区长度及加密区内箍筋间距应符合设计图纸要求。如设计要求箍筋设拉筋时，拉筋应勾住箍筋。

⑧ 下层柱的钢筋露出楼面部分，宜用工具式柱箍将其收进一个柱筋直径长度，以便上层柱的钢筋搭接。当柱截面有变化时，其下层柱钢筋的露出部分必须在绑扎梁的钢筋之前先行收缩准确。排放钢筋时，要先排主钢筋，后排分布钢筋；梁类结构构件先排纵筋，后排横向箍筋。

二、柱模板施工

混凝土柱的常见断面有矩形、圆形和薄壁柱三种。模板可采用木模板、竹（木）胶合板模板、组合式钢模板和可调式定型钢模板，圆形柱可采用定型加工的钢模板等。

① 当矩形柱采用木质模板时，应预先加工成型。当柱上梁的宽度小于柱宽时，在柱模上口按梁的宽度开缺口，并加设挡口木，以便与梁模板连接牢固、严密。

② 矩形柱采用组合式钢模板时，应根据柱截面尺寸做配板设计，柱四角可采用阳角模板，也可采用连接角模。

小 贴 士

木模板内侧应刨光（刨光后的厚度为 25mm），木模板宜采用竖向拼接，拼条采用 50mm×50mm 方木，间距 300mm，木板接头应设置在拼条处。竹（木）胶合板模板宜用无齿锯下料，侧面应刨直、刨光，以保证柱四角拼缝严密。竖向龙骨可采用 50mm×104mm 或 100mm×100mm 方木，当采用 12mm 厚竹（木）胶合板作柱模板时，龙骨间距不大于 300mm。

③ 应先在基础面（或楼面）上弹出柱轴线及边线，按照边线位置钉好压脚定位板再安装柱模板（图 5-2），校正好垂直度及柱顶对角线后，在柱模板之间用水平撑、剪刀撑等互相拉结固定。

④ 柱模板一般采取设拉杆（或斜撑）或用钢管井字支架固定。拉杆每边设两根，固定于事先预埋在梁或板内的钢筋环上（钢筋环与柱距离宜为 3/4 柱高），用花篮螺栓或可调螺杆调节校正模板的垂直度，拉杆或斜撑与地面夹角宜为 45°。柱模板安装完毕与邻柱群体固定前，要复查柱模板的垂直度、位置、对角线偏差以及支撑、连接件稳定情况，合格后

再固定。柱高在 4m 以上时，一般应四面支撑；柱高超过 6m 时，不宜单根柱支撑，宜几根柱同时支撑连成构架。

图 5-2　安装柱模板

三、柱混凝土浇筑

① 柱浇筑前底部应先填以 30~50mm 厚与混凝土配合比相同的减石子砂浆，柱混凝土应分层振捣，使用插入式振捣器时每层厚度不大于 500mm，振捣棒不得触动钢筋和预埋件。除上面振捣外，下面要有人随时敲打模板。混凝土浇筑层厚度规定如表 5-1 所示。

表 5-1　混凝土浇筑层厚度规定　　　　单位：mm

捣实混凝土的方法		浇筑层的厚度
插入式振捣		振捣器作用部分长度的 1.25 倍
表面振动		200
人工捣固	在基础、无筋混凝土或配筋稀疏的结构中	250
	在梁、墙板、柱结构中	200
	在配筋密集的结构中	150

② 柱高在 3m 之内，可在柱顶直接下灰浇筑；超过 3m 时，应采取措施（用串桶）或在模板侧面开洞安装斜溜槽分段浇筑。每段高度不得超过 2m。每段混凝土浇筑后将洞模板封闭严实，并用柱箍箍牢。

③ 柱的浇筑高度控制在梁底向上 15~30mm（含 10~25mm 的软弱层），待剔除软弱层后，施工缝处于梁底向上 5mm 处。

④ 柱与梁板整体浇筑时，为避免裂缝，注意在墙柱浇筑完毕后，必须停歇 1~1.5h，使柱混凝土沉实，达到稳定后再浇筑梁板混凝土，具体规定如表 5-2 所示。

表 5-2　混凝土浇筑的允许间歇时间　　　　单位：min

混凝土强度等级	气温	
	≤ 25℃	> 25℃
≤ C30	210	180
> C30	180	150

⑤ 浇筑完后，应随时将伸出的搭接钢筋整理到位。

第二节 楼梁施工

一、梁钢筋安装

1. 定位箍筋

在梁侧模板上画出箍筋间距、位置线。

2. 摆放箍筋

摆放箍筋如图 5-3 所示。

图 5-3 摆放箍筋

3. 穿梁受力筋

① 操作时先穿主梁的下部纵向受力钢筋及弯起钢筋，将箍筋按已画好的间距逐个分开；穿次梁的下部纵向受力钢筋及弯起钢筋，并套好箍筋；放主次梁的架立筋；隔一定间距将架立筋与箍筋绑扎牢固；调整箍筋间距使其符合设计要求，绑架立筋，再绑主筋，主次同时配合进行。次梁上部纵向钢筋应放在主梁上部纵向钢筋之上，为了保证次梁钢筋的保护层厚度和板筋位置，可将主梁上部钢筋降低一个次梁上部主筋直径的距离加以解决。

② 框架梁上部纵向钢筋应贯穿中间节点，梁下部纵向钢筋伸入中间节点锚固长度及伸过中心线的长度要符合设计要求。

4. 绑扎箍筋

① 绑梁上部纵向筋的箍筋，宜用套扣法绑扎（图 5-4）。需要注意的是，缺扣、松扣的数量不超过绑扣数的 10%，且不应集中。

② 箍筋在叠合处的弯钩，在梁中应交错绑扎，箍筋弯钩为 135°，平直部分长度为 10d，如做成封闭箍时，单面焊缝长度为 5d（d 为箍筋直径）。

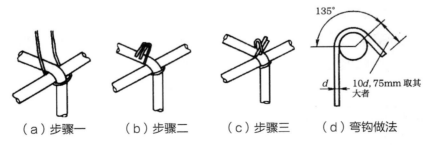

（a）步骤一　　（b）步骤二　　（c）步骤三　　（d）弯钩做法

图 5-4 套扣法绑扎示意

③ 梁端第一个箍筋应设置在距离柱节点边缘 50mm 处。梁端与柱交接处箍筋应加密，其间距与加密区长度均要符合设计要求。

④ 受力筋为双排时，可用短钢筋垫在两层钢筋之间，钢筋排距应符合设计要求。

5. 梁筋的搭接

① 梁的受力钢筋直径等于或大于 22mm 时，宜采用焊接接头，小于 22mm 时，可采用绑扎接头，搭接长度要符合规定。

② 搭接长度末端与钢筋弯折处的距离，不得小于钢筋直径的 10 倍。接头不宜位于构件最大弯矩处，受拉区域内 HPB300 级钢筋绑扎接头的末端应做弯钩（HRB300 级钢筋可不做弯钩），搭接处应在中心和两端扎牢。

③ 接头位置应相互错开，当接头采用绑扎搭接时，在规定搭接长度的任一受拉区段内有接头的受力钢筋截面面积不得超过受力钢筋总截面面积的 50%。

二、梁模板施工

1. 支撑架搭设

① 梁下支撑架可采用扣件式钢管脚手架、碗扣式钢管脚手架、门式钢管脚手架或定型可调钢支撑搭设。

② 采用落地扣件式钢管脚手架（图 5-5）作模板支撑架时，必须按确保整体稳定的要求设置整体性拉结杆件，立杆全高范围内应至少有两道双向水平拉结杆；底水平杆（扫地杆）宜贴近楼地面（小于 300mm）；水平杆的步距（上下水平杆间距）不宜大于 1500mm；梁模板支架宜与楼板模板支架综合布置，相互连接、形成整体；模板支架四边与中间每隔四排支架立杆应设置一道纵向剪刀撑，由底至顶连续设置；高于 4m 的模板支架，其两端与中间每隔 4m 立杆从顶层开始向下每隔 2 步设置一道水平剪刀撑。同时，扣件要拧紧，要抽查扣件的扭力矩，横杆的步距要按设计要求设置。采用桁架支模时，要按事先设计的要求设置，桁架的上下弦要设水平连接，拼接桁架的螺栓要拧紧，数量要满足要求。

③ 用碗扣式钢管脚手架系列构件可以搭设不同组架密度、不同组架高度，以承受不同荷载的支撑架。梁模板支架宜与楼板模板支架共同布置，对于支撑面积较大的支撑架，一般不需把所有立杆都连成整体搭设，可分成若干个支撑架，每个支撑架的高宽比控制在 3 ：1 以内即可，但至少有两跨（三根立杆）连成整体。支撑架的横杆步距视承载力大小而定，一般

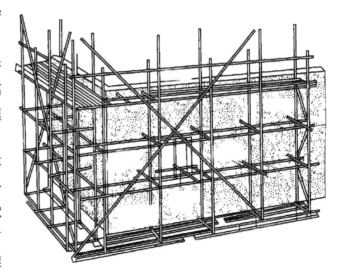

图 5-5　落地扣件式钢管脚手架构造示意

取 1200~1800mm，步距越小承载力越大。

④ 底层支架应支承在平整坚实的地面上，并在底部加木垫板或混凝土垫块，确保支架在混凝土浇筑过程中不会发生下沉。

2. 梁底模板的铺设

按标高拉线调整支架立柱标高，然后安装梁底模板。当梁的跨度大于等于 4m 时，应按设计要求起拱。如设计无要求时，跨中起拱高度为梁跨度的 0.1%~0.3%。主次梁交接时，先主梁起拱，后次梁起拱。

3. 梁侧模板

根据墨线安装梁侧模板、压脚板、斜撑等。梁侧模板制作高度应根据梁高及楼板模板碰帮或压帮（图 5-6）确定。当梁高超过 700mm 时，应设置对拉螺栓紧固。

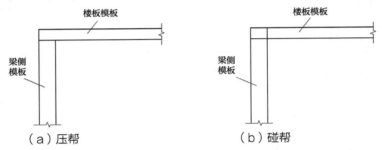

图 5-6　梁侧模板制作

4. 采用组合式钢模板作梁模板

当组合式钢模板作梁模板时，可采用单块就位组拼、单片预组拼后吊装和整体吊装预拼三种方式，具体内容见表 5-3。单片预组拼和整体组拼的梁模板，在吊装就位拉结支撑稳固后，方可脱钩。五级以上大风时，应停止吊装。

表 5-3　组合式钢模板的拼装方式及内容

拼装方式	内容
单块就位组拼	复核梁底标高，校正轴线位置无误后，搭设和调平梁模支架（包括安装水平拉杆和剪刀撑），固定钢楞和梁卡具，再在横楞上铺放梁底板，拉线找直，并用钩头螺栓与钢楞固定，拼接角模，然后绑扎钢筋，安装并固定两侧模板（有对拉螺栓时插入对拉螺栓，并套上套管），按设计要求起拱。安装钢楞，拧紧对拉螺栓，调整梁口平直度，复核检查梁模尺寸。安装框架梁模板时，应加设支撑，或与相邻梁模板连接；安装有楼板梁模板时，在梁侧模上连接好阴角模，与楼板模板拼接
单片预组拼后吊装	检查预组拼的梁底模和两侧模板的尺寸、对角线、平整度及钢楞连接后，先把梁底模吊装就位并与支架固定，再分别吊装两侧模板，与底模拼接后设斜撑固定，然后按设计要求起拱
整体吊装预拼	当采用支架支模时，在整体梁模板吊装就位并校正后，进行模板底部与支架的固定，侧面用斜撑固定；当采用桁架支模时，可将梁卡具、梁底桁架先全部固定在梁上。安装就位后，梁模两端准确安放在立柱上

5. 圈梁模板支设

圈梁模板支设一般采用扁担支模法：在圈梁底面下一皮砖中，沿墙身每隔 0.9~1.2m 留 60mm×120mm 洞口，穿 100mm×50mm 木底楞作扁担，在其上紧靠砖墙两侧支侧模，用夹木和斜撑支牢，侧板上口设撑木和拉杆固定。

三、梁混凝土浇筑

① 梁、板应同时浇筑，应由一端开始用"赶浆法"，即先浇筑梁，根据梁高分层浇筑成阶梯形，当达到板底位置时再与板的混凝土一起浇筑，随着阶梯形不断延伸，梁板混凝土浇筑连续向前进行。

② 与板连成整体高度大于 1m 的梁，允许单独浇筑，其施工缝应留在板底以上 15~30mm 处。浇捣时，浇筑与振捣必须紧密配合，第一层下料慢些，梁底充分振实后再下第二层料，每层均应振实后再下料，梁底及梁帮部位要注意振实，振捣时不得触动钢筋及预埋件。

③ 若梁柱节点钢筋较密，浇筑此处混凝土时宜用小直径振捣棒振捣，采用小直径振捣棒时应另计分层厚度。

④ 梁柱节点核心区处混凝土强度等级相差 2 个及 2 个以上时，混凝土浇筑留槎按设计要求执行。该处混凝土坍落度宜控制在 80~100mm。

⑤ 浇筑楼板混凝土的虚铺厚度应略大于板厚，用振捣器顺浇筑方向及时振捣，不允许用振捣棒铺摊混凝土。在钢筋上挂控制线，保证混凝土浇筑标高一致。顶板混凝土浇筑完毕后，在混凝土初凝前，用 3m 长杠刮平，再用木抹子抹平，压实刮平遍数不少于 2 遍，初凝时加强二次压面，保证大面平整、减少收缩裂缝。浇筑大面积楼板混凝土时，提倡使用激光铅直、扫平仪控制板面标高和平整。

⑥ 施工缝位置：宜沿次梁方向浇筑楼板，施工缝应留置在次梁跨度的中间 1/3 范围内。施工缝表面应与梁轴线或板面垂直，不得留斜槎。复杂结构施工缝留置位置应征得设计人员同意。施工缝宜用齿形模板挡牢或采用钢板网挡支牢固。也可采用快易收口网，直接进行下段混凝土的施工。

⑦ 施工缝处应待已浇筑混凝土的抗压强度不小于 1.2MPa 时，才允许继续浇筑。在继续浇筑混凝土前，施工缝混凝土表面应凿毛，剔除浮动石子，并用水冲洗干净。模板留置清扫口，用空压机将碎渣吹净。水平施工缝可先浇筑一层 30~50mm 厚、与混凝土

图 5-7　梁板浇筑完成后的效果

同配比的减石子砂浆，然后继续浇筑混凝土，应细致操作振实，使新旧混凝土紧密结合。

⑧ 梁板浇筑完成后的效果如图 5-7 所示。

第三节 楼板施工

楼板是楼板层中的承重部分，它将房屋垂直方向分隔为若干层，并把人和家具等竖向荷载及楼板自重通过墙体、梁或柱传给基础。

现浇混凝土楼板是在施工现场通过支模、绑扎钢筋、浇注混凝土、养护等工序而成型的楼板，整体性好、抗震能力高，具有可模性，可适用于不规则形状和预留孔洞等特殊要求的建筑，现浇钢筋混凝土楼板可分为板式楼板、梁板式楼板、无梁楼板。因自建小别墅中，无梁楼板应用较少，现只对前两种楼板进行说明。

① 板式楼板　当房间跨度不大时，楼板内不设梁，将板的四周直接搁置在墙上，荷载由板直接传给墙体，这种楼板称为板式楼板。板有单向板、双向板之分。当板的长短边之比大于 2 时，基本上沿短向受力，称为单向板，板中受力钢筋沿短边方向布置；当板的长短边之比小于或等于 2 时，板沿两个方向受力，称为双向板，板中受力筋沿双向布置。

板式楼板底面平整、美观、施工方便，适用于小跨度房间，如走廊、厨房和卫生间等。

② 梁板式楼板　当跨度较大时，常在板下设梁减小板的跨度，使结构更经济合理。楼板上的荷载先由板传给梁，再由梁传给墙或柱。这种楼板称为梁板式楼板或梁式楼板，也称为肋梁楼板。

梁有主梁、次梁之分。次梁与主梁一般垂直相交，板搁置在次梁上，次梁搁置在主梁上，主梁搁置在墙或柱上，主梁可沿房间的纵向和横向布置。梁应避免搁置在门窗洞口上；当上层设置重质隔墙或承重墙时，其下层楼板中也应设置一道梁。梁板式楼板也有单向板、双向板之分。当梁支承在墙上时，为避免墙体局部压坏，支承处应有一定的支承面积。一般情况下，次梁在墙上的支承长度宜采用 240mm，主梁宜采用 370mm。

一、楼板钢筋安装

楼板钢筋安装步骤如图 5-8 所示。

模板上弹线	●清理模板上面的杂物，按板筋的间距用墨线在模板上弹出下层筋的位置线。板筋起始筋距梁边为 50mm
绑板下层钢筋	●板钢筋安装前，先清理模板上面的杂物，并按主筋、分布筋间距在模板上弹出位置线。按弹好的线，先摆放受力主筋，后放分布筋。预埋件、电线管、预留孔等及时配合安装。在现浇板中有板带梁时，应先绑板带梁钢筋，再摆放板钢筋 ●按弹好的钢筋位置线，按顺序摆放纵横向钢筋。板下层钢筋的弯钩应竖直向上，下层筋应伸入梁内，其长度应符合设计的要求

水电工序插入	●预埋件、电气管线、水暖设备预留孔洞等及时配合安装
绑板上层钢筋	●按上层筋的间距摆放好钢筋，上层筋通常为支座负弯矩钢筋，应横跨梁上部，并与梁筋绑扎牢固；上层筋的直钩应垂直朝下，不能直接落在模板上；上层筋为负弯矩钢筋，每个相交点均要绑扎，绑扎方法同下层筋
设置马凳及保护层垫块	●如板为双层钢筋，两层钢筋之间必须加钢筋马凳，以确保上部钢筋的位置。钢筋马凳应设在下层筋上，并与上层筋绑扎牢靠，间距800mm左右，呈梅花形布置；在钢筋的下面垫好砂浆垫块（或塑料卡），间距1000mm，呈梅花形布置。垫块厚度等于保护层厚度，应满足设计要求

图 5-8　楼板钢筋安装步骤

二、楼板模板施工

1. 楼板模板支架搭设

楼板模板支架搭设要点同梁模板支架搭设，一般应与梁模板支架统一布置。为加快模板周转，模板下立杆可部分采用"早拆柱头"，拆除模板时，带有"早拆柱头"的立杆仍保持不动，继续支撑混凝土，从而减小新浇混凝土的支撑跨度，使拆模时间大大提前。使用碗扣式脚手架（图5-9）作支撑架配备

图 5-9　碗扣式脚手架

"早拆柱头"，一般配置2.5~3层立杆、1.5~2层横杆、1~1.5层模板，即能满足三层周转的需要。"早拆柱头"应根据楼板跨度设置，跨度4m以内，可在跨中设一排；6m以内设两排；8m以内设三排，即可将新浇混凝土的支撑跨度减小至2m以内，从而使新浇混凝土要求的拆模强度从100%或75%减小到50%。

2. 采用桁架作支撑结构

一般应预先支好梁、墙模板，然后将桁架按模板设计要求支设在梁侧模通长的型钢或方木上，调平固定后再铺设模板，如图5-10所示。操作时底层地面应夯实，底层和楼层立柱均应垫通长脚手板。采用多层支架时，上下层立柱应在同一条竖向中心线上。

扫码看视频

楼板模板支撑结构细节

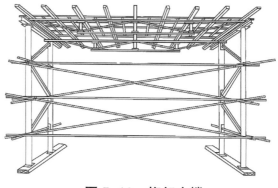

图 5-10　桁架支撑

3. 模板安装

① 安装楼板模板支柱之前应先铺垫板。垫板可用 50mm 厚脚手板或 50mm×100mm 木方，长度不小于 400mm，当施工荷载大于 1.5 倍设计使用荷载或立柱支设在基土上时，垫通长脚手板。采用多层支架支模时，支柱应垂直，上下层支柱应在同一竖向中心线上。

② 严格按照各房间支撑图支模。从边跨侧开始安装，先安第一排龙骨和支柱，临时固定后再安装第二排龙骨和支柱，依次逐排安装。支柱和龙骨间距应根据模板设计确定，碗扣式脚手架还要符合模数要求。

③ 调节支柱高度，将大龙骨找平。楼板跨度大于或等于 4m 时应按设计要求起拱，当设计无明确要求时，一般起拱高度为跨度的 1/1000~1.5/1000。

④ 铺设定型组合钢模板。可从一侧开始铺，每两块板间纵向边肋上用 U 形卡连接，U 形卡与 L 形插销应全部安满。每个 U 形卡卡紧方向都应正反相间，不要朝同一方向。大面积楼板均应采用大尺寸的定型组合钢模板块，在拼缝处可采用窄尺寸的拼缝模板或木板代替。当采用木板时，板面应高于钢模板板面 2~3mm，但均应拼缝严密，不得漏浆。

⑤ 楼板模板铺完后，用水准仪测量模板标高，进行校正，并用靠尺检查平整度。

三、楼板混凝土浇筑

1. 浇筑流程

由于混凝土浇筑过程中楼板、梁都是一起浇筑的，所以楼板混凝土浇筑的内容见"梁混凝土浇筑"的具体做法。

2. 现浇混凝土楼板保护及安全防护

现浇混凝土楼板的保护及安全防护在混凝土浇筑的梁柱中同样适用。

（1）成品保护

① 浇筑混凝土时，要保证钢筋和垫块的位置正确，防止踩踏楼板、楼梯弯起负筋，碰动插筋和预埋铁件，保证插筋、预埋铁件位置正确。

② 不得用重物冲击模板，不得蹬踩模板，应搭设跳板，保护模板的牢固和严密。

③ 已浇筑混凝土要加以保护，必须在混凝土强度达到不掉楞时方可进行拆模操作。

④ 混凝土浇筑、振捣至最后完工时，要保证留出钢筋的位置正确。

⑤ 应保护好预留洞口、预埋件及水电预埋管、盒等。

⑥ 冬期施工，在楼板上铺设保温材料覆盖时，要铺设脚手板，避免直接踩踏出较深脚印或凹陷。

（2）安全措施

① 混凝土搅拌开始前，应对搅拌机及配套机械进行无负荷试运转，检查运转正常，运

输道路畅通，方可开机工作。

② 搅拌机运转时，严禁将锹、耙等工具伸入罐内，必须进罐扒混凝土时，要停机进行。搅拌机应有专用开关箱，并应装有漏电保护器，停机时应拉断电闸，下班时电闸箱应上锁。混凝土搅拌机的齿轮、皮带传动部分，均应装设防护罩。搅拌机作业中若发生故障不能继续运转时，应立即切断电源，将搅拌筒内的混凝土清除干净，然后进行检修。作业后，应对搅拌机进行全面清洗。

③ 搅拌机上料斗提升后，斗下禁止人员通行。

④ 采用手推车运输混凝土时，装车不应过满；卸车时应有挡车措施，不得用力过猛或撒把，以防车把伤人。

⑤ 使用井架提升混凝土时，应设制动安全装置，升降应有明确信号，操作人员未离开提升台时，不得发升降信号。提升台内停放手推车时要平稳，车把不得伸出台外，车轮前后应挡牢。

⑥ 使用溜槽及串筒下料时，溜槽与串筒必须牢固地固定，人员不得直接站在溜槽帮上操作。

⑦ 混凝土浇筑前，应对振动器进行试运转，振动器操作人员应穿胶靴、戴绝缘手套；作业移动时严禁用电源线拖拉振捣器；振动器不能挂在钢筋上，湿手不能接触电源开关。平板振捣器与平板应保持紧固，电源线必须固定在平板上，电源开关应装在把手上。操作人员必须穿戴绝缘胶鞋和绝缘手套。作业后，必须切断电源，做好清洗、保养工作，振捣器要放在干燥处，并有防雨措施。

⑧ 混凝土施工作业场地要有良好的排水条件，机械近旁应有水源，机棚内应有良好的通风、采光及防水、防冻措施，并不得积水。

四、预制装配式钢筋混凝土楼板

预制装配式钢筋混凝土楼板是把楼板在预制构件厂或现场预制，然后在施工现场装配而成，是农村房屋建筑中普遍采用的一种楼板。装配式钢筋混凝土楼板一般有实心平板、空心板和挂瓦板三种类型。

① 实心平板 实心平板上下板面平整，制作简单，适用于荷载不大、跨度小的走廊楼板、阳台板、楼梯平台板及管沟盖板等处。板的两端支承在墙或梁上，板厚一般为50~80mm，板宽为600~900mm，跨度一般在2.4m以内。

② 空心板 空心板孔洞有圆形、长圆形和矩形等，圆孔板制作简单，应用最广泛。短向空心板长度为2.1~4.2m，长向空心板长度为4.5~6m，板宽有500mm、600mm、900mm、1200mm，板厚根据跨度大小有120mm、140mm、180mm等。在自建小别墅施工中，最常用的是500mm宽、120mm厚的预应力圆孔板。

空心板板面不能随意开洞。安装时，空心板孔的两端用砖或混凝土填塞，以免灌浆时漏浆，并保证板端的局部抗压能力。

③ 挂瓦板　挂瓦板为预应力或非预应力混凝土构件。钢筋混凝土挂瓦板基本截面形式有单 T 形、双 T 形、F 形，需在肋根部留泄水孔，以便排除由瓦面渗漏下的雨水。挂瓦板与山墙或屋架的构造连接时用水泥砂浆坐浆，再用预埋钢筋套接。

1. 楼板的布置与细部构造

（1）楼板的布置

进行楼板布置时，先根据房间的开间和进深确定板的支承方式。若横墙较密，板可直接搁置在横墙上，走廊板可直接搁置在纵墙上。板也可先搁置在梁上。

板在梁上的搁置方式一般有两种：一是板直接搁置在矩形或 T 形梁上；另一种是板搁置在花篮梁或十字形梁的梁肩上，如图 5-11 所示。

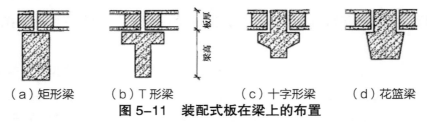

（a）矩形梁　　　（b）T 形梁　　　（c）十字形梁　　　（d）花篮梁

图 5-11　装配式板在梁上的布置

楼板布置时要避免板的规格类型繁多，或将板的纵边搁置在墙上。当板的横向尺寸与房间平面尺寸出现空隙时，需要进行板缝的处理。处理时，一般采用图 5-12 中所示的几种方法进行。

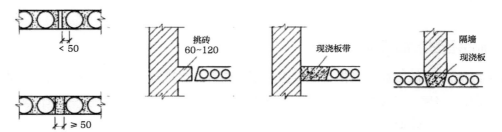

图 5-12　板缝的处理方法

（2）板缝构造

安装预制板时，为使板缝灌浆密实，要求板块之间留有一定距离，以便填灌混凝土，这一点在施工时一定要加以注意。也可在板缝上配置钢筋或用短钢筋与预制板吊钩焊接（对整体性要求较高时）。

一般情况下，板的侧缝下口缝宽一般不小于 20mm。缝宽在 20~50mm 之间时，要用

C20 细石混凝土灌缝；缝宽在 50~200mm 之间时，在板缝内配置纵向钢筋，并用 C20 细石混凝土做现浇带。

（3）板与墙、梁的连接构造

预制板直接搁置在墙或梁上时，要有足够的支承长度，在梁上的搁置长度应不小于 80mm。在墙上搁置长度不小于 110mm 时，要在墙或梁上用 20mm 厚 M5 水泥砂浆坐浆，同时，为提高整体刚度，板与墙、梁之间以及板与板之间要用钢筋拉结（锚固钢筋）。

2. 装配式楼板的安装

（1）吊装前准备

要对安装的楼板尺寸进行复核，并对支承楼板的墙体或梁之间的中心距进行测量，看其是否符合设计要求的跨度。

在吊装楼板前，应用混凝土堵头将楼板的圆孔进行嵌填，嵌填长度不得小于楼板在支座上的支承长度，一般不得小于 120mm。

对于支承楼板的墙体上表面应用水准仪或水平管进行测平，并将不平处用水泥砂浆抹平。当厚度超过 20mm 时，应用 C20 细石混凝土找平。

（2）楼板的吊装

这里主要介绍自建小别墅装配式楼板吊装时，最为简单、实用的吊装方式。在自建小别墅施工中，楼板吊装均是根据当地的情况来确定的，有的采用外搭斜面脚手架，直接抬放到安装位置，有的采用人工拔杆或电动拔杆，如图 5-13 和图 5-14 所示。

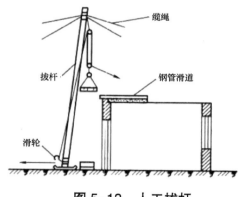

图 5-13　人工拔杆

图 5-14　电动拔杆

人工拔杆吊装楼板，是在距拔杆较远的地方安置一辆绞车，推动绞车，将楼板升起。这种方法起吊安全，速度较慢但容易控制；电动拔杆速度较快，但安全性差，必须是操作熟练的人员方能操作。

（3）楼板安装

如果楼板安装于钢筋混凝土梁上，混凝土的抗压强度必须达到设计强度的 75%。

安装楼板时一般是从房屋的一端开始向另一端逐间安装。在安装屋面上，空心板的水平方向移动采用两种方法：一种是自制的小型滑车；另一种是人力推运。采用小滑车移动时，是将吊装到位的空心板下落到小滑车上，然后将板运到安装位置。人力推运是利用下挂式的推板胶轮车，直接将板推运到安装位置，如图 5-15 所示。人力推运可以顺着板的长度方向安装，也可以横着板的长度方向安装。顺板安装时，必须用一根 10 号槽钢当作一个车轮的走道。

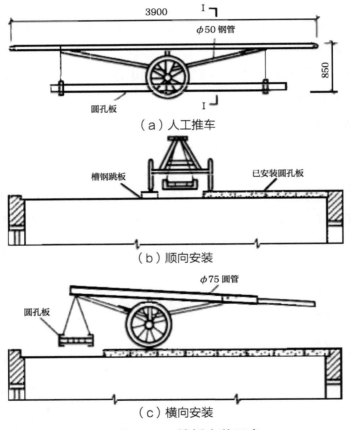

图 5-15　楼板安装示意

安装的每块板都应在支座上铺垫砂浆，然后将板安放到支座上，在砖墙上时，板的最小支承长度不得少于 110mm，在梁上不得少于 80mm，安装就位的板不得产生翘曲不平现象。

安装圆孔板时，不得将板的一个长边支放于墙体之上，板与板之间的下边缝应留出 20mm 的缝隙。当每间安装的圆孔板不符合开间尺寸要求时，严禁采用填砖的办法来弥补，应必须使用细石混凝土来嵌填密实，当缝隙较宽时，还必须按要求加配板缝钢筋，如

图 5-16 所示。

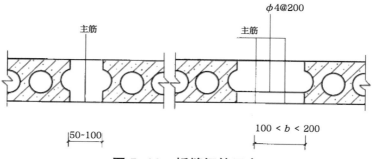

图 5-16 板缝钢筋示意

3. 装配式楼板常见质量问题

预制装配式楼板对于自建小别墅来说能够有效地提高施工效率，且相对来说施工质量比现浇混凝土楼板要好控制。但不可避免地，在施工过程中总会由于各种原因导致预制装配式楼板整体施工质量不达标，表 5-4 列举了其中常见的质量问题和原因分析。

表 5-4 装配式楼板常见质量问题及原因分析

质量问题	现象	原因分析
装配式楼板边搁置于墙上	板的安装尺寸大于房间尺寸，板的一个侧边被上边墙体压住	① 施工人员对楼板受力的情况不了解，认为这样做楼板受力更好，不易断裂，断裂后也塌不下来 ② 预制空心板定购时间早，砌墙时尺寸有所变动，与购楼板尺寸不符。或者是楼板底面飞边较大，在安装板时尺寸超出
装配式楼板缝内夹砖	空心板数量不足，采用普通砖块来填充，有的夹 120mm，减弱了空心板的承载能力	对于板缝内夹砖，看起来是一件小事，实际上是一种严重的质量问题。砖的最大强度等级只有预应力混凝土的强度等级的 1/3，采用普通砖来代替楼板，相当于夹砖后板的承载力下降了 1/3。主要原因为 ① 经济条件不足，认为少用几块空心板可以节约一些资金 ② 在购买空心板时没有对每个房间的需用量计算好，造成定购的数量不足，用砖来补充
安装空心板时不堵孔	空心板两端的板孔不堵，直接安放于支座上，导致空心板安装后端部裂缝	主要是对堵孔不重视，认为堵与不堵关系不大

质量问题	现象	原因分析
支承长度不足或板底不坐浆	安装空心板时，支座上不垫放砂浆，直接搁置在墙体上	根据规定，预制板直接搁置在墙或梁上，要有足够的支承长度，在梁上的搁置长度不小于 80mm，在墙上的搁置长度不小于 110mm。但是在实际施工中，安放的空心板在梁和墙上的支承长度经常小于最小长度的规定。主要原因为 ① 购置空心板时未把板的尺寸弄清楚，或者生产的空心板尺寸严重不足 ② 砌筑墙体时墙体向外倾斜，垂直度不符合要求，导致安装的空心板在支座上长度短少 ③ 安装楼板时嫌麻烦，所以将板底的砂浆省略

第四节 地面施工

自建小别墅的地面除了有混凝土楼板的形式外，还可以在楼板的基础上对地面进行再加工，以便为后期装修做准备，有些地面的形式由于施工较为简单也会与主体施工共同进行。

一、水泥砂浆面层施工

水泥砂浆面层通常是用水泥砂浆抹压而成，简称水泥面层。它具有原料供应充足、方便、坚固耐磨、造价低且耐水等特点，是目前应用很广泛的一种低档面层。

1. 清理基层

将基层表面的积灰、浮浆、油污及杂物清扫干净，明显凹陷处应用水泥砂浆或细石混凝土填平，表面光滑处应凿毛并清刷干净。抹砂浆应在前一天浇水湿润，表面积水应予排除。当表面不平且低于铺设标高 30mm 的部位，应在铺设前用细石混凝土找平。

2. 弹标高和面层水平线

根据墙面已有的 +500mm 水平标高线，测量出地面面层的水平线，弹在四周的墙面上，并要与房间以外的楼道、楼梯平台、踏步的标高相互一致。

3. 贴灰饼

根据墙面弹线标高，用 1：2 的干硬性水泥砂浆在基层上做灰饼，大小约为 50mm×50mm，纵横间距约 1.5m。有坡度的地面，应坡向地漏。如局部厚度小于 10mm 时，应调整其厚度或将局部高出的部分凿除。对面积较大的地面，应用水准仪测出基层的实际标高并算出面层的平均厚度，确定面层标高，然后做灰饼。

4. 配制砂浆

面层水泥砂浆的配合比宜为 1：2（水泥：砂，体积比），稠度不大于 35mm，强度等级不应低于 M15。使用机械搅拌，投料完毕后的搅拌时间不应少于 2min，要求拌和均匀，颜色一致。

5. 铺砂浆

铺砂浆前，先在基层上均匀扫素水泥浆（水灰比为 0.4~0.5）一遍，随扫随铺砂浆。注意水泥砂浆的虚铺厚度宜高于灰饼 3~4mm。

6. 找平、第一遍压光

铺砂浆后，随即用刮杠按灰饼高度将砂浆刮平（图 5-17）。然后用木抹子搓揉压实，用靠尺检查平整度。待砂浆收水后，随即用铁抹子进行头遍抹平压实，抹时应用力均匀并后退操作。如局部砂浆过干，可用毛刷稍洒水；如局部砂浆过稀，可均匀撒一层 1：2 的干水泥砂吸水，随手用木抹子用力搓平，使其互相混合并与砂浆层结合紧密。

图 5-17　刮杠刮平

7. 第二遍压光

在砂浆初凝后进行第二遍压光，用铁抹子边抹边压，把死坑、砂眼填实压平，使表面平整。要求不漏压。

8. 第三遍压光

在砂浆终凝前进行，即人踩上去稍有脚印，用抹子压光无痕时，用铁抹子把前遍留的抹纹全部压平、压实、压光。

9. 养护

视气温高低，在面层压光 24h 后，洒水保持湿润，养护时间不少于 7d。

二、水磨石面层施工

水磨石面层（图 5-18）是将碎石拌入水泥制成混凝土后将表面磨光所得到的面层。

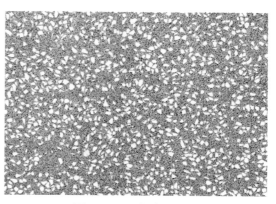

图 5-18　水磨石面层

1. 施工条件

① 顶棚、墙面抹灰已经完成，门框已经立好，各种管线已埋设完毕，地漏口已经遮盖。

② 混凝土垫层已浇筑完毕，按标高留出水磨石底灰和面层厚度，并经养护达到 5MPa 以上强度。

③ 工程材料已经备齐，运到现场，经检查质量符合要求，数量可满足连续作业的需要。

④ 为保证色彩均匀，水泥与颜料已按工程大小一次配够，干拌均匀过筛成为色灰，装袋扎口、防潮，堆放在仓库备用。

⑤ 石粒应分别过筛，去掉杂质并洗净晾干备用。

⑥ 在墙面弹好或设置控制面层标高和排水坡度的水平基准线或标志。

⑦ 当使用白色水泥掺色粉配制彩色水磨石时，应事先按不同的配比做出样板，经选定后使用。

2. 水磨石施工工序

（1）基层处理

基层处理的施工操作要点可参考水泥砂浆基层处理要求进行。

（2）找平层施工

抹水泥砂浆找平层。基层处理后，以统一标高线为准，确定面层标高。施工时提前 24h 将基层面洒水润湿后，满刷一遍水泥浆黏结层，水泥浆稠度应根据基层湿润程度而定，水灰比一般以 0.4~0.5 为宜，涂刷厚度控制在 1mm 以内。应做到边刷水泥浆边铺设水泥砂浆找平层。找平层应采用体积比为 1 : 3 的水泥砂浆或 1 : 3.5 的干硬性水泥砂浆。水泥砂浆找平层的施工要点可按水泥砂浆面层中的施工要求进行。但最后一道工序为木抹子搓毛面。铺好后养护 24h。水磨石面层应在找平层的抗压强度达到 1.2MPa 后方可进行。

（3）镶嵌分格条

① 按设计分格和图案要求，用色线包在基层上弹出清晰的线条。弹线时，先根据墙面位置及镶边尺寸弹出镶边线，然后复核内部分格与设计是否相符，如有余量或不足，则按实际进行调整。分格间距以 1m 宜，面层的一部分分格位置必须与基层（包括垫层和结合层）的缩缝对齐，以使上下各层能同步收缩。

② 按线用稠水泥浆把嵌条粘接固定，分格条嵌法如图 5-19 所示。嵌条应先粘一侧，再粘另一侧，嵌条为铜、铝料时，应用长 60mm 的 22 号钢丝从嵌条孔中穿过，并埋固在水泥浆中。水泥浆粘贴高度应比嵌条顶面低 4~6mm，并做成 45°。镶条时，应先把需镶条部位基层湿润，刷结合层，然后再镶条。待素水泥浆初凝后，用毛刷蘸水将其表面刷毛，并将分隔条交叉接头部位的素灰浆掏空。

③ 分格条应粘贴牢固、平直，接头严密，应用靠尺板比齐，使上表面水平一致，作为

铺设面层的标志，并应拉 5m 通线检查直度，其偏差不得超过 1mm。

④ 镶条后 12h 开始洒水养护，不少于 2d。

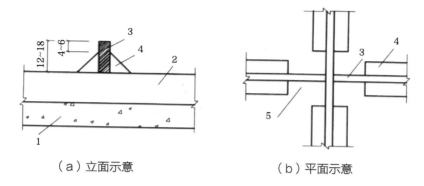

（a）立面示意　　　　　　　　（b）平面示意

图 5-19　分格条嵌法
1—混凝土垫层；2—水泥砂浆底灰；3—分格条；4—素水泥浆；5—40~50mm 内不抹水泥浆区

（4）铺石粒浆

① 水磨石面层应采用水泥与石粒的拌合料铺设。如为几种颜色的石粒浆，应注意不可同时铺抹，要先抹深色的，后抹浅色的，先做大面，后做镶边，待前一种凝固后，再铺后一种，以免串色，造成界限不清，影响质量。

② 地面石粒浆配合比为 1∶（1.5~2.5）（水泥∶石粒，体积比）；要求计量准确，拌和均匀，宜采用机械搅拌，稠度不得大于 60mm。对于彩色水磨石，应加色料，颜料均以水泥质量分数计，事先调配好，过筛装袋备用。

③ 地面铺浆前应先将积水扫净，然后刷水灰比为 0.4~0.5 的水泥浆黏结层，并随刷随铺石子浆。铺浆时，用铁抹子把石粒由中间向四面摊铺，用刮尺刮平，虚铺厚度比分格条顶面高 5mm，再在其上面均匀撒一层石粒，拍平压实、提浆（分格条两边及交角处要特别注意拍平压实）。石粒浆铺抹后高出分格条的高度应一致，厚度以拍实压平后高出分格条 1~2mm 为宜。整平后如发现石粒过稀处，可在表面再适当撒一层石粒，过密处可适当剔除一些石粒，使表面石子显露均匀，无缺石子现象，接着用磙子进行磙压。

（5）磙压密实

① 面层磙压应从横竖两个方向轮换进行。磙子两边应大于分格条至少 100mm，磙压前应将嵌条顶面的石粒清掉。

② 磙压时用力应均匀，防止压倒或压坏分格条，注意嵌条附近浆多石粒少时，要随手补上。磙压到表面平整、泛浆且石粒均匀排列、磙子表面不沾浆为止。

（6）抹平

① 待石粒浆收水（约 2h）后，用铁抹子将磙压波纹抹平压实。如发现石粒过稀处，仍要补撒石子并抹平。

② 石粒面层完成后，于次日进行浇水养护，常温时为 5~7d。

（7）试磨

① 水磨石面层开磨前应进行试磨，以石粒不松动、不掉粒为准，经检查确认可磨后，方可正式开磨。一般开磨时间可参考表 5-5。

表 5-5　开磨时间参考

平均气温 /℃	开磨时间 /d	
	机磨	人工磨
20 ~ 30	2 ~ 3	1 ~ 2
10 ~ 20	3 ~ 4	1.5 ~ 2.5
5 ~ 10	5 ~ 6	2 ~ 3

② 一般普通水磨石面层磨光遍数不应少于 3 遍。

（8）粗磨

① 粗磨时用 60~90 号金刚石，磨石机在地面上呈横"8"字形移动，边磨边加水，随时清扫磨出的水泥浆，并用靠尺不断检查磨石表面的平整度，至表面磨平、全部显露出嵌条与石粒后，再清理干净。

② 待稍干后再满涂同色水泥浆一道，以填补砂眼和细小的凹痕，脱落石粒的应补齐。

（9）中磨

① 中磨应在粗磨结束并待第一遍水泥浆养护 2~3d 后进行。

② 使用 90~120 号金刚石，机磨方法同头遍，磨至表面光滑后，同样清洗干净，再满涂第二遍同色水泥浆一遍，然后养护 2~3d。

（10）细磨

第三遍磨光应在中磨结束养护后进行。使用 180~240 号金刚石，机磨方法同头遍，磨至表面平整光滑、石子显露均匀、无细孔磨痕为止。边角等磨石机磨不到之处，用人工手磨。对于高级水磨石，在第三遍磨光后，经满浆、养护，用 240~300 号油石继续进行第四、第五遍磨光。

（11）草酸清洗

① 在水磨石面层磨光后，涂草酸和上蜡前，其表面不得污染。

② 用热水溶化草酸（1：0.35，重量比），冷却后在擦净的面层上用布均匀涂抹。每涂一段用 240~300 号油石磨出水泥及石粒本色，再冲洗干净，用棉纱或软布擦干。也可在磨光后，在表面撒草酸粉并洒水，进行擦洗，露出面层本色，再用清水洗净，用拖布拖干。

（12）打蜡抛光

酸洗后的水磨石面应擦净晾干。打蜡工作应在不影响水磨石面层质量的其他工序全部完成后进行。用布或干净麻丝蘸蜡薄薄均匀地涂在水磨石面上，待蜡干后，用包有麻布或细帆布的木块代替油石，装在磨石机的磨盘上进行磨光，或用打蜡机打磨，直到水磨石表面光滑洁亮为止。对于高级水磨石，应打两遍蜡，抛光两遍。打蜡后，铺锯末进行养护。

三、地面施工常见质量问题

在自建小别墅的地面施工过程中，经常会出现一些质量问题，有的是由于施工错误导致的，有的只是因为施工人员觉得费事而已。表5-6中列举了地面施工中常见的质量问题及原因分析，只要对照这些原因，不难发现问题所在，从而采取恰当的预防解决办法。

表5-6　地面施工常见质量问题及原因分析

问题	现象	原因分析
地面空鼓和起泡	人走在面层上有空洞的感觉，用锤敲击时发出空鼓声。使用一段时间后面层大片脱落	（1）施工时，基层或垫层表面未清理干净，影响了面层与垫层的黏结 （2）各结构层施工时没有浇水湿润，表面过于干燥，导致基层与垫层相互分离、面层与垫层未黏结牢固，或者是做各结构层时，未用水泥浆做结合层，产生空鼓 （3）抹压时有的地方漏压，使面层与垫层未能达到紧密黏结 （4）使用的砂中含有泥块，使用时未进行筛选或未用水冲洗，泥块吸水后产生体积膨胀 （5）浇水养护过早，因面层的强度未建立，水分向外释放而产生起泡
水磨石面层分格条不清晰或变形	在水磨石面层中，分格条显示不清晰，分格所用的铜条、铝条等金属条弯曲或者是玻璃条碎裂，外形不美观	（1）铺设水泥石子拌合物时厚度超出分格条太多，磨石时未将分格条磨出。或者是铺设的厚度与分格条平齐，有的低于分格条，这样在碾压拌合料或者是磨石时将分格条压弯、碰弯以及将玻璃条压碎 （2）分格条黏结不牢，在碾压或磨石过程中，碾筒或磨石将松动的分格条来回推挤或者是石子挤压使分格条变形或压碎 （3）水磨石拌合料存放时间过长，由于水磨石强度过高，磨石时难以将分格条磨出。或者是第一遍磨石时所用的磨石号数过大，磨损量小
水磨石面层颜色及石子分布不均匀	在水磨石面层上，每格的色彩有深有浅，石子显露不均匀，影响水磨石面层的美观	（1）拌制彩色磨石料时不是一次性拌出，或者是在购买颜料时分多次购进，所以形成较大色差 （2）配合比控制不严，水泥和石子的用量误差过大，造成配合比不正确，石子分布不均匀 （3）由于拌制多为人工拌和，拌制不均匀，形成色差和石子显露不均
水磨石面层有明显磨痕、毛孔多	水磨石面层表面粗糙，有较多的毛细孔和明显的磨石凹痕和磨纹，无光亮	（1）磨光时，只采用一种规格的磨石进行磨光，未用细磨石，导致表面粗糙 （2）磨石时水磨石机推进速度不均匀，在某一地方停留时间长，将这一地方磨成凹面。或是水磨石机控制不平稳，磨石的前端着地，磨成凹坑 （3）补浆的方法不对，不是擦浆而是刷浆法。这样，所补的浆不能进入毛细孔中，未起到补浆的作用，形成毛细孔 （4）磨石结束后，未涂擦草酸溶液，或将草酸粉直接撒于面层之上进行干擦，所以表面无光

第五节 屋顶施工

在自建小别墅建筑中，屋顶主要分为平屋顶和坡屋顶两大类，按照所用的材料不同，又分为混凝土屋顶、瓦屋顶、石材屋顶以及卷材屋顶等。

自建小别墅的屋顶形式要根据房屋的使用功能来选择，比如家里有粮食要晒的，最好做混凝土平屋顶，可以将屋顶作为晒场，但是这样的屋顶一般隔热性较差；如果家里有专门的晒场，则屋顶可以做成形式更为丰富的坡屋顶，不仅好看，而且隔热。

一、平屋顶

平屋顶是指屋顶坡度小于或等于 10% 的屋顶，常用的坡度为 2%~3%。平屋顶可以节省材料，扩大建筑空间，并易于协调统一建筑与结构的关系，较为经济合理，还可作为夏天乘凉的场所和晒场。平屋顶在我国北方应用得较多，其构造相对比较简单，主要是根据房屋的构造，在屋顶做一层外楼板，然后在上面做防水层。平屋顶的不足之处在于防水处理要求较高，易发生渗漏，而且隔热性能较差。

平屋顶中一般做成挑檐式或女儿墙带挑檐式、女儿墙式、局部坡面式，如图 5-20 所示。

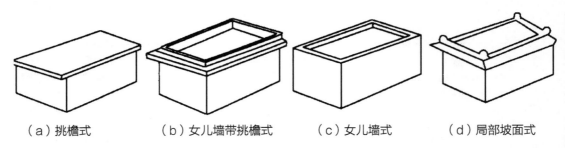

（a）挑檐式　　　（b）女儿墙带挑檐式　　　（c）女儿墙式　　　（d）局部坡面式

图 5-20　平屋顶形式

二、坡屋顶

坡屋顶是我国传统的建筑形式。坡屋顶坡度较大，一般大于 10%。坡屋顶主要有单坡面、双坡面和四坡面等形式。各种坡屋顶的形式如图 5-21 所示。

当房屋宽度不大时，或为防风的位置可选用单坡屋顶；当房屋宽度较大时，宜采用双坡面和四坡面。双坡屋顶有悬山和硬山之分：悬山指屋顶的两端悬挑在山墙外面；硬山指房屋两端山墙高于屋顶。

坡屋顶的结构应满足建筑形式的要求。坡屋顶的屋顶防水材料多为瓦材，少数地区也采用石材。

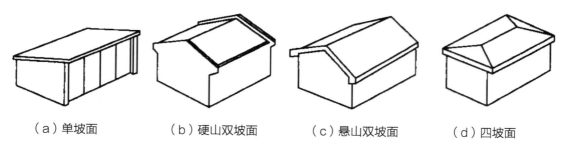

（a）单坡面　　　（b）硬山双坡面　　　（c）悬山双坡面　　　（d）四坡面

图 5-21　坡屋顶形式

1. 坡屋顶组成

坡屋顶主要由承重结构和屋面两部分组成，根据不同的使用要求还可以增加保温层、隔热层、顶棚等，如图 5-22 所示。

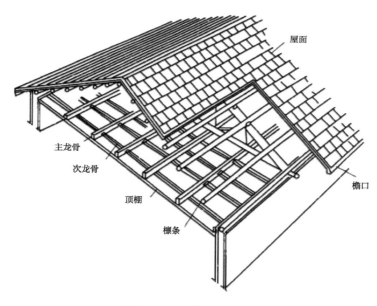

图 5-22　坡屋顶组成

① 承重结构是承受屋面荷载并把它传递到墙或柱上，一般由屋架、檩条、椽子等组成。

② 屋面是屋顶的上覆盖层，直接承受风雨、冰冻、太阳辐射等大自然气候的作用，包括屋面盖料和基层，如挂瓦条、屋面板等。

③ 顶棚是屋顶下部的遮盖部分，可使室内顶部平整，反射光线，并起到保温、隔热和装饰作用。

④ 保温或隔热层可设在屋面或顶棚层，根据地区气候及房屋使用需要而定。

2. 坡屋顶承重结构形式

坡屋顶常用的承重结构主要有横墙承重、屋架承重和梁架承重三种形式，如图5-23所示。

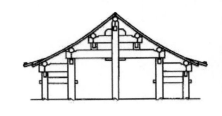

（a）横墙承重　　　　　（b）屋架承重　　　　　（c）梁架承重

图5-23　坡屋顶承重结构形式

不同承重结构形式的特点见表5-7。

表5-7　不同承重结构形式的特点

承重形式	做法	特点	适用范围
横墙承重（又称山墙承重）	屋顶所要求的坡度，将横墙上部砌成三角形，在墙上直接放置檩条来承受屋面重量	构造简单、施工方便、节约木材，有利于屋顶的防火和分隔	适用于开间为4m以内、进深尺寸较小的房间
屋架承重	由一组杆件在同一平面内互相结合成整体屋架，在其上搁置檩条来承受屋面重量	可以形成较大的内部空间	可以形成较大的内部空间
梁架承重	用柱与梁形成的梁架支承檩条，并利用檩条使整个房屋形成一个整体的骨架	墙只起围护分隔作用	适合传统建筑结构

坡屋顶的承重构件主要就是屋架和檩条。

（1）屋架

现在自建小别墅用得较多的就是三角形屋架（图5-24），其由上弦、下弦及腹杆组成，可用木材、钢材及钢筋混凝土等制作。三角形木屋架一般用于跨度不超过12m的住宅；钢木组合屋架一般用于跨度不超过18m的住宅。

（2）檩条

在农村房屋建筑中，檩条所用材料可为木材和钢筋混凝土。檩条材料的选用一般与屋架所用材料相同，使两者的耐久性接近。檩条的断面形式有矩形和圆形两种；钢筋混凝土檩条有矩形、L形和T形等。檩条的断面一般为

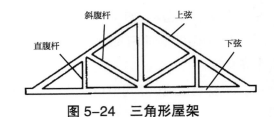

图5-24　三角形屋架

（75~100）mm×（100~180）mm；原木檩条的直径一般为 100mm 左右。采用木檩条时，长度一般不得超过 4m；钢筋混凝土檩条可达 6m。檩条的间距根据屋面防水材料及基层构造处理而定，一般为 700~1500mm。山墙承檩时，应在山墙上预置混凝土垫块。为便于在檩条上 固定瓦屋面的木基层，可在钢筋混凝土檩条上预留钢筋以固定木条，用尺寸为 40~50mm 的矩形木对开为两个梯形或三角形。

3. 坡屋顶屋面构造

坡屋顶的屋面防水材料主要是各种瓦材和不同材料的板材。平瓦有水泥瓦与黏土瓦两种，尺寸一般为 400mm×230mm，铺设搭接后的有效长度应该为 330mm×200mm，每平方米约需 15 块，土垫块平瓦屋顶的坡度通常不宜小于 1：2，常用的平瓦屋面构造有冷摊瓦屋面、平瓦屋面以及钢筋混凝土挂瓦板平瓦屋面三种，主要内容见表 5-8。

表 5-8　常用平瓦屋面构造

名称	内容	图例
冷摊瓦屋面	冷摊瓦屋面是在屋架上弦或椽条上直接钉挂瓦条，在挂瓦条上挂瓦。这种做法的缺点是瓦缝容易渗漏、保温效果差	
平瓦屋面	平瓦屋面是在檩条或椽条上钉屋面板，屋面板上覆盖油毡再钉顺水条和挂瓦条，然后再挂瓦的屋面	
钢筋混凝土挂瓦板平瓦屋面	钢筋混凝土挂瓦板为预应力构件或非预应力构件，板肋根部预留有泄水孔，可以排除从缝渗下的雨水。挂瓦板的断面形式有 T 形和 F 形等。瓦挂在板肋上，板肋中距为 330mm，板缝用 1：3 的水泥砂浆填塞。挂瓦板兼有檩条、望板、挂瓦条三者的作用，可节省材料	

4. 平瓦屋面施工

平瓦屋面施工是指造型为坡屋顶，铺设屋顶的材料是平瓦的施工方式。

（1）屋面基层施工

① 屋面檩条、椽条安装的间距、标高、坡度应符合设计要求，檩条应拉通线调直并镶嵌牢固。

② 挂瓦条的施工要求如下。

a. 挂瓦条的间距要根据平瓦的尺寸和一个坡面的长度经计算后确定。黏土平瓦一般间距为280~330mm。

b. 檐口第一根挂瓦条，要保证瓦头出檐（或出封檐板外）50~70mm；上下排平瓦的瓦头和瓦尾的搭扣长度为50~70mm；屋脊处两个坡面上最上两根挂瓦条，要保证挂瓦后，两个瓦尾的间距在搭盖脊瓦时，脊瓦搭接瓦尾的宽度每边不小于40mm。

c. 挂瓦条断面一般为30mm×30mm，长度一般不小于三根椽条间距，挂瓦条必须平直（特别是保证瓦条上边口的平直），接头在椽条上，钉置牢固，不得漏钉，接头要错开，同一椽条上不得连续超过三个接头；钉置檐口（或封檐板）时，要比挂瓦条高20~30mm，以保证檐口第一块瓦的平直；钉挂瓦条一般从檐口开始逐步向上至屋脊，钉置时，要随时校核瓦条间距尺寸的一致。为保证尺寸准确，可在一个坡面的两端，准确量出瓦条间距，要通长拉线钉挂瓦条。

③ 木板基层上加铺油毡层的施工：油毡应平行屋脊自下而上的铺钉；檐口油毡应盖过封檐板上边口10~20mm；油毡长边搭接不小于100mm，短边搭接不小于150mm，搭边要钉住，不得翘边；上下两层短边搭接缝要错开500mm以上；油毡用压毡条（可用灰板条）垂直屋脊方向钉住，间距不大于500mm；要求油毡铺平铺直，压毡条钉置牢靠，钉子不得直接在油毡上随意乱钉；油毡的毡面必须完整，不得有缺边破洞。

④ 混凝土基层的要求：

a. 檐口、屋脊、坡度应符合设计要求；

b. 基层经泼水检查无渗漏；

c. 找平层无龟裂，平整度偏差不大于10mm；

d. 水泥砂浆挂瓦条和基层黏结牢固，无脱壳、断裂，且符合木基层中有关施工要求；

e. 当平瓦设置防脱落拉结措施时，拉结构造必须和基层连接牢固。

（2）平瓦铺挂

平瓦必须铺置牢固。地震设防地区或坡度大于50%的屋面，应采取固定加强措施。

① 上瓦：上瓦时，应特别注意安全，在屋架承重的屋面上，上瓦必须前后两坡同时同一方向进行，以免屋架不均匀受力而变形。

② 摆瓦：一般有"条摆"和"堆摆"两种。"条摆"要求隔三根挂瓦条摆一条瓦，每米约22块；"堆摆"要求一堆9块瓦，间距为：左右隔两块瓦宽，上下隔两根挂瓦条，均匀错开，摆置稳妥。

在钢筋混凝土挂瓦板上，最好随运随铺，如需要先摆瓦时，要求均匀分散平摆在板上，不得在一块板上堆放过多，更不准在板的中间部位堆放过多，以免荷重集中而使板断裂。

③ 屋面、檐口瓦的挂瓦顺序应从檐口由下到上，自左到右的方向进行。檐口瓦要挑出檐口 50~70mm，瓦后爪均应挂在瓦条上，与左边下面两块瓦落槽密合，随时注意瓦面、瓦楞平直，不符合质量要求的瓦不能铺挂。在草泥基层上铺平瓦时，要掌握泥层的干湿度。为了保证挂瓦质量，应从屋脊拉一条斜线到檐口，即斜线对准屋脊下第一瓦的右下角，顺次与第二排的第二瓦、第三排的第三瓦……直到檐口瓦的右下角，都在一条直线上。然后由下到上依次逐个铺挂，可以达到瓦沟顺直、整齐美观的效果。

④ 斜脊、斜沟瓦：先将整瓦（或选择可用的缺边瓦）挂上，沟瓦要求搭盖泛水宽度不小于 150mm，弹出墨线，编好号码，将多余的瓦面砍去，然后按号码次序挂上；斜脊处的平瓦也按上述方法挂上，保证脊瓦搭盖平瓦每边不小于 40mm，弹出墨线，编好号码，砍（或锯）去多余部分，再按次序挂好。斜脊、斜沟处的平瓦要保证使用部位的瓦面质量。

⑤ 脊瓦：挂平脊、斜脊脊瓦时，应拉通长麻线，铺平挂直。脊瓦搭口和脊瓦与平瓦间的缝隙处，要用掺有纤维的混合砂浆嵌严刮平，脊瓦与平瓦的搭接每边不少于 40mm；平脊的接头口要顺主导风向；斜脊的接头口向下（即由下向上铺设），平脊与斜脊的交接处要用掺有纤维的混合砂浆填实抹平。沿山墙封檐的一行瓦，宜用 1：2.5 的水泥砂浆做出坡水线将瓦封固。

⑥ 在混凝土基层上铺设平瓦时，应在基层表面抹 1：3 的水泥砂浆找平层，钉设挂瓦条挂钉。当设有卷材或涂膜防水层时，防水层应铺设在找平层上；当设有保温层时，保温层应铺设在防水层上。

（3）泛水处理

不同部位泛水处理细节如表 5-9 所示。

表 5-9 不同部位泛水处理细节

部位	图例做法
平瓦屋面檐口	

部位	图例做法
平瓦屋面檐沟	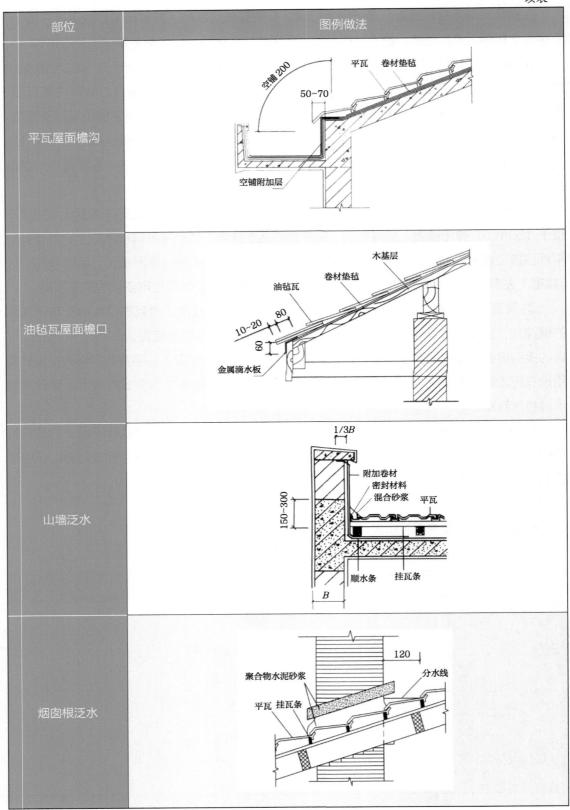
油毡瓦屋面檐口	
山墙泛水	
烟囱根泛水	

（4）平瓦屋面的檐口构造

平瓦屋面的檐口一般可分为纵墙檐口和山墙檐口两种类型。

① 纵墙檐口　纵墙檐口的分类见表 5-10 和图 5-25。

表 5-10　纵墙檐口的分类

形式	做法
砖挑檐	砖挑檐适用于出檐较小的檐口。用砖叠砌出挑长度，一般为墙厚的 1/2，并不大于 240mm，如图 5-25（a）所示
屋面板挑檐	屋面板出挑檐口，出挑长度不宜大于 300mm，如图 5-25（b）所示
挑檐木挑檐	在横墙承重时，从横墙内伸出挑檐木支承屋檐，挑檐木伸入墙内的长度不应少于挑出长度的 2 倍，如图 5-25（c）所示
椽木挑檐	有椽子的屋面可以用椽木出挑，檐口处可将椽子外露，并在椽子端部钉封檐板。这种做法的出檐长度一般为 300～500mm，如图 5-25（d）所示
挑檩檐口	在檐墙外面加一个檩条，利用屋架下弦的托木或横墙砌入的挑檐木作为檐檩的支托，如图 5-25（e）所示
女儿墙檐沟	有的坡屋顶将檐墙砌出屋而形成女儿墙，屋面与女儿墙之间要做檐沟。女儿墙檐沟的构造复杂，容易漏水，应尽量少用。女儿墙檐沟构造如图 5-25（f）所示

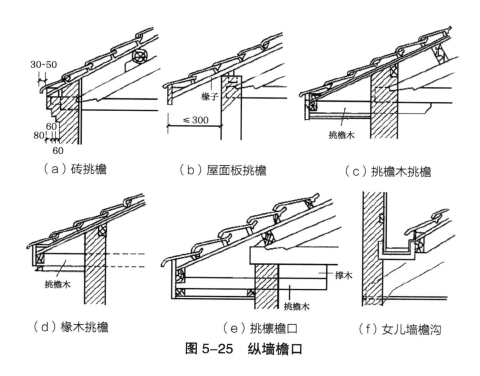

（a）砖挑檐　　　　（b）屋面板挑檐　　　　（c）挑檐木挑檐

（d）椽木挑檐　　　　（e）挑檩檐口　　　　（f）女儿墙檐沟

图 5-25　纵墙檐口

② 山墙檐口　山墙檐口按屋顶形式分硬山与悬山两种做法，如图 5-26 所示。硬山檐口是将山墙升起高出屋面，包住檐口并在山墙和屋面交接处做好泛水处理的檐口构造；悬山檐口是利用檩条出挑使屋面宽出墙身，木板封檐的檐口构造。

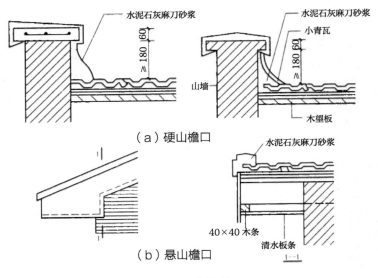

（a）硬山檐口

（b）悬山檐口

图 5-26　山墙檐口

5. 弧形瓦屋面施工

弧形瓦屋面的施工具有较强的技术性、操作性和艺术性。从全国的分布情况来看，南方地区青瓦屋面的施工方法与北方地区的施工方法截然不同。南方地区基本采用阴阳瓦屋面，而北方地区基本采用无灰埂的仰瓦屋面。

（1）底瓦的铺法

所谓底瓦，就是木椽上边所铺放的瓦。南方地区在铺放底瓦时，是将仰瓦铺放在两根木椽的中间位置，瓦背朝向房间内；而北方地区则是将底瓦凹面朝下搭放在两根木椽的上面。

在铺设时，均是由檐口的连檐板开始向上铺设。如铺设过程中瓦在木椽上不平稳，则应对瓦进行处理，一般是用瓦刀将高出的瓦角砍去一点。北方地区铺放底瓦时，从山墙檐口的一边向另一边后退铺放。铺放四垄或五垄时，随时用麦草泥摊铺于底瓦之上，厚度一般为 80~100mm。

（2）分边、叠脊

不同地区的屋脊各种各样，形式也各有千秋，但是基本做法是一样的，这里以脊筒所装的屋脊为例来介绍脊的叠放。

① 选瓦　为保证装出的脊瓦与所铺大面的瓦相符，不出现插垅，就要对瓦进行挑选。选瓦，就是将大头尺寸相同的瓦挑选出来，供装脊瓦时分别使用。选瓦时，应用一个木板，

依据瓦口的相应尺寸在两边钉上两个钉子，每片瓦都要从两个钉子之间通过，不能通过的应换一个较大瓦口，然后将每个瓦口选出的瓦叠放在一起，作为一个尺寸，如图 5-27 所示。

② 分边　所谓分边，就是根据房屋屋面的纵长，在两坡面的山墙檐口边确定边瓦的位置。这个"边"在其他地方也称为斜脊。

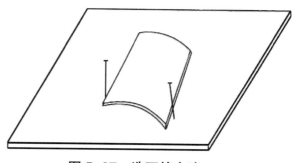

图 5-27　选瓦的方法

分边时，先用钢卷尺通量屋脊处和檐口处的长度，看其是否尺寸相同，也就是屋面的方正程度。如有误差，则从分边中给予修正。

分边时，在屋面的麦草泥基层上面铺一层麻刀灰，然后将博风板依准线铺贴于每坡的两边，一个垂面盖住挑出的檩条头。如为封山时，则不铺设博风板。用麦草泥铺于博风板上，先在檐口挂一个滴水瓦，然后用弧形瓦从檐口向上依准线铺放至屋脊处，瓦的凹面向上。这四边的第一垅瓦就叫作分边瓦。

③ 叠脊　叠脊也称装垅叠脊，就是将屋脊配件合为一个整体。叠脊有先叠脊和后叠脊之分。先叠脊是未开始铺瓦前，先将屋脊做好；后叠脊是待屋面瓦全部铺完后再砌脊。前者的最大优点是脊边瓦不容易退出，后者的优点是瓦的宽度不一致时容易施工。

铺放分边瓦后，可在屋脊的两边坡面开始试摆瓦，查看装瓦的垅数和确定两边的斜脊宽度。试摆正确后，用麦草泥铺底，将试摆的瓦按照试摆位置铺放，每边铺放 5~6 片瓦，然后在其上顺着脊背砌一层普通砖或斜面放的青瓦，其外面用包口瓦坐灰包住。当然，屋脊的结构也不完全相同。有的情况下不用包口瓦，而是用麻刀灰抹面。四边的分边带一方面可以作为屋面的装饰；另一方面也起到了压住边瓦的作用。

在南方地区，一般屋脊不用脊筒，而是用青瓦组合成各种形状的图形。脊的两端也是采用青瓦叠砌成"蝎子尾"，角度以 30°~45° 为宜，并且伸出的长度不得超出分边瓦。

（3）铺瓦

当屋脊和屋面两边的分边带全部装完后，就可以在屋面中间部位铺瓦。

① 瓦的大头朝下，小头朝上。

② 宜从右边向左边后退进行，每次可铺四垅瓦。

③ 应用尺杆按屋脊所装瓦垅的宽度在檐口的连檐上分档划线，然后拉准线摊泥铺瓦。

④ 先在檐口处每垅瓦的前边安放滴水瓦，并在两行瓦垅间安放勾檐瓦。安放滴水瓦时，应将瓦的后边稍向下压，使滴水尖稍微上翘，避免下雨时产生"尿檐"。

⑤ 铺贴檐口边的四片瓦时，应用麻刀灰铺底，其余的全部用麦草泥作为结合层。

⑥ 一般是先铺第 1 垄的瓦，再铺第 3 垄，然后铺第 2 垄和第 4 垄。但第 2 垄和第 4 垄的瓦应向后退一些。每垄瓦的瓦翅应相互啮合，四角平稳，瓦的阴面圆弧应与压在上面瓦的瓦翅相平，如图 5-28 所示。

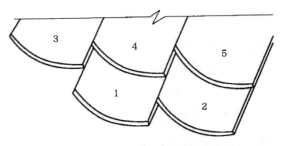

图 5-28　青瓦铺设
1~5—铺瓦次序

⑦ 在正常铺放时，大多采用"一搭三"的搭接方式，也就是在搭接的部位有三片瓦头是错位搭接在一起的。但无论搭接数量如何，瓦的后部都应比前部高些，否则，会产生倒流水，导致屋面渗水。

⑧ 当铺放到脊边的装瓦时，应先将瓦松松插入装瓦的底面，然后用撞杆将瓦逐一地紧紧打入。

⑨ 阴阳瓦屋面的底瓦和盖瓦每边搭接宽度不小于 400mm。

⑩ 先铺底瓦（阴瓦），后铺盖瓦（阳瓦）。

⑪ 铺仰瓦屋面的瓦时，如果做灰埂，应先将两楞仰瓦之间的空隙用草泥堵塞饱满，然后用麻刀灰做出灰埂，再在灰埂上涂刷青灰浆，并压实抹光；如果不做灰埂，应挑选外形整齐一致的青瓦，瓦楞边缘应相互咬接紧密，坐灰（或草泥）饱满、牢靠。

三、屋面防水施工

小别墅屋面防水主要采用的做法为卷材屋面防水和刚性屋面防水。常见的卷材屋面防水有沥青卷材防水、高聚物改性沥青卷材防水、合成高分子卷材防水三种。

小贴士

① 卷材屋面竣工后，禁止在其上凿眼、打洞或做安装、焊接等操作，以防破坏卷材造成漏水。

② 卷材防水层的搭接缝应黏（焊）结牢固，封闭严密，不得有皱褶、翘边和鼓泡等缺陷；防水层的收头应与基层黏结并固定牢固，缝口封严，不得翘边。

③ 刚性屋面的细石混凝土防水层应表面平整、压实抹光，不得有裂缝、起壳、起砂等缺陷，细石混凝土防水层表面平整度的允许偏差为 5mm。

1. 沥青卷材防水施工

（1）基层清理

基层验收合格，表面尘土、杂物清理干净并干燥。卷材在铺贴前应保持干燥，其表面的撒布物应预先清除干净，并避免损伤油毡。

（2）涂刷冷底子油

铺贴前先在基层上均匀涂刷两层冷底子油，大面积喷刷前，应将边角、管根、雨水口等处先喷刷一遍，然后大面积喷刷，第一遍干燥后，再进行第二遍喷刷，完全晾干后再进行下一道工序（一般晾干 12h 以上）。要求喷刷均匀，无漏底。

（3）弹线

按卷材搭接规定，在屋面基层上放出每幅卷材的铺贴位置，弹上粉线标记，并进行试铺。

（4）铺贴附加层

根据细部（水落管、管根、阴阳角等）的具体要求，铺贴附加层。

（5）铺贴卷材

在无保温层的装配式屋面上，应沿屋面板的端缝先单边点粘一层卷材，每边宽度不应小于 100mm 或采取其他增大防水层适应变形的措施，然后再铺贴屋面卷材。

冷贴法铺贴卷材宜采用刷油法。常温施工时，在找平层上涂刷沥青玛蹄脂后，需经 10~30min 待溶剂挥发一部分而稍有黏性时，再平铺卷材，但不应迟于 45min。刷油法一般以四人为一组，刷油、铺毡、滚压、收边各由一人操作，具体内容见表 5-11。

表 5-11　冷贴法施工步骤及内容

步骤	内容
刷油	操作人员在铺毡前方用长柄刷蘸油涂刷，油浪应饱满均匀，不得在冷底子油上来回揉刷，以免降低油温或不起油，刷油宽度以 300～500mm 为宜，超出卷材不应大于 50mm
铺毡	铺贴时两手紧压卷材，大拇指朝上，其余四指向下卡住卷材，两脚站在卷材中间，两腿呈前弓后蹲式，头稍向下，全身用力，随着刷油，稳稳地推压油浪，并防止卷材松卷无力，一旦松卷要重新卷紧，铺到最后，卷材又细又松不易铺贴时，可用托板推压
滚压	紧跟铺贴后不超过 2m 进行，用铁滚筒从卷材中间向两边缓缓滚压，滚压时操作人员不得站在未冷却的卷材上，并负责质量自检工作，如发现气泡，须立即刺破排气，重新压实
收边	用橡胶刮压卷材两边，挤出多余的沥青玛蹄脂，赶出气泡，并将两边封严压平，及时处理边部的皱褶或翘边

（6）铺设保护层

① 豆砂保护层施工。在卷材表面涂刷 2~3mm 厚的沥青玛蹄脂，并随即将加热到 100℃的绿豆砂均匀地铺撒在屋面上，铺绿豆砂时，一人沿屋脊方向顺着卷材的接缝逐段涂刷玛蹄脂，另一人跟着撒砂，第三人用扫帚扫平，迅速将多余砂扫至稀疏部位，保持均匀不露底，紧跟着用铁滚筒压平，再用木拍板拍实，使绿豆砂的 1/2 压入沥青玛蹄脂中，冷却后扫除没有粘牢的砂粒，不均匀处应及时补撒。

② 板、块材保护层施工。卷材屋面采用板、块材作保护层时，板、块材底部不得与卷

材防水层粘贴在一起，应铺垫干砂、低强度等级砂浆、纸筋灰等，将板、块垫实铺实。板、块材料之间可用沥青玛蹄脂或砂浆严密灌缝，铺设好的保护层应保证流水通畅，不得有积水现象。

③ 块体材料保护层每 4~6m 应留设分格缝，分格缝宽度不宜小于 20mm。搬运板块时，不得在屋面防水层上和刚铺好的板块上推车，否则，应铺设运料通道，搬放板块时应轻放，以免砸坏或戳破防水层。

④ 块体材料保护层施工。卷材屋面采用现浇细石混凝土或水泥砂浆作保护层时，在卷材与保护层之间必须做隔离层。对于隔离层，可薄薄抹一层纸筋灰，或涂刷两道石灰水进行处理。

细石混凝土强度不低于 C20，水泥砂浆宜采用 1：2 的配合比。水泥砂浆保护层的表面应抹平压光，并设表面分格缝，分格面积宜为 $1m^2$。细石混凝土保护层的混凝土应密实，表面应抹平压光，并留设分格缝。分格缝木条应刨光（梯形），横截面高度同保护层厚，上口宽度为 25~30mm，下口宽度为 20~25mm。

⑤ 水泥砂浆、块体材料或细石混凝土保护层与女儿墙之间应留宽度为 30mm 的缝隙，并用密封材料嵌填密实。

2. 高聚物改性沥青卷材防水施工

高聚物改性沥青卷材防水施工的具体内容如表 5-12 所示。

表 5-12　高聚物改性沥青卷材防水施工的具体内容

步骤	施工要点
基层处理	应用水泥砂浆找平，并按设计要求找好坡度，做到平整、坚实、清洁，无凹凸形、尖锐颗粒，用 2m 直尺检查，最大空隙不应超过 5mm
涂刷基层处理剂	在干燥的基层上涂刷氯丁胶黏剂稀释液，其作用相当于传统的沥青冷底子油。涂刷时要均匀一致，无露底，操作要迅速，一次涂好，切勿反复涂刷，也可用喷涂方法
弹线	基层处理剂干燥（4~12h）后，按现场情况弹出卷材铺贴位置线
铺贴附加层	参见沥青卷材施工
铺贴卷材	立面或大坡面铺贴高聚物改性沥青防水卷材时，应采用满粘法，并宜减少短边搭接
保护层施工	① 宜优先采用自带保护层卷材 ② 采用浅色涂料作保护层时，应待卷材铺贴完成，经检验合格并清刷干净后涂刷。涂层应与卷材黏结牢固，厚薄均匀，不得漏涂 ③ 采用水泥砂浆、块体材料或细石混凝土做保护层时，参见"沥青防水层施工要点"中的相关内容

3. 合成高分子卷材防水施工

合成高分子卷材防水施工的具体内容见表 5-13。

表 5-13　合成高分子卷材防水施工的具体内容

步　骤	内　容
基层处理	应用水泥砂浆找平，并按设计要求找好坡度，做到平整、坚实、清洁，无凹凸形、尖锐颗粒，用 2m 直尺检查，最大空隙不应超过 5mm
涂刷基层处理剂	在基层上用喷枪（或长柄棕刷）喷涂（或涂刷）基层处理剂，要求厚薄均匀，不允许露底
弹线	基层处理剂干燥后，按现场情况弹出卷材铺贴位置线
铺贴附加层	对阴阳角、水落口、管子根部等形状复杂的部位，按设计要求和细部构造铺贴附加层
涂刷胶黏剂	先在基层上弹线，排出铺贴顺序，然后在基层上及卷材的底面，均匀涂布基层胶黏剂，要求厚薄均匀，不允许有露底和凝胶堆积现象，但卷材接头部位 100mm 不能涂布胶黏剂。如做排气屋面，也可采取空铺法、条粘法、点粘法涂刷胶黏剂
铺贴卷材	立面或大坡面铺贴合成高分子防水卷材时，应采用满粘法并宜采用短边搭接
铺设保护层	与沥青卷材防水层相同

4. 刚性屋面防水施工

刚性屋面防水（图 5-29）主要适用于防水等级为Ⅲ级的屋面防水，也可用作Ⅰ级、Ⅱ级屋面多道防水设防中的一道防水层；不适用于设有松散保温层的屋面，大跨度和轻型屋盖的屋面，以及受震动或冲击的建筑屋面。而且刚性防水层的节点部位应与柔性材料结合使用，才能保证防水的可靠性。刚性屋面防水施工的具体内容如表 5-14 所示。

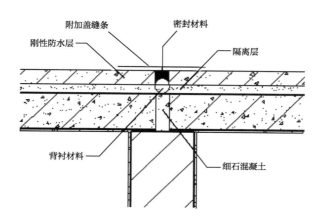

图 5-29　刚性屋面防水施工示意

117

表 5-14 刚性屋面防水施工的具体内容

步 骤	内 容
基层处理	浇筑细石混凝土前，需待板缝灌缝细石混凝土达到强度后再清理干净，板缝已做密封处理；将屋面结构层、保温层或隔离层上面的松散杂物清除干净，凸出基层上的砂浆、灰渣用凿子凿去，扫净，用水冲洗干净
细部构造处理	浇筑细石混凝土前，应按设计或技术标准的细部处理要求，先将伸出屋面的管道根部、变形缝、女儿墙、山墙等部位留出缝隙，并用密封材料嵌填；泛水处应铺设卷材或涂膜附加层；变形缝中应填充泡沫塑料，其上填放衬垫材料，并用卷材封盖，顶部应加扣混凝土盖板或金属盖板
标高坡度、分格缝弹线	根据设计坡度要求在墙边引测标高点并弹好控制线。根据设计或技术方案弹出分格缝位置线（分格缝宽度不小于20mm），分格缝应留在屋面板的支承端、屋面转折处、防水层与突出屋面结构的交接处。分格缝最大间距为6m，且每个分格板块以20~30㎡为宜
绑扎钢筋	钢筋网片按设计要求的规格、直径进行配料和绑扎。搭接长度应大于250mm，在同一断面内，接头不得超过钢筋断面的1/4；钢筋网片在分格缝处应断开；钢筋网应采用砂浆或塑料块垫起至细石混凝土上部，并保证留有10mm的保护层
洒水湿润	浇混凝土前，应适当洒水湿润基层表面，主要是利于基层与混凝土层的结合，但不可洒水过量
浇筑混凝土	① 拉线找坡、贴灰饼。根据弹好的控制线，顺排水方向拉线冲筋，冲筋的间距为1.5m左右，在分格缝位置安装木条，在排水沟、雨水口处找出泛水 ② 混凝土浇筑。混凝土浇筑应按先远后近、先高后低的原则。在湿润过的基层上分仓均匀地铺设混凝土，在一个分仓内可先铺25mm厚的混凝土，再将扎好的钢筋提升到上面，然后再铺上上层混凝土。用平板振捣器振捣密实，用木杠沿两边冲筋标高刮平，并用滚筒来回滚压，直至表面浮浆不再沉落为止；然后用木抹子搓平，提出水泥浆。浇筑混凝土时，每个分格缝板块的混凝土必须一次浇筑完成，不得留施工缝 ③ 压光。混凝土稍干后，用铁抹子三遍压光成活，抹压时不得撒干水泥或加水泥浆，并及时取出分格缝和凹槽的木条。头遍拉平、压实，使混凝土均匀密实。待浮水沉失，人踩上去有脚印但不下陷时，再用抹子压第二遍，将表面平整、密实，注意不得漏压，并把砂眼、抹纹抹平。在水泥终凝前，最后一遍用铁抹子同向压光，保证密实和美观
养护	常温下，细石混凝土防水层抹平压实后12~24h可覆盖草袋（垫）、浇水养护（塑料布覆盖养护或涂刷薄膜养生液养护），时间一般不少于14d
分格缝嵌缝	细石混凝土干燥后，即可进行嵌缝施工。嵌缝前应将分格缝中的杂质、污垢清理干净，然后在缝内及两侧或喷冷底子油一遍，待干燥后，用油膏嵌缝

5. 屋面防水常见质量问题

屋面施工中常见的质量问题及原因如表 5-15 所示。

表5-15 屋面施工中常见的质量问题及原因

部位	质量问题	现象	原因
卷材防水屋面	卷材起鼓	防水卷材铺贴后不久，局部卷材便会向上鼓起，成为蘑菇状，并且鼓起的蘑菇状由小到大，逐渐发展	（1）屋面基层局部含水率高，卷材覆盖后由于受太阳照射的影响，水分要向外散发，但由于受到卷材的约束，蒸发的气体便向上挤拉卷材形成鼓起状 （2）施工时基层表面未清理干净，形成卷材同基层黏结不严，屋面受热膨胀后，未黏结的部位就会空鼓和起鼓
	卷材铺贴方向与搭接不对	在铺贴卷材时，未根据屋面的坡度确定卷材的铺贴方向。接缝时未根据铺贴方法和卷材的品种确定搭接宽度	（1）防水施工时不是专业防水施工人员进行操作，对防水要求不了解 （2）对所用的防水卷材品种性能不了解，按常规的做法进行材料搭接
	水落管、天沟等部位渗漏	在屋面的水落管、天沟、檐口、管道处，是防水最为薄弱的环节，也是屋面渗漏最为严重且施工难度最大的部位，所以在这些部位最容易产生渗漏，影响屋面的防水质量和使用年限	（1）天沟纵向坡度小于5%，形成排水不畅 （2）铺贴卷材时未增设附加层或者是收头不良 （3）在女儿墙上，卷材没有被嵌进墙内，收头处未处理好，屋面与女儿墙交接处未做圆弧角，形成死角 （4）落水斗处防水坡度过小或者是落水斗口杯高出屋面面层 （5）檐口处卷材收头不符合要求
	保护层脱落或裂缝	采用散状材料时，材料与卷材不黏结，形成脱粒；块状材料保护层产生裂缝；整体材料的刚性保护层体积膨胀损坏。直接影响了屋面的防水和使用年限	（1）采用豆砂、云母等材料做保护层时，材料中含有石粉或泥土，或者在预热时温度不够，不能有效地同卷材相黏结 （2）块状材料做保护层时，由于未设分格缝，或者是材料本身强度低，产生裂缝或鼓起 （3）刚性保护层未设分格缝或分格缝面积太大，与女儿墙、山墙间未留间隔，引起体积膨胀而损坏
涂膜防水屋面	防水层渗漏	在防水涂料屋面上，有局部渗水或漏水，或者是在女儿墙、管道等节点处产生渗漏	（1）屋面基层有裂缝，在涂布前未对基层缺陷进行修补 （2）施工时涂刷防水材料不均匀，有漏涂现象，形成渗漏 （3）在结构节点处未设附加层，或者是施工工序不对产生渗漏
	防水层开裂	在屋面上有肉眼可见的不规则裂缝，裂缝宽度为0.1mm或者更大，使屋面产生渗漏	（1）当楼面为装配式构件时，会有纵向和横向裂缝，或者是找平层上产生有不规则的裂缝 （2）采用的防水涂料质量较差，断裂拉伸性能差，在基层裂缝和冬期冷缩作用下产生开裂 （3）施工过程中，胎体增强材料产生断裂或者是搭接处没有处理好，形成裂缝

部位	质量问题	现象	原因
刚性防水屋面	防水层起砂	屋面防水层产生脱皮、起砂，并且随着时间的延长面积会逐步扩大	（1）水泥强度等级偏低，水泥用量少，混凝土的强度低 （2）砂中的含泥量大或者是石子中的石粉量过大 （3）浇筑混凝土时未压实收光，养护不及时或时间较短，水泥水化不充分 （4）混凝土在初凝中施工人员在上面作业，使面层破损
	防水层开裂	防水混凝土浇筑后不久产生的裂缝主是施工裂缝或者是水泥体产生收缩而产生的不规则裂缝；如果顺着屋面楼板的接缝处产生通长裂缝，则表明是结构裂缝；而有规矩的裂缝或是分布比较均匀的裂缝，一般为温差形成的裂缝	（1）结构主体的沉降或者是楼板受荷载后变形下挠，刚砌墙体的收缩，均会直接导致防水层裂缝的产生 （2）基层表面干燥，浇筑混凝土时水分消耗较大，影响水泥的水化作用，混凝土强度降低。施工中混凝土未振压密实，石子界面处形成湿缝，混凝土体积收缩后产生裂缝 （3）混凝土找坡不正确，混凝土振动时向下流坠，接缝处又没有结合好形成裂缝
	防水屋面渗漏	采用细石混凝土所做的刚性防水屋面，由于施工缝和山墙、女儿墙、落水口、管道、板缝结构处容易产生渗漏现象，影响室内的正常生活	（1）防水层未按设计找坡，或者是找坡的坡度不符合要求，形成积水后产生渗漏 （2）在女儿墙和楼梯间墙体与防水层分格缝相交的部位，由于混凝土收缩和温度变形产生拉应力，在分格缝的末端应力集中而导致开裂 （3）细石混凝土刚性屋面不产生渗漏，但是，由于女儿墙外面与屋面连接处产生水平裂缝，再加上女儿墙顶泛水坡度不对，雨水顺女儿墙顶下流至水平裂缝处渗入屋内 （4）非承重山墙与屋面板变形不一致，在连接处易被拉裂 （5）楼板嵌缝质量不高，形成板间和板端裂缝而使刚性屋面产生裂缝而渗漏 （6）屋面分格缝未与屋面板端缝对齐，在外荷载、温差作用下，屋面板中部下挠，板端上翘，使防水层裂开 （7）嵌缝油膏的黏结性、柔韧性以及抗老化能力差，不能适应防水层的收缩变形产生拉裂缝 （8）突出屋面的管道根部嵌填不严实，或者落水斗的底面坐浆或嵌填不密实而导致渗漏

第六节　常见构造细部做法

构造细部往往决定着自建小别墅的功能性及使用年限，本节主要解读常见的构造如楼梯、雨篷、阳台、后浇带、施工缝。

一、楼梯施工

楼梯是建筑物中作为楼层间垂直交通用的构件，可以更好地组织空间，美观的楼梯也能增强室内的装饰效果。

1. 楼梯组成

楼梯通常由梯段、平台及栏杆和扶手三部分组成。自建小别墅经常采用的有直上式单跑楼梯、转角楼梯、平行双跑楼梯这三种形式。

（1）楼梯梯段

楼梯梯段是联系两个不同标高平台的倾斜结构，由若干个踏步构成。每个踏步一般由两个相互垂直的踏面和踢面组成。踏面和踢面之间的尺寸决定了楼梯的坡度。为使人们上下楼梯时不致过度疲劳及适应人行走的习惯，每个梯段的踏步数量最多不超过 18 步，最少不少于 3 步。两面楼梯之间的空隙称为楼梯井，其宽度一般在 100mm 左右。

楼梯的坡度决定了踏步高宽比。在实际应用中，踏步的宽度和高度可利用下面的经验公式算出。

$$2h+b=600 \sim 620mm$$

式中，h 表示踏步高度；b 表示踏步宽度；600~620mm 表示人的平均步距。

在自建小别墅中，楼梯均为自家使用，由于使用人数少，所以楼梯的宽度一般为900mm，但不得低于 850mm。但为了搬运粮食等物品，也可加宽到 1000mm；踏步的高度通常为 150~175mm，宽度为 250~300mm；楼梯的允许坡度范围在 23°~45° 之间。通常情况下，应当把楼梯坡度控制在 30°~35° 以内比较理想。

（2）楼梯平台

楼梯平台是楼梯转角处或两段楼梯交接处连接两个梯段的水平构件，供使用时的稍作休息。平台通常分两种：与楼层标高一致的平台通常称为楼层平台；位于两个楼层之间的平台称为中间平台。

自建小别墅的楼梯平台必须大于或等于梯段宽度，一般情况下取 1～1.1m。楼梯平台下，可用于存放物品或作他用，当作为过道时，平台下的净高最小为 2m。

（3）栏杆和扶手

栏杆、栏板上部供人们手扶的连续斜向配件称为扶手。楼梯栏杆应使用坚固、耐久的材料制作，并具有一定的强度和抵抗侧向推力的能力。同时，应充分考虑到栏杆对室内空间的装饰效果，具有增加美观的作用。扶手应使用坚固、耐磨、光滑、美观的材料制作。在保证安全的情况下，扶手高度一般取 900～1000mm。

2. 现浇钢筋混凝土楼梯

现浇钢筋混凝土楼梯的楼梯段和平台整体浇筑在一起，整体性好、刚度大、抗震性能好，但施工进度慢，施工程序较复杂、耗费模板多。

（1）楼梯钢筋安装要点

① 在楼梯底板上画主筋和分布筋的位置线，根据设计图纸中主筋、分布筋的方向，先绑扎主筋后绑扎分布筋，每个交点均应绑扎。如有楼梯梁时，先绑梁后绑板筋。板筋要锚固到梁内。底板筋绑完，待踏步模板吊绑支好后，再绑扎踏步钢筋。主筋接头数量和位置均要符合施工规范的规定。

② 绑扎梁式楼梯钢筋时，踏步板内横向分布的钢筋要求每个踏步 范围内不少于 2 根，且沿垂直于纵向受力钢筋方向布置，间距小于或等于 300mm。楼梯段梁的纵向受力筋在平台梁中应有足够的锚固长度。

③ 板的钢筋网绑扎应注意板上部的负筋，要防止被踩下；特别是雨篷、挑檐、阳台等悬臂板，要严格控制负筋位置，以免拆模后断裂。

（2）楼梯模板施工

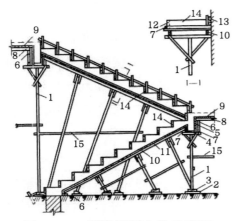

图 5-30 楼梯模板安装示意图
1—顶撑；2—垫板；3—木楔；4—梁底板；
5—侧板；6—托板；7—夹板；8—平台木楞；
9—平台底板；10—斜木楞；11—踏步底板；
12—外帮板；13—吊档；14—踏步侧板；
15—牵杠

楼梯模板的安装可参考图 5-30 进行。

① 在平台梁下立顶撑，下边安放垫板及木楔。

② 在顶撑上面钉平台梁底板，立侧板，钉夹板和托板。

③ 在贴近墙体处立顶撑，顶撑上钉横杆，搁放木楞，铺设平台底板。

④ 在底层楼梯基础侧板上钉托板，将楼梯斜面木楞钉牢在此托板和平台梁侧板外的托板上。

⑤ 在斜面木楞上面钉踏步底板，在下面支放斜向顶撑，下加垫板。

⑥ 在踏步底模板上弹出楼梯段边线，立外帮板。钉平板固定，再在外帮板上钉踏步三角木。

楼梯段模板施工要点

① 施工前应根据设计图纸放大样或通过计算，配制出楼梯外帮板（或梁式楼梯的斜梁侧模板）、反三角模板、踏步侧模板等。

② 楼梯段模板支架可采用方木、钢管或定型支柱等作立柱。立柱应与地面垂直，斜向撑杆与梯段基本垂直并与立柱固定。梯段底模可采用木板、竹（木）胶合板或组合钢模板。先安装休息平台梁模板，再安装楼梯模板斜楞，然后铺设楼梯底模和安装外侧帮模板，绑扎钢筋后再安装反三角模板和踏步立板。楼梯踏步也可采用定型钢模板整体支拆。

⑦ 贴墙体钉反三角板，与外帮板上的三角木相对应，并在每步三角侧面钉踏步侧板。

⑧ 反三角板的下端应钉牢在基础侧板和平台梁的侧板上。

（3）楼梯混凝土浇筑

楼梯段混凝土自下而上浇筑，先振实底板混凝土，达到踏步位置时再与踏步混凝土一起浇捣，不断连续向上推进，并随时用木抹子（或塑料抹子）将踏步上表面抹平。

施工缝位置：楼梯混凝土宜连续浇筑完，多层楼梯的施工缝应留置在楼梯段 1/3 的部位或休息平台跨中 1/3 范围内，并注意 1/2 梁及梁端应采用泡沫塑料嵌填，以便控制支座接头宽度。楼梯施工缝留置示意图如图 5-31 所示。

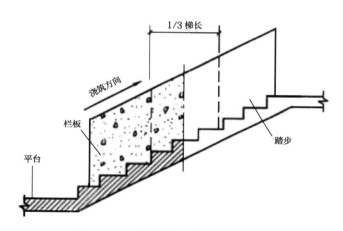

图 5-31　楼梯施工缝留置示意图

3. 预制装配式钢筋混凝土楼梯

装配式楼梯的构造形式较多，但在自建小别墅施工中，应用最多的是小型构件装配式。小型构件装配式楼梯的构件尺寸小、重量轻、数量多，一般把踏步板作为基本构件。小型构件装配式楼梯主要是悬挑式和组砌式。

（1）预制踏步形状

钢筋混凝土预制踏步的断面形状，一般有一字形、L 形和三角形三种，具体分类见表 5-16。

表 5-16 预制踏板断面分类

名称	主要内容	图例
一字形	一字形踏步制作简单方便，踏步的宽度较自由，简支和悬挑均能使用，但板厚稍大，配筋量也较多。装配时，踢面可做成露空式，也可以用块材砌成踢面	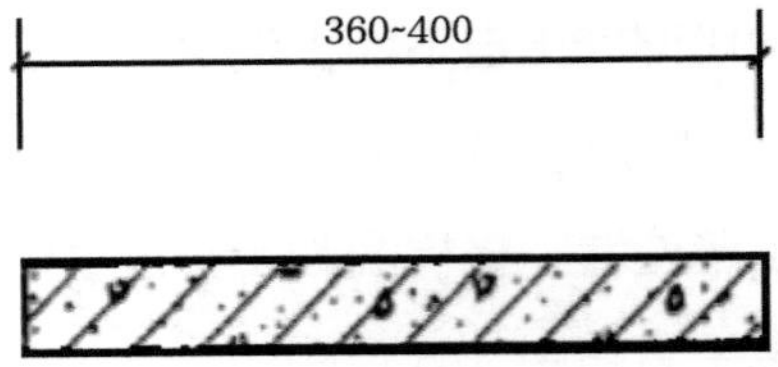
L 形	在 L 形踏步中，有正 L 形和倒 L 形之分。当肋面向下，接缝在踢面下时，踏步高度可在接缝处做小范围的调整。肋面向上时，接缝在踏面下，平板端部可伸出下面踏步的肋边，形成踏口，踏面和踢面看上去较完整。下面的肋可做上面板的支承，这种断面的梯板可以做成悬挑式楼梯 在 L 形预制踏步中，为了加强踏步的悬挑能力，往往会在板的一端做成实体，其长度一般为 240mm	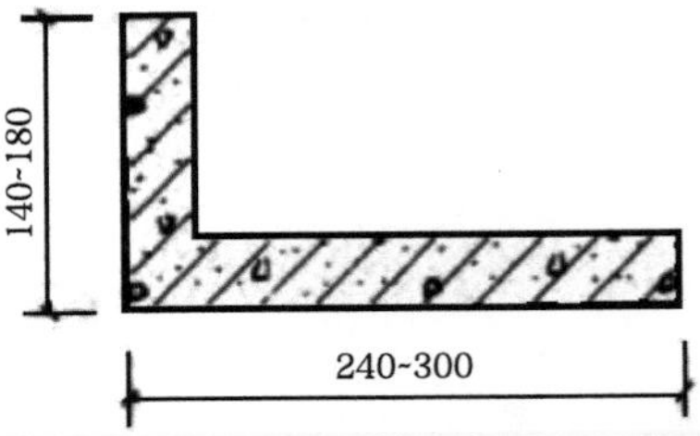 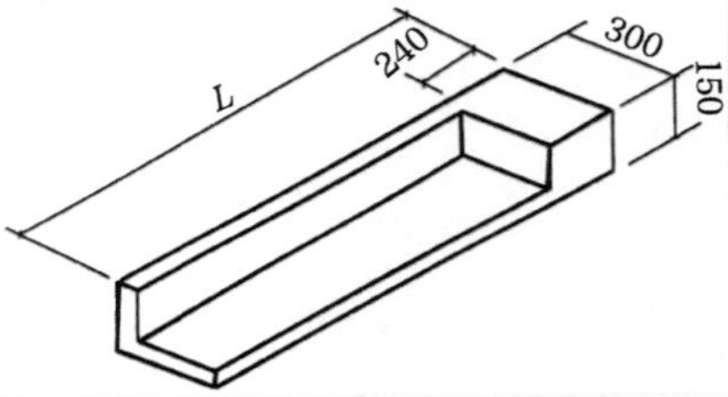
三角形	三角形踏步最大的特点是安装后底面平整，但踏步尺寸较难调整。采用这种踏步时，一定要把踏步尺寸计算准确	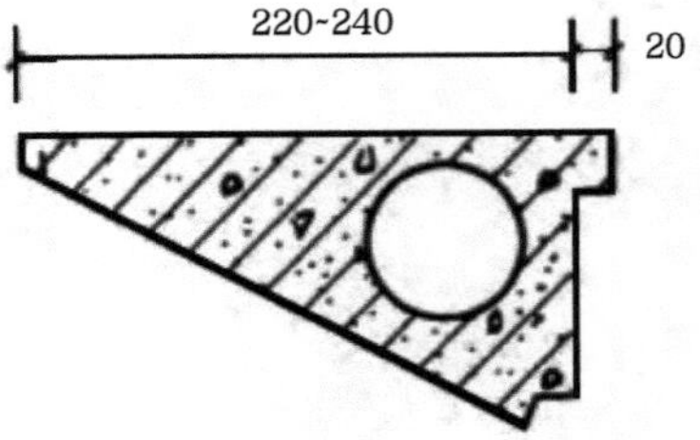

（2）悬挑式楼梯

悬挑式楼梯又称悬臂踏板楼梯。它由单个踏步板组成楼梯段，踏步板一端嵌入墙内，另一端形成悬挑，由墙体承担楼梯的荷载，梯段与平台之间没有传力关系，因此可以取消平台梁。悬挑楼梯是把预制的踏步板，根据设计依次将一字形、正 L 形、倒 L 形或三角形预制踏步砌入楼梯间侧墙，组成楼梯段。

悬挑楼梯的悬臂长度一般不超过 1.5m，完全可以满足小别墅对楼梯的要求，但在地震区不宜采用。楼梯的平台板可以采用钢筋混凝土实心板、空心板或槽形板，搁置在楼梯间两侧墙体上。

（3）组砌式楼梯

组砌式楼梯平台是指将空心板安放在楼梯间两边的墙体内，再将一定长度的空心板斜靠于平台板边，然后根据踏步的踏面和踢面尺寸，用普通砖在斜放的板面上进行砌筑踏步。这种方法简单易行，但必须使斜放的空心板具有一定的稳定性。

（4）踏步的防滑

踏步前缘也是磨损最严重的部位，同时也容易受到其他硬物的破坏。并且为了有效地控制面层的防滑，通常是在踏步口做防滑条，这样，不但可以提高踏步前缘的耐磨程度，而且还能起到保护及点缀美化作用。防滑条的长度一般按踏步长度每边减去 150mm。防滑材料可采用金属铜条、橡胶条、金刚砂等。踏步防滑做法如图 5-32 所示。

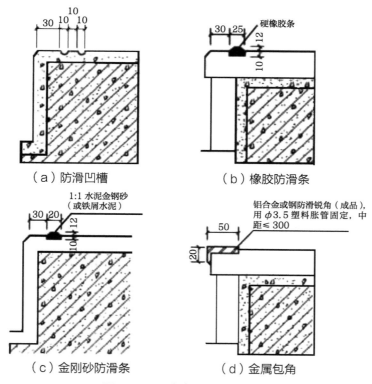

（a）防滑凹槽　　　　　　　　（b）橡胶防滑条

（c）金刚砂防滑条　　　　　　（d）金属包角

图 5-32　踏步防滑做法

4. 现制水磨石楼梯

现制水磨石楼梯踏步在施工前先做基层处理及找平。楼梯踏步面层应先做立面，再做平面，后做侧面及滴水线。每一梯段应自上而下施工，踏步施工要用专用模具，楼梯踏步面层模板见图 5-33，踏步平面应按设计要求留出防滑条的预留槽，应采用红松或白松制作嵌条，提前 2d 镶好。

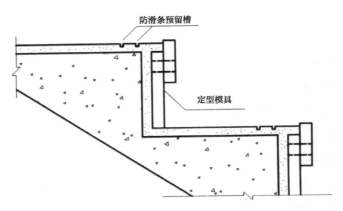

图 5-33　楼梯踏步面层模板

① 楼梯踏步立面、楼梯踢脚线的施工方法同踢脚线，平面施工方法同地面水磨石面层。但大部分需手工操作，每遍必须仔细磨光、磨平、磨出石粒大面，并应特别注意阴阳角部位的顺直、清晰和光洁。

② 现制水磨石楼梯踏步可采用水泥金刚砂防滑条，做法同水泥砂浆楼梯面层；也可采用镶成品铜条或 L 形铜防滑护板等做法，应根据成品规格在面层上留槽或固定埋件。

二、雨篷施工

自建小别墅雨篷多为小型的钢筋混凝土悬挑构件。较小的雨篷常为挑板式，由雨篷悬挑雨篷板，雨篷梁兼做过梁。雨篷板悬挑长度一般为 800~1500mm。挑出长度较大时，一般做成挑梁式。为使底板平整可将挑梁上翻，做成倒梁式，梁端留出泄水孔。泄水孔应留在雨篷的侧面，不要留在正面，如图 5-34 所示。

雨篷在施工中的注意事项如下。

① 防倾覆，保证雨篷梁上有足够的压重。这是自建小别墅必须注意的主要内容。

② 板面上要做好排水和防水。雨篷顶面要用防水砂浆抹面，厚度一般为 20mm，并以 1% 的坡度坡向排水口，防水砂浆应顺墙上抹至少 300mm。

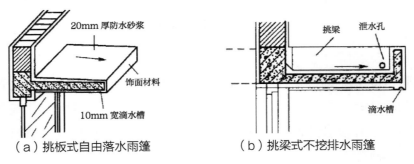

（a）挑板式自由落水雨篷　　　　　　（b）挑梁式不挖排水雨篷

图 5-34　雨篷构造示意

三、阳台施工

1. 阳台的形式

阳台按施工方法分为现浇阳台和预制阳台。农村房屋建筑的阳台还有凸阳台、凹阳台和转角阳台之分。按阳台的结构形式分有搁板式、挑板式和挑梁式三种。

凸阳台大体可分为挑梁式和挑板式两种类型。当出挑长度在 1.2m 以内时，可采用挑板式；当出挑长度大于 1.2m 时，可采用挑梁式。凹阳台作为楼板层的一部分，常采用搁板式布置。

① 搁板式　在凹阳台中，将阳台板搁置于阳台两侧凸出来的墙上，即形成搁板式阳台。阳台板型和尺寸与楼板一致，施工方便。

② 挑板式　其做法是利用楼板从室内向外延伸，形成挑板式阳台。这种阳台结构简单，施工方便，但预制板的类型增多，在寒冷地区对保温不利。这种阳台在纵墙承重的住宅中经常使用，阳台的长宽不受房屋开间的限制，可按需要调整。

另一种做法是将阳台板与墙梁整体浇在一起。这种形式的阳台底部平整长度可调整，但须注意阳台板的稳定，一般可通过增加墙梁的支承长度，借助梁的自重进行稳定，也可利用楼板的重力或其他措施来平衡。

③ 挑梁式　即从横墙内向外伸挑梁，其上搁置预制楼板。阳台荷载通过挑梁传给纵横墙。挑梁压在墙中的长度应不小于 2 倍的挑出长度，以抵抗阳台的倾覆力矩。为避免看到梁头，可在挑梁端头设置边梁，既可以遮挡梁头，又可承受阳台栏杆重力，并加强阳台的整体性。

2. 阳台施工要点

（1）阳台排水

阳台为室外构件，雨水有可能会进入阳台内。所以，阳台地面的设计标高应比室内地面低 30~50mm，以防止雨水流入室内，并以 1%~2% 的坡度坡向排水口。阳台排水有外排水和内排水两种。在自建小别墅中一般采用的是外排水。外排水是在阳台外侧设置溢水管将水排出，溢水管为镀锌铁管或塑料管水舌，外挑长度不少于 80mm，以防雨水溅到下层阳台，如图 5-35 所示。

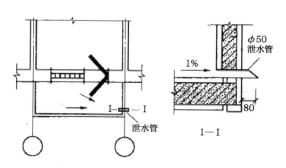

图 5-35　阳台排水构造示意

（2）阳台保温

阳台保温是提高室内保温效能的一种有效措施。阳台保温的主要措施就是阳台的封闭。为便于热天通风排气，封闭阳台应设一定数量的可开启窗户。封闭阳台的栏板应砌筑成实体式，高度可按窗台处理。

封闭阳台的材料现在多为铝合金或塑料型材，有的也采用木材做封闭框。玻璃多为厚的浮法玻璃，有条件的地区还多采用中空玻璃。

四、后浇带施工

后浇带是在建筑施工中为防止现浇钢筋混凝土结构由于自身收缩不均或沉降不均可能产生的有害裂缝，按照设计或施工规范要求，在基础底板、墙、梁相应位置留设的临时施工缝（图5-36）。

图 5-36　板的后浇带施工现场

1. 后浇带施工工序

具体施工工序如图 5-37 所示。

后浇带两侧混凝土处理	●楼板板底及立墙后浇带两侧混凝土与新鲜混凝土接触的表面，用匀石机按弹线切出剔凿范围及深度，剔除松散石子和浮浆，露出密实混凝土，并用水冲洗干净
后浇带混凝土浇筑	●清除钢筋上的污垢及锈蚀，然后将后浇带内的积水及杂物清理干净，支设模板
后浇带混凝土浇筑	●后浇带混凝土施工时间应按设计要求确定，当设计无要求时，应在其两侧混凝土龄期达到 42d 后再施工，但高层建筑的沉降后浇带应在结构顶板浇筑混凝土 14d 后进行。后浇带浇灌混凝土前，在混凝土表面涂刷水泥净浆或铺与混凝土同强度等级的水泥砂浆，并及时浇灌混凝土 ●混凝土浇灌时，避免直接靠近缝边下料。机械振捣宜自中央向后浇带接缝处逐渐推进，并在距缝边 80~100mm 处停止振捣，然后辅助人工捣实，使其紧密结合
混凝土养护	●后浇带混凝土浇筑后 8~12h 以内根据具体情况采用浇水或覆盖塑料薄膜法养护。后浇带混凝土的保湿养护时间应不少于 28d

图 5-37　后浇带施工工序

2. 后浇带质量监控

① 结构主体施工时，在后浇带两侧应采取防护措施，防止破坏防水层、钢筋及泥浆灌

入底板后浇带。底板及顶板后浇带均应在混凝土浇筑完成后的养护期间内，及时用单皮砖挡墙（或砂浆围堰）及多层板加盖保护，防止泥浆及后续施工对后浇带接缝处产生污染。

② 后浇带混凝土施工前，后浇带部位和外贴式止水带（根据设计或施工方案要求选用）应予以保护，严防落入杂物和损伤外贴式止水带。

③ 剔凿、清理后浇带混凝土时，应避免损坏原有预埋管线和钢筋。

④ 对于梁、板后浇带应支顶严密，避免新浇筑混凝土污染原成型混凝土底面。

五、施工缝施工

受到施工工艺的限制，或者是按施工计划中断施工而形成的接缝称为施工缝。由于混凝土结构为分层浇筑，在本层混凝土与上一层混凝土之间形成的缝隙就是最常见的施工缝。所以施工缝并不是真正意义上的"缝"，它只是因后浇筑的混凝土超过初凝时间，而与先浇筑的混凝土之间存在一个结合面。施工缝通常用止水带、遇水膨胀止水条、止水胶、水泥基渗透结晶型防水涂料（表面涂刷）和预埋注浆管这些处理方法进行防水处理。施工缝防水处理的方法主要根据不同的防水设防等级和施工部位而定，一般设计都有具体的规定，如果设计没有要求，可以参考表 5-17 选用。

表 5-17　施工缝防水处理方法

防水等级	水平施工缝	垂直施工缝	备注
一级设防	止水带 + 注浆管	止水胶（条）+ 水泥基渗透结晶型防水涂料	高等级防水要求，一般联合使用
二级设防	止水带	止水胶（条）	单一方法即可

地下围护结构采用现浇混凝土时，必然留有施工缝，而施工缝是混凝土结构防水的薄弱部位，如果处理不当，极易产生漏水。根据混凝土施工的特性，在现场施工过程中，一般都预留水平施工缝。

① 墙体水平施工缝应留设在高出底板表面不小于 300mm 的墙体上。拱、板与墙结合的水平施工缝宜留在拱、板与墙交接处以下 150~300mm 处；垂直施工缝要避开地下水和裂隙水较多的地段，并最好与变形缝相结合。

② 在施工缝处继续浇筑混凝土时，已经浇筑的混凝土抗压强度不应小于 1.2MPa。

③ 水平施工缝浇筑混凝土前，应将其表面浮浆和杂物清除，然后铺设净浆、涂刷混凝土界面处理剂或水泥基渗透结晶型防水涂料，再铺 30~50mm 厚的 1：1 水泥砂浆，并及时浇筑混凝土。

④ 垂直施工缝浇筑混凝土之前，应将其表面清理干净，再涂刷混凝土界面处理剂或水泥基渗透结晶型防水涂料，并及时浇筑混凝土。

⑤ 中埋式止水带及外贴式止水带埋设位置要准确，固定要牢靠。

⑥ 遇水膨胀止水条应具有缓膨胀性能；止水条与施工缝基面应密贴，中间不得有空鼓、脱离等现象；止水条应牢固地安装在施工缝表面或预留凹槽内；止水条采用搭接连接时，搭接宽度不得小于 30mm。

⑦ 遇水膨胀止水胶应采用专用注胶器挤出并黏结在施工缝表面，做到连续、均匀、饱满，无气泡和孔洞，挤出宽度及厚度应符合设计要求。止水胶挤出成形后，固化期内应采取临时保护措施；止水胶固化前不得浇筑混凝土。

⑧ 预埋注浆管应设置在施工缝断面中部（图 5-38），注浆管与施工缝基面应密贴并固定牢靠，固定间距宜为 200~300mm（图 5-39）；注浆导管与注浆管的连接应牢固、严密，注浆导管埋入混凝土内的部分应与结构钢筋绑扎牢固，注浆导管的末端应临时封堵严密。

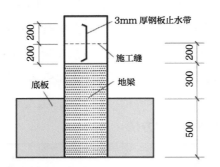

图 5-38　水平施工缝留位设置示意

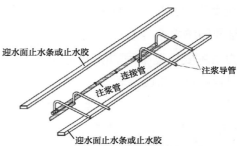

图 5-39　注浆管设置方法

六、混凝土构造常见缺陷的处理方法

由于气候、原料、操作等各方面的原因，混凝土施工过程中稍不注意就会出现一些质量事故。由于钢筋混凝土工程属于不可逆的施工，一旦出现质量问题，处理起来非常费时费力，甚至必须拆除重新浇筑。因此，在自建小别墅的钢筋混凝土施工过程中，一定要加以小心。

1. 露筋

（1）原因

① 混凝土浇筑振捣时，钢筋保护层垫块移位或垫块太少甚至漏放，钢筋紧贴模板，致使拆模后露筋。

② 钢筋混凝土结构断面小，钢筋过密，如遇大石子卡在钢筋上，混凝土水泥浆不能充满钢筋周围，使钢筋密集处产生露筋。

③ 因配合比不当，混凝土产生离析，浇捣部位缺浆或模板严重漏浆，造成露筋。

④ 混凝土振捣时，振捣棒撞击钢筋，使钢筋移位，造成露筋。

⑤ 混凝土保护层振捣不密实，或木模板湿润不够，混凝土表面失水过多，或拆模过早等，拆模时混凝土缺棱掉角，造成露筋。

（2）预防措施

① 浇筑混凝土前，应检查钢筋位置和保护层厚度是否准确，发现问题及时修整。受力钢筋的混凝土保护层厚度应按规定要求执行。

② 为保证混凝土保护层的厚度，要注意固定好保护层垫块。水平结构构件钢筋的下方每隔 1m 左右，垫一块水泥砂浆垫块或塑料垫块；竖向构件和水平构件钢筋的侧面每隔 1m 左右绑扎一块水泥砂浆垫块，最好使用塑料钢筋保护层卡环；水平结构构件上部的钢筋，在浇筑混凝土时应采取可靠措施，防止人踩和重压，造成保护层过厚或钢筋局部翘起。

③ 钢筋较密集时，应选合适的石子，石子的最大粒径不得超过结构截面最小尺寸的 1/4，同时不得大于钢筋净距的 3/4 结构截面，较小部位或钢筋较密集处可用细石混凝土浇筑。

④ 为防止钢筋移位，严禁振捣棒撞击钢筋。在钢筋密集处，可采用直径较小或带刀片的振捣棒进行振捣。保护层混凝土要振捣密实，振捣棒至模板的距离不应大于振捣器有效作用半径的 1/2。

⑤ 如采用木模板时，在浇筑混凝土前应将木模板充分湿润。模板接缝处用海绵条堵好，防止漏浆。

⑥ 混凝土的自由倾落高度超过 2m（或在竖向结构中超过 3m）时，应采用串筒或溜槽下料，防止混凝土离析。

⑦ 拆模时间要根据试块试验结果正确掌握，防止过早拆模。

2. 蜂窝

（1）原因

① 混凝土砂、石、水泥材料计量不准确，或加水未计量，造成砂浆少、石子多。

② 混凝土搅拌时间短，没有拌和均匀；混凝土和易性差，振捣不密实。

③ 浇筑混凝土下料不当，使石子集中，振不出水泥浆，造成混凝土离析。

④ 混凝土一次下料过多，没有分层浇筑，振捣不实或下料和振捣配合不好，下一层未振捣又下料，因漏振而造成蜂窝。

⑤ 模板缝隙未堵好，或模板支设不牢固，振捣混凝土时模板移位，造成严重漏浆或烂根，形成蜂窝。

（2）预防措施

① 现场搅拌混凝土时，严格按配合比进行计量，雨期施工应勤测砂石含水量，及时调

整砂石用量或用水量。

② 混凝土应拌和至均匀颜色一致，其最短搅拌时间应符合相应标准。

③ 混凝土下料时的自由倾落高度不得超过 2m，超过时应采用串筒或溜槽下料。

④ 在竖向结构中浇筑混凝土时，应采取以下措施。

a. 支模前在模板下口抹 80mm 宽找平层，找平层嵌入柱、墙体不超过 10mm，保证模板下口严密。开始浇筑混凝土时，底部先填 50~100mm 与混凝土成分相同的水泥砂浆。砂浆应用铁锹入模，不得用料斗直接灌入模内，防止局部堆积、厚薄不匀。

b. 竖向结构混凝土应分段、分层浇筑。分段高度不应大于 3.0m，如超过时应采用串筒或溜槽下料，或在模板侧面开设不小于 300mm 高的浇筑口，装上斜溜槽下料和振捣。混凝土浇筑时的分层厚度，应按相应标准规定执行。

c. 振捣混凝土拌和物时，插入式振捣器移动间距不应大于其作用半径的 1.5 倍，对轻骨料混凝土则不应大于 1 倍；振捣器至模板的距离不应大于振捣器有效作用半径的 1/2；为保证上下层混凝土结合良好，振捣棒应插入下层混凝土 50mm；平板振动器搭接不小于平板部分的 1/4。

3. 孔洞

（1）原因

① 在钢筋密集处或预留孔洞和埋件处，混凝土浇筑不畅通，不能充满模板而形成孔洞。

② 未按顺序振捣混凝土，产生漏振。

③ 混凝土离析，砂浆分离，石子成堆，或严重跑浆，形成特大蜂窝。

④ 按施工顺序和施工工艺认真操作而造成孔洞。

⑤ 一次下料过多，下部因振捣器振动作用达不到，形成松散状态，以致出现蜂窝和孔洞。

（2）预防措施

① 在钢筋密集处，如柱梁及主次梁交叉处浇筑混凝土时，可采用细石混凝土浇筑，使混凝土充满模板，并认真振捣密实。机械振捣有困难时，可采用人工配合振捣。

② 预留孔洞和埋件处两侧应同时下料，孔洞和埋件较大时，在下部模板的上口开设振捣口或出气孔，振捣时应待振捣口或出气孔处全部充满或充分冒浆为止；较大的预埋管下侧混凝土浇筑时，从管两侧同时下料，先浇管中心以下部分，然后两侧同时振捣，充分冒浆后再浇筑其上部混凝土。

③ 混凝土振捣时应采用正确的方法，严防漏振。

插入式振捣器应采用垂直振捣方法，即振捣棒与混凝土表面垂直或斜向振捣，振捣棒与混凝土表面成一定角度（40°~45°）。

振捣器插点应均匀排列，可采用行列式或交错式（图5-40）顺序移动，不应混用，以免漏振。每次移动距离不应大于振捣棒作用半径的1.5倍。一般振捣棒的作用半径为300~400mm。振捣器操作时应快插慢拔。

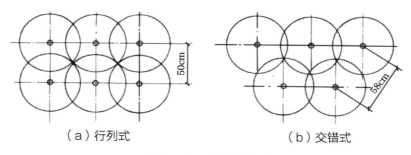

（a）行列式　　　　　　　　　（b）交错式

图5-40　插点排列

4. 夹渣

（1）原因

① 在浇筑混凝土前没有认真处理施工缝表面；浇筑时捣实不够。

② 浇筑钢筋混凝土时，分层分段施工，在施工停歇期间常有木屑、锯末等杂物（在冬期可能有积雪、冰块）积存在混凝土表面，未认真检查清理，再次浇筑混凝土时混入混凝土内，在施工缝处造成杂物夹层。

③ 浇筑混凝土柱头时，因柱子施工缝停留时间较长，易掉进杂物，浇筑上层柱时，又未认真检查清理，以致施工缝处夹在杂物。

（2）预防措施

① 在浇筑柱、梁、楼板、墙及类似结构混凝土时，如间歇时间超过规定要求，应按施工缝处理。

② 对混凝土进行二次振捣，可以提高接缝的强度和密实度。在大体积混凝土施工中，可以在先浇筑的混凝土终凝前（初凝前后）进行二次振捣，然后浇筑上层混凝土。

③ 在已硬化的混凝土表面上继续浇筑混凝土前，应清除掉进的杂物、表面水泥薄膜和松动的石子或软弱混凝土层，并充分湿润和冲洗干净，残留在混凝土表面的水应予清除。

④ 在浇筑混凝土前，施工缝宜先铺或抹与混凝土成分相同的水泥砂浆。

5. 疏松

（1）原因

① 由于一次浇筑层太厚，振捣不密实或漏振，造成混凝土疏松。

② 混凝土搅拌不均匀，造成局部混凝土水泥或水泥浆少，混凝土强度不足。

③ 模板加固不牢或拼缝不严，混凝土严重漏浆，造成混凝土疏松。

（2）预防措施

① 混凝土浇筑应严格按规定分层分段施工，混凝土振捣按"孔洞"预防措施中的有关规定执行。

② 混凝土现场搅拌应严格控制质量，保证搅拌时间，在浇筑过程中如发现混凝土有离析和不均匀的应停止浇筑，将不符合要求的混凝土退回重新搅拌。

③ 模板加固应合格，以防浇筑混凝土时跑模；在浇筑混凝土前应对模板进行检查，接缝不严的应采取措施堵塞缝隙后，再浇筑混凝土。

6. 裂缝

（1）原因

① 混凝土表面塑性收缩裂缝　混凝土浇筑后，表面没有及时覆盖而导致开裂；使用收缩率较大的水泥，水泥用量过多，或使用过量的粉细砂，或混凝土水灰比过大；模板、垫层过于干燥，吸水大等。

混凝土浇筑振捣后，粗骨料下沉，挤出水分和空气，表面呈现泌水，而形成竖向体积缩小沉落，这种沉落受到钢筋、预埋件、大的粗骨料局部阻碍或约束，造成沿钢筋上表面通长方向或箍筋上断续裂缝；混凝土上表面砂浆层过厚，它比下层混凝土收缩性大，水分蒸发后，产生凝缩裂缝。

② 温度裂缝

a. 表面温度裂缝　混凝土结构特别是大体积混凝土浇筑后，在硬化期间水泥放出大量水化热，内部温度不断上升，使混凝土表面和内部温差较大。当表面产生非均匀的降温时（如施工中过早拆除模板，冬期施工过早撤除保温，或寒流袭击温度突然骤降等），将导致混凝土表面急剧的温度变化而产生较大的降温收缩，表面混凝土受到内部混凝土和钢筋的约束，将产生很大的拉应力，而混凝土早期抗拉强度很低，因而出现裂缝。

b. 贯穿性温度裂缝　当墙体浇筑在坚硬的地基下或厚大的旧混凝土垫层上，没有采取隔离等放松约束的措施，如混凝土浇筑时温度很高，加上水泥水化热的温升很大，使混凝土的温度很高，当混凝土降温收缩时，全部或部分地受到地基、混凝土垫层或其他外部结构的约束，将会在混凝土内部出现很大的拉应力，产生降温收缩裂缝。这类裂缝较深，有时是贯穿性的；较薄的板类构件或细长结构件，由于温度变化，也会产生贯穿性的温度和收缩裂缝。

（2）预防措施

① 配制混凝土时，应严格控制水灰比和水泥用量，选择级配良好的石子，减小空隙率和砂率；在浇筑混凝土时，要捣固密实，以减少混凝土的收缩量，提高混凝土的抗裂性能。

② 浇筑混凝土前，将基层和模板浇水湿透，避免吸收混凝土中的水分。

③ 混凝土浇筑后，对表面应及时覆盖和保湿养护。

④ 混凝土表面如砂浆层过厚，应与刮除；如表面出现泌水应排除后再压面。

⑤ 炎热天气施工大体积混凝土时应采取措施降低原材料的温度，或用加冰的水进行拌制，以降低混凝土拌和物的入模温度；浇筑时，采用分层浇筑和二次振捣，以加快热量的散发和提高混凝土的密实度。

⑥ 加强早期养护，提高混凝土的抗拉强度。混凝土浇筑后，应尽快用塑料薄膜和草袋覆盖养护；冬期施工应采取保湿保温养护，即先在混凝土表面铺一层塑料薄膜，然后用草袋（层数根据气温确定，一般不少于两层）覆盖养护。

7. 过大尺寸偏差

（1）原因

出现尺寸偏差过大，主要就是在测量放线的时候，精度不够；在施工过程中，对于竖向建筑的垂直度控制不准确；预埋件中心线位置及标准的控制不准确。现浇混凝土结构尺寸允许偏差应符合表 5-18 的规定。

表 5-18　现浇混凝土结构尺寸允许偏差

项　　目		允许偏差 /mm
轴线位置	基础	15
	独立基础	10
	墙、柱、梁	8
	剪力墙	5
垂直度	层高 ≤ 5m	8
	层高 > 5m	10
	全高（H）	H/1000 且 ≤ 30
标高	层高	±10
	全高	±30
截面尺寸		＋8，－5
表面平整度		8
预埋设施中心线位置	预埋件	10
	预埋螺栓	5
	预埋管	5
预留洞中心线位置		15

注：检查轴线、中心线位置，应沿纵、横两个方向量测，并取其中的较大值。

（2）预防措施

① 轴线位置和标高的偏差　在工程施工前，在建筑物相互垂直的两个主轴线方向，建立轴向控制线。中间轴线的丈量，始终以两侧控制轴线为依据，防止误差积累；每次丈量，从两端各量测至少一次，取其平均值作为中间轴线的位置。使用钢尺进行尺寸丈量，要始终使用同一把钢尺。

施工前，在建筑物附近至少设置三个标准水准点，并使每个端点至少与其他一点能够通视，中间点至少能与相邻的两点通视，以便能够形成闭合复核线路。在施工期间应对标准水准点进行保护，防止碰撞、碾压和振动，并应定期进行复测检查。

建筑物标高的传递采用吊钢尺引测法，引测应始终使用同一把钢尺，并始终从首层同一标高点引测，以防止误差积累。

② 竖向结构构件偏差　每层模板支设后，建筑物的外大角和其他竖向构件应用吊线锤进行检查，发现问题及时修整加固；浇筑混凝土时应尽量做到对称下料，以防止模板受力不匀，出现倾斜；混凝土浇筑完毕后，在混凝土凝固前进行检查，如发现有跑模、变形或倾斜立即进行处理。

③ 预埋件（包括预埋螺栓、预埋管、预留洞）的偏差

a. 模板支设时应加强复核，保证其位置和标高的正确。

b. 采取可靠的固定措施，防止浇筑混凝土时移位或上浮或下沉。

c. 混凝土浇筑时应在两侧对称下料，振捣时严禁直接振动预埋件。

d. 施工过程中加强中间检查，发现移位应及时修正。

e. 施工后，在混凝土凝固前进行检查，发现问题及时进行处理。

第六章
自建小别墅墙体砌筑

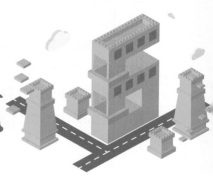

第一节 砂浆配制

砌筑砂浆宜采用水泥砂浆和水泥混合砂浆。水泥砂浆是由水泥、细骨料和水配制而成的砂浆；水泥混合砂浆是由水泥、细骨料、掺合料和水配制而成的砂浆。

一、砂浆材料

1. 水泥

砌筑用水泥对品种、强度等级没有限制，但是在使用水泥时，应主要注意水泥的品种、性能和适用范围。一般来讲，宜选用普通硅酸盐水泥和矿渣硅酸盐水泥。当为水泥砂浆时，选用水泥的强度等级不宜大于 32.5；若为混合砂浆，选用水泥的强度等级不宜大于 42.5。不同品种、不同的强度级别和不同生产厂家的水泥不得混合使用。并且，严禁将已结硬的水泥重新破碎过筛后进行使用。

2. 砂

在各种建筑砂浆中，砂是细骨料，它与水泥混合后，会形成界面水泥砂浆层，而且还能降低水泥的水化热，在砂浆中能起到一定的润滑作用。根据施工经验和砂的特性，在配制砂浆时，砂的颗粒越细，水泥的用量就越多，并且在应用时砂浆的流动性差，还不容易摊铺。因此在配制砂浆时，就要采用颗粒比较粗的砂，这样，无论是砌筑砂浆还是粉刷砂浆，砂浆的性能容易保证，不但容易操作，而且还能保证施工质量。

3. 石灰

目前市面上有把生石灰块直接通过球磨机加工成细粉，即磨细生石灰粉。这种生石灰粉在强度上比消石灰粉高，它可直接用于拌制砌筑砂浆，但是不能直接作为粉刷砂浆的胶合料。如要把磨细的生石灰粉作为粉刷砂浆的胶合料，必须用水浸泡，熟化时间不得少于 1d。

在将生石灰熟化成消石灰时，则应一次性把水注透，不得在其体积膨胀后再向生石灰堆内注水，这时不但起不到应有的作用，还会影响生石灰的消化。外加剂已经成为配制建筑砂浆不可缺少的一种材料。在砌筑砂浆中起改善砂浆性能作用的，一般有塑化剂、抗冻剂、防水剂等。此外，为了提高砂浆的稠度，还常常掺加微沫剂。

4. 粉煤灰

目前粉煤灰的应用越来越广泛，因为粉煤灰是一种球状的结晶体，并具有一定的活性，因此能起到节省水泥的作用。一般情况下，取代水泥率不得大于 40%，砂浆中取代石灰膏率不得大于 50%。

二、砂浆配制指标

配制砂浆时，一方面根据所需砂浆的强度等级；另一方面还应结合砌体的种类，也就是所用的砌体材料。

在建筑施工中，由于砂浆层较薄，对砂的粒径应有限制，其指标如表 6-1 所示。

表 6-1　砂浆配制用砂指标

名称	用砂规格	最大粒径
砖砌体砂浆	中砂	2.5mm
毛石砌体砂浆	粗砂	小于砂浆层厚度的 1/5~1/4
光滑表面的抹灰砂浆	细砂	1.2mm
勾缝砂浆	细砂	1.2mm

对于砂浆的稠度，也就是砂浆的流动性，或者是操作性，根据不同的砌筑材料其标准也是不同的，详见表 6-2 。

表 6-2　砂浆稠度标准

砌筑材料	稠度 /mm
烧结普通砖	70~90
烧结多孔砖、空心砖砌体	60~80
石砌体	30~50
混凝土小型空心砌块	50~70

三、砂浆拌制

在自建小别墅施工中，很多地方都是人工拌制砂浆，拌制出来的砂浆不均匀性及其流动性较差，并且劳动强度大，污染严重。为了保障砂浆质量，应该采用机械拌制。

1. 搅拌时间

搅拌时间是砂浆均匀性和流动性的保证条件。如果搅拌时间短，拌合物混合不均匀，砂浆强度难以保证；搅拌时间过长，材料则会产生离析，对流动性则会产生影响。一般情况下，自投料结束的时间算起，搅拌时间应符合下列规定：

① 水泥砂浆和水泥混合砂浆，搅拌时间不得少于 2min；

② 水泥粉煤灰砂浆和掺有外加剂的砂浆，搅拌时间不得少于 3min；

③ 掺和有机塑化剂的砂浆，搅拌时间为 4min 左右。

2. 拌制方法

① 拌制水泥砂浆时，应先将砂与水泥干拌均匀，再加水拌和均匀。当采用人工拌制时，水泥应投放在砂堆上，然后用铁锹翻拌四遍，达到颜色一致时（基本上见不到砂颜色）再加水湿拌均匀。

② 拌制混合砂浆时，应先将水泥和砂干拌均匀后，再加入石灰膏和水拌和均匀。当使用的掺合料是生石灰粉或者是粉煤灰时，则同水泥、砂一起干拌均匀，然后加水拌匀。

③ 掺用外加剂时，必须将外加剂按规定的比例或浓度溶解于水中，在拌和水时投入外加剂溶液。外加剂不得直接投入拌制的混合物中。

④ 当采用螺旋式砂浆搅拌机时，必须先将各种材料混拌均匀后加水渗透，然后将湿料投入搅拌机中。不得将未混合的材料分别投入螺旋搅拌机。

第二节　墙体砌筑施工

砌筑工程又叫砌体工程，是指在建筑工程中使用砖石或者砌块等材料进行砌筑的工程。砌筑好的墙体有限定、围合空间的作用。

一、砖墙砌筑

在自建小别墅的施工中，无论是砖混还是框架，砖墙的应用都是非常广泛的，从基础、填充墙、隔墙等，都有用到。砖墙砌筑质量的好坏，会直接影响到后期装饰装修的效果。

1. 砌筑形式

砖墙在砌筑时，要求砌块上下错缝，内外搭接，以保证砌体的整体性。通常采用全顺、一顺一丁、梅花丁、三顺一丁、三七缝等砌筑形式。

（1）全顺砌法

全顺砌法又称条砌法，即每皮砖全部用顺砖砌筑而成，且上下皮间的竖缝相互错开1/2砖的长度，仅适合于半砖墙（120mm）的砌筑，如图6-1所示。

（2）一顺一丁砌法

一顺一丁砌法又称满条砌法，即一皮砖全部为顺砖与一皮全部为丁砖相间隔的砌筑方法，上下皮间的竖缝均应相互错开1/4砖的长度，是常见的一种砌砖方法，如图6-2所示。

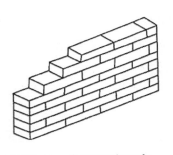 

图6-1　全顺砌法示意　　　图6-2　一顺一丁砌法示意

一顺一丁砌法按砖缝形式的不同分为"十字缝"和"骑马缝"。十字缝的构造特点是上下层的顺向砖对齐，见图6-3。骑马缝的构造特点是上下层的顺向砖相互错开半砖，见图6-4。

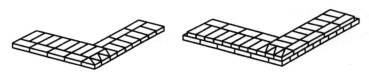

图6-3　十字缝砌筑常见形式

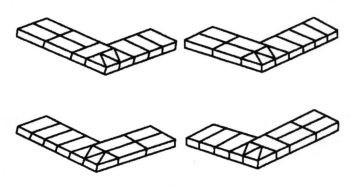

图6-4　骑马缝砌筑常见形式

（3）梅花丁砌法

梅花丁砌法是一面墙的每一皮中均采用丁砖与顺砖左右间隔的方式砌成。上下相邻层间上皮丁砖坐中于下皮顺砖，上下皮间竖缝相互错开 1/4 砖长，如图 6-5 所示。梅花丁砌法是常用的一种砌筑方法，并且最适于砌筑一砖墙或一砖半墙。当砖的规格偏差较大时，采用梅花丁砌法可保证墙面的整齐性。

（4）三顺一丁砌法

三顺一丁砌法是一面墙的连续三皮中全部采用顺砖与另一皮全为丁砖上下相间隔的砌筑方法，上下相邻两皮顺砖竖缝错开 1/2 砖长，顺砖与丁砖间竖缝错开 1/4 砖长，如图 6-6 所示。

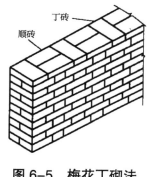

图 6-5　梅花丁砌法　　　　图 6-6　三顺一丁砌法

（5）三七缝砌法

三七缝砌法，是每皮砖内排 3 块顺砖后再排 1 块丁砖。在每皮砖内部就有 1 块丁砖拉结，且丁砖只占 1/7，如图 6-7 所示。

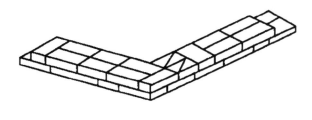

图 6-7　三七缝砌法

2. 砌筑手法

砌筑砖墙的操作工艺因地而异。目前常用的有"三一"砌筑法、铺浆法、满刀灰法和刮浆法等。

（1）"三一"砌筑法

"三一"砌筑法就是"一块砖、一铲灰、一挤揉"，并随手用瓦刀或大铲尖将挤出墙面的灰浆收起。这种砌法的优点是灰浆饱满，黏结力强，墙面整洁，是当前应用最广的砌砖方法之一。

（2）铺浆法

铺浆法也称挤浆法，是先将砂浆倾倒在墙顶面上，随即用大铲或刮尺将砂浆推刮铺平，但每次铺刮长度不应大于 750mm；当气温高于 30℃时，长度不应超过 500mm。当砂浆推平后，将砖挤入砂浆层内一定深度和所在位置，放平砖并达到上限线、下齐边，横平竖直，如图 6-8 所示是常见的单手铺浆法。

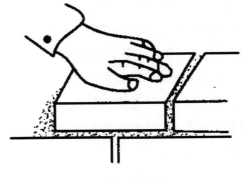

图 6-8　单手铺浆法

（3）满刀灰法

满刀灰法多用于空心墙、砖拱、窗台等部位的砌筑。这时，应用瓦刀先抄适量的砂浆，将其抹在左手拿着的普通砖需要黏结的砖面上，随后将砖黏结在应砌的位置上。

（4）刮浆法

多用于多孔砖和空心砖。由于砖的规格或厚度较大，竖缝较高，这时，竖缝砂浆不容易被填满，因此，必须在竖缝的墙面上刮一层砂浆后，再砌砖。

在砌筑过程中，必须注意做到"上跟线、下跟棱、左右相邻要对平"。"上跟线"是指砖的上棱必须紧跟准线。一般情况下，上棱与准线相距约 1mm。因为准线略高于砖棱，能保证准线水平颤动，出现拱线时容易发现，从而保证砌筑质量。"下跟棱"是指砖的下棱必须与下皮砖的上棱平齐，保证砖墙的立面垂直平整。"左右相邻要对平"是指砖的前后、左右的位置要准确，砖面要平整。

砖墙砌筑到一步架高时，要用靠尺全面检查一下垂直度、平整度。因为它是保证墙面垂直平整的关键。在砌筑过程中，一般应是"三层一吊，五层一靠"，即砌三皮砖时用线坠吊一吊墙角的垂直情况，砌五皮砖时用靠尺靠一靠墙面的平整情况。同时，要注意隔层的砖缝要对直，相邻的上下层砖缝要错开，防止出现"游丁走缝"的现象。

3. 砖墙砌筑施工

（1）砖墙砌筑要求

① 砌筑前，应将砌筑部位清理干净，放出墙身中心线及边线，砖应提前 1~2d 浇水湿润。

② 砌筑时，在砖墙的转角处及交接处立起皮数杆（皮数杆间距不超过 15m，如过长应在中间加立），在皮数杆之间拉准线，依准线逐皮砌筑，其中第一皮砖按墙身边线砌筑。

③ 当采用铺浆法砌筑时，铺浆长度不得超过 750mm；施工期间气温超过 30℃时，铺浆长度不得超过 500mm。

④ 240mm 厚承重墙的每层墙的最上一皮砖，砖砌体的阶台水平面上及挑出层，应整砖丁砌。

⑤ 施工时，施砌的蒸压（养）砖的产品龄期不应小于 28d，砖墙每天砌筑高度以不超过 1.8m 为宜。

⑥ 竖向灰缝不得出现透明缝、瞎缝和假缝。

⑦ 临时间断处补砌时，必须将接槎处表面清理干净，浇水湿润，并填实砂浆，保持灰缝平直。

（2）砌筑砖墙施工流程

砌筑砖墙施工流程如图 6-9 所示。

立皮数杆	●在垫层转角处、交接处及高低处立好基础皮数杆。皮数杆要进行抄平，使杆上所示标高与设计标高一致
润湿基层	●砖基础砌筑前，提前 1 ~ 2d 浇水湿润，不得随浇随砌。对烧结普通砖、多孔砖含水率宜为 10% ~ 15%；对灰砂砖、粉煤灰砖含水率宜为 8% ~ 12%。现场检验砖含水率的简易方法采用断砖法，当砖截面四周渗水深度为 15 ~ 20mm 时，视为符合要求的适宜含水率
排砖撂底	●砌体一般采用一顺一丁、梅花丁或三顺一丁砌法 ●外墙第一层砖撂底时，两山墙排丁砖，前后檐纵墙排条砖。根据弹好的门窗洞口位置线，认真核对窗间墙、垛尺寸及位置是否符合排砖模数，如不符合模数，可在征得设计人员同意的条件下将门窗的位置左右移动，使之符合排砖的要求。若有非整砖，七分头或丁砖应排在窗口中间、附墙垛或其他不明显的部位。移动门窗口位置时，应注意暖卫立管安装及门窗开启时不受影响。另外，排砖还要考虑在门窗口上边的砖墙合拢时也不出现非整砖
盘角	●砌砖前应先盘角，每次盘角不要超过五层。新盘的大角，及时进行吊、靠，如有偏差要及时修整。盘角时要仔细对照皮数杆的砖层和标高，控制好灰缝大小，使水平灰缝均匀一致。大角盘好后再复查一次，平整度和垂直度完全符合要求后，再挂线砌墙
挂线	●砌筑一砖半墙必须双面挂线，如果为长墙，几个人均使用一根通线，中间应设几个小支点，小线要拉紧，每层砖都要穿线看平，使水平缝均匀一致，平直通顺；砌一砖厚混水墙时宜采用外手挂线

图 6-9

砌筑

- 砖墙的转角处，每皮砖的外角都应加砌七分头砖。当采用一顺一丁砌筑形式时，七分头砖的顺面方向依次砌顺砖，丁面方向依次砌丁砖，如图6-10所示
- 砖墙的丁字交接处，横墙的端头皮加砌七分头砖，纵横隔皮砌通。当采用一顺一丁砌筑形式时，七分头砖丁面方向依次砌丁砖，如图6-11所示
- 砖墙的十字交接处，应隔皮纵横墙砌通，交接处内角的竖缝应上下相互错开1/4砖长，如图6-12所示
- 宽度小于1m的窗间墙，应选用整砖砌筑，半砖和破损的砖应分散使用在受力较小的砖墙，小于1/4砖块体积的碎砖不能使用
- 当采用铺浆法砌筑时，铺浆长度不得超过750mm；施工期间气温超过30℃时，铺浆长度不得超过500mm

留槎

- 外墙转角处应同时砌筑，隔墙与承重墙不能同时砌筑又留成斜槎时，可于承重墙中引出凸槎，并在承重墙的水平灰缝中预埋拉接筋，其构造应符合要求

图6-9 砌筑砖墙施工流程

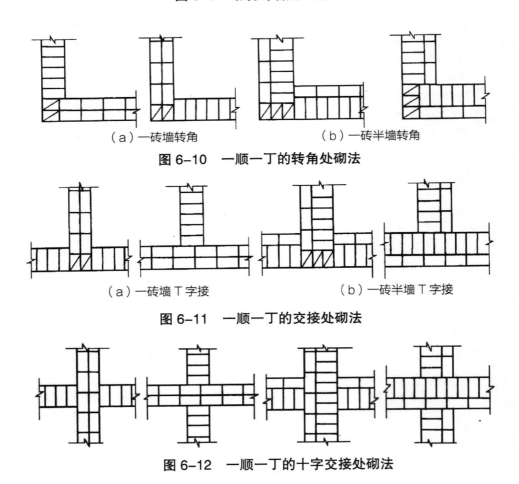

（a）一砖墙转角　　　　　　（b）一砖半墙转角

图6-10 一顺一丁的转角处砌法

（a）一砖墙T字接　　　　　　（b）一砖半墙T字接

图6-11 一顺一丁的交接处砌法

图6-12 一顺一丁的十字交接处砌法

（3）多孔墙施工要点

① 砌筑时应试摆。多孔砖的孔洞应垂直于受压面。

② 砌多孔砖宜采用"三一"砌筑法，竖缝宜采用刮浆法。

③ 多孔砖墙的转角处和交接处应同时砌筑，不能同时砌筑又必须留置的临时间断处应砌成斜槎。对于代号为"M"的多孔砖，斜槎长度应不小于斜槎高度；对于代号为"P"的多孔砖，斜槎长度应不小于斜槎高度的 2/3，如图 6-13 所示。

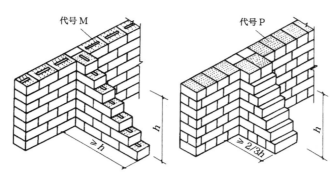

图 6-13　多孔砖斜槎
h—斜槎高度

④ 门窗洞口的预埋木砖、铁件等应采用与多孔砖截面一致的规格。

⑤ 多孔砖墙中不够整块多孔砖的部位，应用烧结普通砖来补砌，不得用砍过的多孔砖填补。

⑥ 方形多孔砖墙的转角处，应加砌配砖（半砖），配砖位于砖墙外角。

（4）空心墙施工要点

空心墙是指由多孔砖、空心砖或普通黏土砖砌筑而成的具有空腔的墙体。此种墙体在不少地区的住宅建筑中应用很广泛，如图 6-14 所示。在下列情况时，不得采用空心墙结构：

① 地震烈度为 6 度或 6 度以上的地区；

② 地质松软、可能引起住宅不均匀沉降的地区；

③ 门窗洞口面积超过墙体面积 50% 以上时。

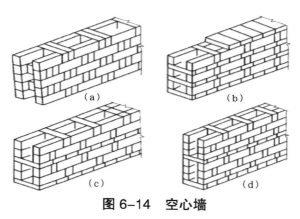

图 6-14　空心墙

这种墙体与相同厚度的实体墙相比，可以节省砖 30% 左右。需要注意的是，在这种构造中，墙角、洞口和楼层板的位置应该采用实体砌筑，构造如图 6-15 所示。

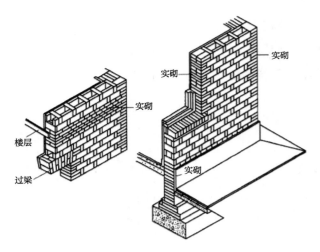

图 6-15　空心墙实体砌筑部位

空心墙有一眠一斗、一眠二斗、一眠多斗等砌筑方法。凡是垂直于墙面的平砌砖都称为眠砖，垂直于墙面的侧砌砖称为丁砖，大面向外平行于墙面的侧砌砖称为斗砖。在砌筑空心墙时，所有的斗砖或眠砖上下皮均要将缝错开，每间隔一斗砖时，必须砌 1~2 块丁砖，墙面严禁有竖向通缝。

砌空心墙时，必须要双面挂线。如果一面墙有多个人同时使用一根通线施工时，中间应设多个支点，小线要拉紧，使水平灰缝均匀一致，平直通顺。空心墙宜采用满刀灰砌法。在有眠空心墙中，眠砖层与丁砖接触处，除两端外，其余部分不应填塞砂浆，如图 6-16 所示。

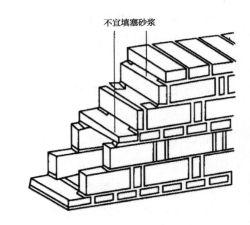

图 6-16　一眠二斗空心墙不宜填塞砂浆的部位

小贴士

在砌筑空斗砖墙时，下列部位应砌成实砌体和用实心砖砌筑：①墙的转角处和交接处；②室内地坪以下的所有砌体，室内地坪和楼板面上 3 皮砖部分；③三层房屋外墙底层窗台标高以下部分；④圈梁、楼板、檩条和搁栅等支承面下的 2~4 皮砖的通长部分；⑤梁和屋架支承处按设计要求的实砌部分；⑥壁柱和洞口两侧 240mm 的范围内；⑦屋檐和山墙压顶下的 2 皮砖部分；⑧楼梯间的墙、防火墙、挑檐以及烟道和管道较多的墙；⑨做填充墙时，与框架拉结钢筋的连接处、预埋件处；⑩门窗过梁支撑处。

空心墙转角处的砌法如图 6-17 所示。

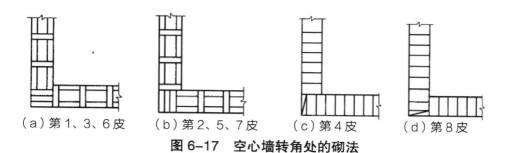

（a）第1、3、6皮　　（b）第2、5、7皮　　（c）第4皮　　（d）第8皮

图 6-17　空心墙转角处的砌法

砌筑空心墙附砖垛时，必须使砖垛与墙体每皮砖相互搭接，并在砖垛处将空心墙砌成实心砌体，如图 6-18 所示。

（a）第1、5皮　　　　（b）第2、4、7皮　　　　（c）第3、6、8皮

图 6-18　空心墙丁字交接处砌法

（5）砖柱和砖垛施工

砖柱和砖垛在农村的房屋建筑中广泛应用。如果砖柱承受的荷载较大时，可在水平灰缝中配置钢筋网片，或采用配筋结合柱体，在柱顶端做混凝土垫块，使集中荷载均匀地传递到砖柱断面上（图 6-19）。

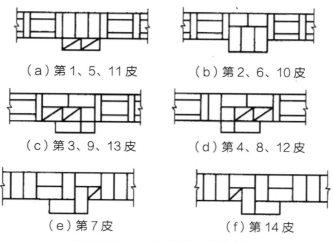

（a）第1、5、11皮　　　　（b）第2、6、10皮

（c）第3、9、13皮　　　　（d）第4、8、12皮

（e）第7皮　　　　（f）第14皮

图 6-19　空心墙附有砖垛的砌法

① 砌筑前应在柱的位置近旁立皮数杆。成排同断面的砖柱，可仅在两端的砖柱近旁立皮数杆。

② 砖柱的各皮高低按皮数杆上皮数线砌筑。成排砖柱可先砌两端的砖柱，然后逐皮拉通线，依通线砌筑中间部分的砖柱。

③ 柱面上下皮竖缝应相互错开 1/4 砖长以上。柱心无通缝。严禁采用包心砌法，即先砌四周后填心的砌法，如图 6-20 所示。

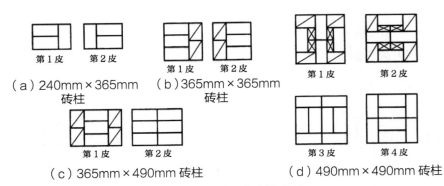

图 6-20　矩形砖柱砌法

④砖垛砌筑时，墙与垛应同时砌筑，不能先砌墙后砌垛或先砌垛后砌墙，其他砌筑要点与砖墙、砖柱相同。如图 6-21 所示为一砖墙附有不同尺寸砖垛的分皮砌法。

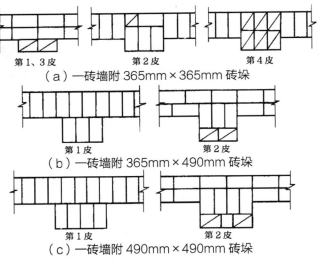

图 6-21　一砖墙附有不同尺寸砖垛的分皮砌法

⑤ 砖垛应隔皮与砖墙搭砌，搭砌长度应不小于 1/4 砖长，砖垛外表上下皮垂直灰缝应相互错开 1/2 砖长。

（6）砖墙留槎

在自建小别墅墙体的施工中，在很多情况下，房屋中的所有墙体不可能同时同步砌筑。

这样，就会产生如何接着施工的问题，即留槎的问题。根据技术规定和防震要求，留槎必须符合下述要求。

① 砖墙的交接处不能同时砌筑时，应砌成斜槎，俗称"踏步槎"，斜槎的长度不应小于高度的 2/3，如图 6-22 所示。

② 必须留置的临时间断处不能留斜槎时，除转角处外，可留直槎，但直槎必须做成凸槎，并应加设拉结钢筋。拉结钢筋的数量为每 120mm 墙厚放置 1 根直径 6mm 的钢筋，间距沿墙高不得超过 500mm。钢筋埋入的长度从墙的留槎处算起，每边均不应小于 1000mm，末端应有 90° 弯钩，如图 6-23 所示。

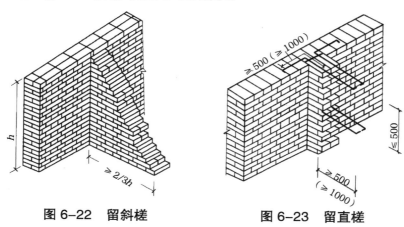

图 6-22　留斜槎　　　　　　　图 6-23　留直槎

当隔墙与墙或柱之间不能同时砌筑而又不留成斜槎时，可于墙或柱中引出凸槎，或从墙或柱中伸出预埋的拉结钢筋。

砌体接槎时，接槎处的表面必须清理干净，浇水湿润，并应填实砂浆，保持灰缝平直。

对于设有钢筋混凝土构造柱的砖混结构，应先绑扎构造柱钢筋，然后砌砖墙，最后浇筑混凝土。墙与高度方向每隔 500mm 设置一道 2 根直径为 6mm 的拉结筋，每边伸入墙内的长度不小于 1000mm。构造柱应与圈梁、地梁连接。与柱连接处的砖墙应砌成马牙槎。每个马牙槎沿高度方向的尺寸不应超过 300mm，并且马牙槎上口的砖应砍成斜面。马牙槎从每层柱脚开始应先进后退，进退相差 1/4 砖，如图 6-24 所示。

二、小型空心砌块砌筑

随着人们对于环境保护意识的不断加强，原有实心黏土砖的使用所受到的限制也

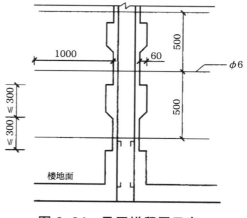

图 6-24　马牙槎留置示意

越来越多，在不少地区都是用小型空心砌块来代替实心黏土砖。

1. 定位放线

砌筑前应在基础面或楼面上定出各层的轴线位置和标高，并用 1：2 的水泥砂浆或 C15 细石混凝土找平。

2. 立皮数杆、拉线

在房屋四角或楼梯间转角处设立皮数杆，皮数杆间距不得超过 15m。根据砌块高度和灰缝厚度计算皮数杆和排数，皮数杆上应画出各皮小砌块的高度及灰缝厚度。在皮数杆上相对小砌块上边线之间拉准线，小砌块依准线砌筑。

3. 拌制砂浆

砂浆拌制宜采用机械搅拌，搅拌加料顺序和时间：先加砂、掺合料和水泥干拌 1min，再加水湿拌，总的搅拌时间不得少于 4min。若加外加剂，则在湿拌 1min 后加入。

4. 砌筑

① 砌筑一般采用"披灰挤浆"，先用瓦刀在砌块底面的周肋上满披灰浆，铺灰长度不得超过 800mm，再在待砌的砌块端头满披头灰，然后双手搬运砌块，进行挤浆砌筑。

② 上下皮砌块应对孔错缝搭砌，不能满足要求时，灰缝中设置 2 根直径 6mm 的钢筋；采用钢筋网片时，可采用直径 4mm 的钢筋焊接而成。拉结钢筋和或钢筋网片每端均应超过该垂直灰缝，其长度不得小于 300mm，如图 6-25 所示。

③ 砌筑应尽量采用主规格砌块（T 字交接处和十字交接处等部位除外），用反砌法砌筑，从转角或定位处开始向一侧进行，内外墙同时砌筑，纵横墙交错搭接。外墙转角处应使小砌块隔皮露端面，如图 6-26 所示。

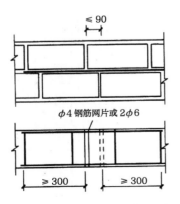

图 6-25　拉结钢筋或钢筋网片设置

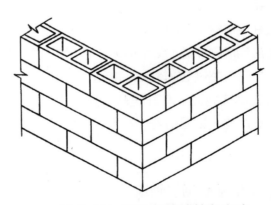

图 6-26　空心砌块墙转角砌法

注：为表示小砌块孔洞情况，图6-26中将孔洞朝上绘制，砌筑时孔洞应朝下，与图6-27和图6-28相同。

④ 空心砌块墙的T字交接处，应隔皮使横墙砌块端面露头。当该处无芯柱时，应在纵墙上交接处砌两块一孔半和辅助规格砌块，隔皮砌在横墙露头砌块下，其半孔应位于中间[图6-27（a）]。当该处有芯柱时，应在纵墙上交接处砌一块三孔大规格砌块，砌块的中间孔正对横墙露头砌块靠外的孔洞[图6-27（b）]。

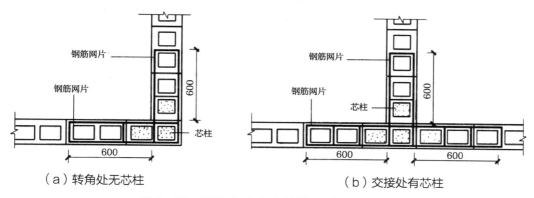

（a）转角处无芯柱　　　　　　　　　　　　（b）交接处有芯柱

图6-27　混凝土空心砌块墙T字交接处

⑤ 所有露端面都用水泥砂浆抹平。

⑥ 当空心砌块墙的十字交接处无芯柱时，在交接处应砌一孔半砌块，隔皮相互垂直相交，其半孔应在中间。当该处有芯柱时，在交接处应砌三孔砌块，隔皮相互垂直相交，中间孔相互对正。

⑦ 墙体转角处和纵横墙交接处应同时砌筑。临时间断处应砌成斜槎，斜槎水平投影长度不应小于高度的2/3。如留斜槎有困难，除外墙转角处及抗震设防地区，墙体临时间断处不应留直槎外，临时间断可从墙面伸出200mm砌成直槎，并沿墙每隔三皮砖（600mm）在水平灰缝设2根直径为6mm的拉接筋或钢筋网片；拉结筋埋入长度，从留槎处算起，每边均不应小于600mm，钢筋外露部分不得任意弯折，如图6-28所示。

⑧ 空心砌块墙临时洞口的处理：作为施工通道的临时洞口，其侧边离交接处的墙面不应小于600mm，并在顶部设过梁。填砌临时洞口的砌筑砂浆强度等级宜提高一级。

⑨ 脚手眼设置及处理：砌体内不宜设脚手眼，如必须设置时，可用190mm×190mm×190mm小砌块侧砌，利用其孔洞

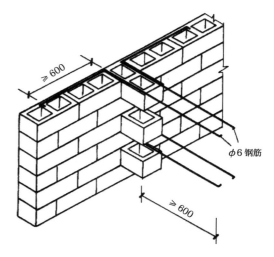

图6-28　空心砌块墙直槎

做脚手眼，砌体完工后用 C15 混凝土填实。

⑩ 在墙体的下列部位，应先用 C20 混凝土灌实砌块的孔洞，再行砌筑：

a. 无圈梁的楼板支承面下的一皮砌块；

b. 没有设置混凝土垫块的屋架、梁等构件支承面下，灌实高度不应小于 600mm，长度不应小于 600mm 的砌体；

c. 挑梁支撑面下，距墙中心线每边不应小于 300mm，高度不应小于 600mm 的砌体。

三、石砌体砌筑

在有些地区，由于山石材料比较丰富，因此，会有不少的砌筑工程都采用石料。由于石料的规则性、重量以及特性与砖墙、砌块都存在较大的差异，因此在砌筑过程中，需要格外注意。

1. 石料质量检查

石材的质量和性能应符合下列要求。

① 毛石应呈块状，中部厚度不宜大于 150mm，其尺寸高宽一般为 200~300mm，长在 300~400mm 之间为宜。石材表面洁净，无水锈、泥垢等杂质。

② 料石可按其加工平整度分为细料石、半细料石、粗料石和毛料石四种。料石各面的加工要求应符合表 6-3 的规定。

表 6-3　料石各面的加工要求

料石种类	外露面及相接周边的表面凹入深度 /mm	叠砌面和接砌面的表面凹入深度 /mm
细料石	≤ 2	≤ 10
半细料石	≤ 10	≤ 15
粗料石	≤ 20	≤ 20
毛料石	稍加修整	≤ 25

注：1. 相接周边的表面是指叠砌面、接砌面与外露面相接处 20~30mm 范围内的部分。
　　2. 如设计对外露面有特殊要求，应按设计要求加工。

③ 各种砌筑用料石的宽度、厚度均不宜小于 200mm，长度不宜大于厚度的 4 倍。料石加工的允许偏差应符合表 6-4 的规定。

表 6-4　料石加工的允许偏差

料石种类	允许偏差 /mm	
	宽度、厚度	长度
细料石、半细料石	±3	±5
粗料石	±5	±7
毛料石	±10	±15

2. 石砌体砌筑施工

（1）毛石墙

毛石墙的砌筑与前面所述毛石基础存在很多相似之处，这里主要介绍一下在施工中还需要控制的其他要点。

① 砌毛石墙应双面拉准线。第一皮按墙边线砌筑，以上各皮按准线砌筑。

② 毛石墙应分皮卧砌，各皮石块间应利用自然形状，经敲打修整使其能与先砌石块基本吻合、搭砌紧密，上下错缝，内外搭砌，不得采用外面侧立石块、中间填心的砌筑方法，中间不得有铲口石（尖石倾斜向外的石块）、斧刃石（下尖上宽的三角形石块）和过桥石（仅在两端搭砌的石块）。

③ 毛石墙必须设置拉结石，拉结石应均匀分布，相互错开，一般每 0.7m² 墙面至少设置一块，且同皮内的中距不大于 2m。拉结石长度：墙厚等于或小于 400mm，应与墙厚度相等；墙厚大于 400mm，可用两块拉结石内外搭接，搭接长度不应小于 150mm，且其中一块长度不应小于墙厚的 2/3。

④ 在毛石墙和普通砖的组合墙中，毛石与砖应同时砌筑，并每隔 5~6 皮砖用 2~3 皮丁砖与毛石拉结砌合，砌合长度应不小于 120mm，两种材料间的空隙应用砂浆填满，如图 6-29 所示。

⑤ 毛石墙与砖墙相接的转角处应同时砌筑。砖墙与毛石墙在转角处相接，可从砖墙每隔 4~6 皮砖高度砌出不小于 120mm 长的阳槎与毛石墙相接，如图 6-30 所示。也可从毛石墙每隔 4~6 皮砖高度砌出不小于 120mm 长的阳槎与砖墙相接，如图 6-31 所示。阳槎均应深入相接墙体的长度方向。

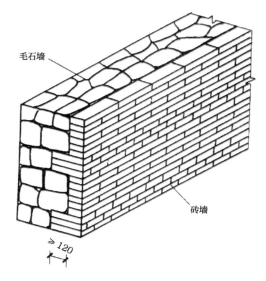

图 6-29　毛石墙与普通砖墙组合

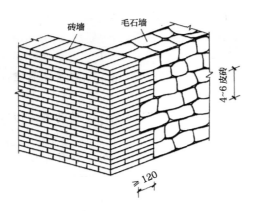

图 6-30　砖墙砌出阳槎与毛石墙相接　　图 6-31　毛石墙砌出阳槎与砖墙相接

⑥ 毛石墙与砖墙交接处应同时砌筑。砖纵墙与毛石墙交接处，应自砖墙每隔 4~6 皮砖高度引出不小于 120mm 长的阳槎与毛石墙相接（图 6-32）。毛石纵墙与砖横墙交接处，应自毛石墙每隔 4~6 皮砖高度引出不小于 120mm 长的阳槎与砖墙相接（图 6-33）。

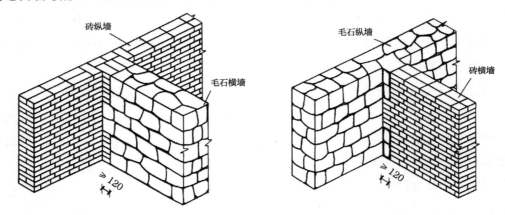

图 6-32　交接处砖纵墙与毛石横墙相接　图 6-33　交接处毛石纵墙与砖横墙相接

（2）料石墙

料石墙的砌筑与毛石墙在不少地方都是相同的，这里主要介绍一下在施工中还需要控制的其他要点。

① 料石墙砌筑形式有二顺一丁、丁顺组砌和全顺叠砌。二顺一丁是指两皮顺石与一皮丁石相间，宜用于墙厚等于两块料石宽度时；丁顺组砌是指同皮内每 1~3 块顺石与一块丁石相隔砌筑，丁石中距不大于 2m，上皮丁石坐中于下皮顺石，上下皮竖缝相互错开至少 1/2 石宽，宜用于墙厚等于或大于两块料石宽度时；全顺叠砌是每皮均为顺砌石，上下皮错缝相互错开 1/2 石长，宜用于墙厚等于石宽时，如图 6-34 所示。

② 砌料石墙面应双面挂线（除全顺砌筑形式外），第一皮可按所放墙边线砌筑，以上各皮均按准线砌筑，可先砌转角处和交接处，后砌中间部分。

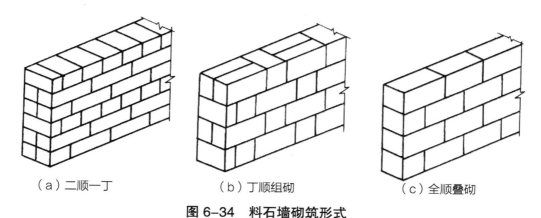

（a）二顺一丁　　　　　　（b）丁顺组砌　　　　　　（c）全顺叠砌

图 6-34　料石墙砌筑形式

③ 料石可与毛石或砖砌成组合墙。料石与毛石的组合墙，料石在外，毛石在里；料石与砖的组合墙，料石在里，砖在外，也可料石在外，砖在里。

④ 砌筑时，砂浆铺设厚度应略高于规定灰缝厚度，其高出厚度：细料石、半细料石宜为 3~5mm；粗料石、毛料石宜为 6~8mm。

⑤ 在料石和毛石或砖的组合墙中，料石和毛石或砖应同时砌起，并每隔 2~3 皮料石用丁砌石与毛石或砖拉接砌合，丁砌料石的长度宜与组合墙厚度相同。

⑥ 料石墙的转角处及交接处应同时砌筑，如不能同时砌筑，应留置斜槎。

⑦ 料石清水墙中不得留脚手眼。

（3）料石柱

① 料石柱有整石柱和组砌柱两种。整石柱每一皮料石是整块的，只有水平灰缝，无竖向灰缝；组砌柱每皮由几块料石组砌，上下皮竖缝相互错开，如图 6-35 所示。

② 料石柱砌筑前，应在柱座面上弹出柱身边线，在柱座侧面弹出柱身中心。

③ 砌整石柱时，应将石块的叠砌面清理干净。先在柱座面上抹一层水泥砂浆，厚约 10mm，再将石块对准中心线砌上，以后各皮石块砌筑应先铺好砂浆，对准中心线，将石块砌上。石块如有竖向偏移，可用铜片或铝片在灰缝边缘内垫平。

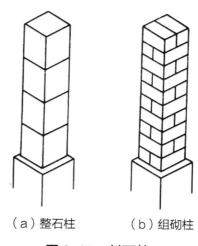

（a）整石柱　　（b）组砌柱

图 6-35　料石柱

④ 砌组砌柱时，应按规定的组砌形式逐皮砌筑，上下皮竖缝相互错开，无通天缝，不得使用垫片。

⑤ 砌筑料石柱，应随时用线坠检查整个柱身的垂直度，如有偏斜，应拆除重砌，不得用敲击方法去纠正。

（4）石墙面勾缝

① 石墙面勾缝前，拆除墙面或柱面上临时装设的缆风绳、挂钩等物。清除墙面或柱面上黏结的砂浆、泥浆、杂物和污渍等。

② 剔缝：将灰缝刮深10~20mm，不整齐处加以修整。用水喷洒墙面或柱面，使其湿润，随后进行勾缝。

③ 勾缝砂浆宜用1：1.5的水泥砂浆。

④ 勾缝线条应顺石缝进行，且均匀一致，深浅及厚度相同，压实抹光，搭接平整。阳角勾缝要两面方正，阴角勾缝不能上下直通。勾缝不得有丢缝、开裂或黏结不牢的现象。

⑤ 勾缝完毕，应清扫墙面或柱面，早期应洒水养护。

⑥ 砌筑毛石挡土墙时，除符合石砌体一般砌筑要点外，还应注意以下几点。

a. 毛石的中部厚度不小于200mm。

b. 每砌3~4皮毛石为一个分层高度，每个分层高度应找平一次。

c. 外露的灰缝宽度不得大于40mm，上下皮毛石的竖向灰缝应相互错开80mm以上（图6-36）。

d. 挡土墙的泄水孔一般应均匀设置，在高度上间隔2m左右设置一个泄水孔；泄水孔与土体间铺设长宽各为300mm、厚200mm的卵石或碎石作疏水层。

e. 挡土墙内侧的回填土必须分层夯填，分层松土厚度应为300mm，墙顶上面应有适当坡度使流水流向挡土墙外侧面。

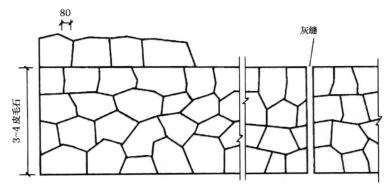

图6-36 毛石挡土墙立面

第三节　构造柱与圈梁施工

一、构造柱

在构造柱的施工中，有关前期放线、立皮数杆、基层表面清理、湿润、砂浆拌制等环节，与其他砌筑工程大同小异。这里主要叙述一下与其他砌筑施工相比，需要注意的地方。

① 竖向钢筋绑扎前必须做除锈、调直处理。钢筋末端应做弯钩。底层构造柱的竖向受力钢筋与基础圈梁（或混凝土底脚）的锚固长度不应小于 35 倍竖向钢筋直径，并保证钢筋位置正确。

② 构造柱的竖向受力钢筋需接长时，可采用绑扎接头，其搭接长度一般为 35 倍钢筋直径，在绑扎接头区段内的箍筋间距不应大于 200mm。

③ 构造柱应沿整个建筑物高度对正贯通，严禁层与层之间构造柱相互错位。砖墙与构造柱的连接处应砌成马牙槎。

④ 在每层砖墙及其马牙槎砌好后，应立即支设模板。在安装模板之前，必须根据构造柱轴线校正竖向钢筋位置和垂直度。构造柱钢筋的混凝土保护层厚度一般为 20mm，并不得小于 15mm。

⑤ 支模时还应注意在构造柱的底部（圈梁面上）应留出 2 皮砖高的孔洞，以便清理模板内的杂物，清除后封闭。

⑥ 在构造柱浇筑混凝土前，必须将马牙槎部位和模板浇水湿润（钢模板面不浇水，刷隔离剂），将模板内的砂浆残块、砖渣等杂物清理干净，并在接合面处注入适量与构造柱混凝土相同的去石水泥砂浆。浇筑构造柱的混凝土应随拌随用，拌和好的混凝土应在 1.5h 内浇灌完。

⑦ 构造柱的混凝土浇筑可以分段进行，每段高度不宜大于 2m。新老混凝土接槎处，须先用水冲洗、湿润，铺 10~20mm 厚的水泥砂浆（用原混凝土配合比去掉石子），方可继续浇筑混凝土。

⑧ 在砌完一层墙后和浇筑该层构造柱混凝土前，应及时对已砌好的独立墙体加稳定支撑，必须在该层构造柱混凝土浇捣完毕后，才能进行上一层的施工。

二、圈梁

圈梁是砖混结构中的一种钢筋混凝土结构，有的地方称墙体腰箍，可提高房屋的空间刚度和整体性，增加墙体的稳定性，避免和减少由于地基的不均匀沉降而引起的墙体开裂。

在自建小别墅的施工中，其主要有钢筋混凝土圈梁和钢筋砖圈梁两种。钢筋砖圈梁是在砖圈梁的水平灰缝中配置通长的钢筋，并采用与砖强度相同的水泥砂浆砌筑，最低的砂浆强度等级为 M15。圈梁的高度为 5 皮砖左右，纵向钢筋分两层设置，每层不应少于 3 根直径为 6mm 的钢筋，水平间距不应大于 120mm。如果是钢筋混凝土圈梁，受力主筋为 4 根 10~12mm 的螺纹钢筋，箍筋直径一般为 6mm 的钢筋，箍筋间距为 100~120mm，圈梁配筋可以参考图 6-37。

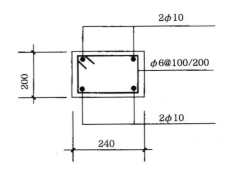

图 6-37　圈梁配筋

一般应在安装楼板的下边沿承重外墙的周围、内纵墙和内横墙上，设置水平闭合的层间圈梁和屋盖圈梁。如果圈梁设在门窗洞口的上部、兼作门窗过梁时，则应按图 6-38 所示进行施工。

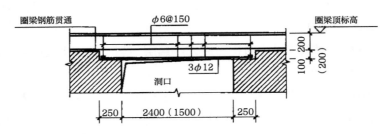

图 6-38　兼做门窗过梁设置的圈梁配筋

如果圈梁被门窗或其他洞口切断不能封闭时，则应在洞口上部设置附加圈梁。附加圈梁与墙的搭接长度应大于圈梁之间的 2 倍垂直间距，并不得少于 1m，如图 6-39 所示。

圈梁设在 ±0.00 以下的 -60mm 处的称为地圈梁，凡是承重墙的下边均应设置地圈梁，如图 6-40 所示。

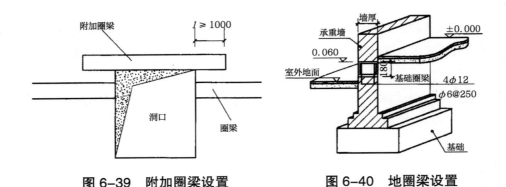

图 6-39　附加圈梁设置　　　　　图 6-40　地圈梁设置

圈梁应按下面的要求进行安装和施工。

① 圈梁施工前，必须对所砌墙体的标高进行复测，当有误差时，应用细石混凝土进行找平。

② 圈梁钢筋一般在模板安装完毕后进行安装。圈梁一般在墙体上进行绑扎，也有的为

了加快施工进度，常在场外预先进行绑扎。有构造柱时，则应在构造柱处进行绑扎。

③ 当在模内绑扎圈梁骨架时，应按箍筋间距的要求在模板侧划上间距线，然后将主筋穿入箍筋内。箍筋开口处应沿上面主筋的受力方向左右错开，不得将箍筋的开口放在同一侧。

④ 圈梁钢筋应交叉绑扎，形成封闭状，在内墙交接处，大角转角处的锚固长度应符合图纸或图集要求。

⑤ 圈梁与构造柱的交接处：圈梁的主筋应放在构造柱的内侧，锚入柱内的长度应符合图纸或图集的要求。

⑥ 圈梁钢筋的搭接长度：Ⅰ级钢筋的搭接长度不少于 30 倍直径，Ⅱ级钢筋的搭接长度不少于 35 倍直径，搭接位置应相互错开。

⑦ 当墙体中无构造柱、圈梁骨架又为预制时，应在墙体的转角处加设构造附筋，把相互垂直的纵横向骨架连成整体。

⑧ 圈梁下边主筋的弯钩应朝上，上边的主筋弯钩应朝下。圈梁骨架安装完成后，应在骨架的下边垫放钢筋保护层垫块。

⑨ 圈梁模板一般用 300mm 宽的钢模板或木模板，其上面应和圈梁的高度持平。这样，浇筑混凝土后就能保证圈梁的高度。

⑩ 在浇筑圈梁混凝土前，均应对模板和墙顶面浇水湿润。用振动棒振捣圈梁混凝土时，振动棒应顺圈梁主筋斜向振捣，不得振动模板。当有漏浆出现时，必须堵漏后方能继续施工。

第四节　常见砌筑细部做法

在自建小别墅建筑中，墙体的构造多种多样，各不相同。除了主要的墙体砌筑外，在很多细节之处，例如防潮、留槎、转角、留设墙洞等都有具体的规定。

一、砖墙厚度

一般情况下，常见的砖墙厚度主要是 240mm，基础中常用 370mm 的墙，及常说的二四墙和三七墙。此外，房屋隔墙的厚度还有 120mm，主体结构中的墙体厚度也有620mm、500mm 等不太常用的规格。

二、砖墙防潮

在实际中，能够看到不少房屋墙体有明显的潮湿痕迹，抹灰层泛碱严重、粉化脱落等现象，这都是墙体的防潮措施不到位所导致的。墙体中设

置防潮层的目的就是防止土壤中的水分或潮气沿基础墙中的微小毛细管上升而渗入墙内，也是用来防止滴落地面的雨水溅到墙面后渗入墙内，导致墙身受潮。因此，在砌筑过程中，必须在内、外墙脚部位连续设置防潮层。

1. 防潮层的位置

防潮层在构造形式上主要有水平防潮层和垂直防潮层。设置防潮层的位置应根据当地的地理位置和自然条件来确定。

① 水平防潮层一般位于室内地面不透水垫层范围以内，如混凝土垫层，可隔绝地面潮气对墙身的侵蚀，通常在 -0.06m 标高处设置，而且至少要高于室外地坪以防雨水溅湿墙身，如图 6-41 所示。

② 当地面垫层为碎石、炉渣等透水材料时，水平防潮层的位置应设在垫层范围内，在与室内地面平齐或高于室内地面一皮砖的地方，即在 +0.06m 处，如图 6-42 所示。

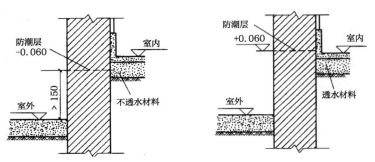

图 6-41　不透水材料防潮层设置　图 6-42　透水材料防潮层设置

③ 当两相邻房间之间室内地面有高差时，应在墙身内设置高低两道水平防潮层，并在靠土壤一侧设置垂直防潮层，将两道水平防潮层连接起来，以避免回填土方中的潮气侵入墙身，如图 6-43 所示。

④ 如果是采用混凝土或石砌勒脚时，可以不设水平防潮层，或者是将地圈梁提高至室内地坪以上来代替水平防潮层，如图 6-44 所示。

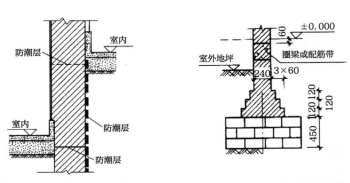

图 6-43　室内高差防潮层设置　图 6-44　用圈梁代替防潮层

2. 防潮层的施工

水平防潮层施工主要有防水砂浆和细石混凝土。

① 防水砂浆防潮层整体性较好、抗震能力强，适用于地震多发地区、独立砖柱和振动较大的砖砌体中。在设置防潮层时，在防水位置抹一层厚 20~25mm、掺 3%~5% 防水剂的 1∶2 水泥砂浆，或直接用防水砂浆砌筑 4~6 皮砖。

② 细石混凝土防潮层适用于整体刚度要求较高的建筑中。在需设防潮层的位置铺设 60mm 厚 C20 细石混凝土，并内配 3 根 $\phi6$ 或 $\phi8$ 的纵向钢筋和 $\phi6@250$ 的横向钢筋，以提高其抗裂能力。

当相邻室内地面存在高差或室内地面低于室外地坪时，除设置水平防潮层外，还要对高差部位的垂直墙面做防潮处理。方法是在迎水和潮气的垂直墙面上先用防水砂浆进行抹面，然后再涂两道高聚物改性沥青防水涂料，也可以直接采用掺有 3%~5% 防水剂的砂浆抹 15~20mm 厚，如图 6-45 所示。

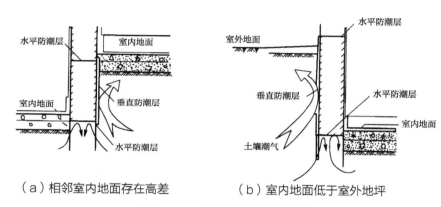

（a）相邻室内地面存在高差　　　（b）室内地面低于室外地坪

图 6-45　垂直防潮层的设置

三、砖墙的墙脚、勒脚与踢脚

1. 墙脚

墙脚一般是指基础以上、室内地面以下的墙段。由于墙脚所处的位置常受雨水、地表水和土壤中水的侵蚀，可使墙身受潮，饰面层粉化脱落，因此，在构造上，砖墙脚应采用必要的措施着重处理好墙身防潮。

2. 勒脚

勒脚是外墙身接近室外地面处的表面保护和饰面处理部分。其高度一般指位于室内地坪与室外地面的高差部分，有时为了立面的装饰效果，也有将建筑物底层窗台以下的部分视为勒脚。勒脚可用不同的饰面材料处理，必须坚固耐久、防水防潮和饰面美观。勒脚通常有以下几种构造做法。

① 一般建筑可采用 20mm 厚 1：3 水泥砂浆抹面或 1：2 水泥白石子水刷石或斩假石抹面或贴墙面砖如图 6-46 和图 6-47 所示。

② 如果预算较为富裕，勒脚可以用天然石材或人工石材贴面，如图 6-48 所示。

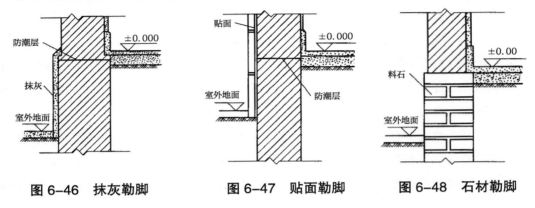

图 6-46　抹灰勒脚　　　　图 6-47　贴面勒脚　　　　图 6-48　石材勒脚

3. 踢脚

踢脚是指外墙内侧或内墙两侧的下部和室内地面与墙交接处的构造。其目的是加固并保护内墙脚，遮盖墙面与楼地面的接缝，防止此处渗漏水、掉灰或灰尘污染墙面。踢脚的高度一般为 100~150mm。有时为突出墙面效果或防潮，也可将其延伸到 900~1800mm，此时踢脚即变为墙裙。常用的面层材料是水泥砂浆、水磨石、木材、瓷砖、油漆等。

四、砖拱、过梁、檐口

① 砖平拱砌筑时，在拱脚两边的墙端砌成斜面，斜面的斜度为 1/5~1/4，拱脚下面应伸入墙内不小于 20mm。在拱底处支设模板，模板中部应有 1% 的起拱。在模板上划出砖和灰缝位置及宽度，务必使砖的块数为单数。

采用满刀灰法，从两边对称向中间砌，每块砖都要对准模板上划线，正中一块应挤紧。竖向灰缝上宽下窄，呈楔形，拱底灰缝宽度应不小于 5mm；拱顶灰缝宽度应不大于 15mm。

② 砖弧拱砌筑时，模板应按设计要求做成圆弧形。砌筑时应从两边对称向中间砌。灰缝呈放射状，上宽下窄，拱底灰缝宽度不宜小于 5mm，拱顶灰缝宽度不宜大于 25mm。也可用加工好的楔形砖来砌，此时灰缝宽度应上下一样，控制在 8~10mm。

③ 钢筋砖过梁砌筑时，先在洞口顶支设模板，模板中部应有 1% 的起拱。在模板上铺设 1：3 的水泥砂浆层，厚 30mm。将钢筋逐根埋入砂浆层中，钢筋弯钩要向上，两头伸入墙内长度应一致。然后与墙体一起平砌砖层。钢筋上的第一皮砖应丁砌。钢筋弯钩应置于竖缝内。

钢筋砖过梁砌筑形式与墙体一样，宜用一顺一丁或梅花丁。钢筋配置按设计而定，埋钢筋的砂浆层厚度不宜小于30mm，钢筋两端弯成直角钩，伸入墙内长度不小于240mm，如图6-49所示。

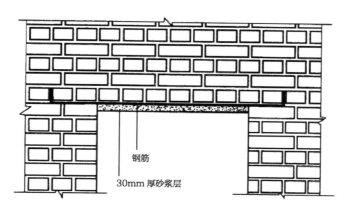

钢筋
30mm 厚砂浆层

图 6-49　钢筋砖过梁砌筑

④ 砖挑檐可用普通砖、灰砂砖、粉煤灰砖及免烧砖等砌筑，多孔砖及空心砖不得砌挑檐。砖的规格宜采用 240mm×115mm×53mm。

砖挑檐砌筑时，应选用边角整齐、规格一致的整砖。先砌挑檐两头，然后在挑檐外侧每一层底角处拉准线，依线逐层砌中间部分。每皮砖要先砌里侧后砌外侧，上皮砖要压住下皮挑出砖，才能砌上皮挑出砖。水平灰缝宜使挑檐外侧稍厚，里侧稍薄。灰缝宽度控制在 8~10mm 范围内。竖向灰缝砂浆应饱满，灰缝宽度控制在 10mm 左右。

无论哪种形式，挑层的下面一皮砖都应为丁砌，挑出宽度每次都应不大于 60mm，总的挑出宽度应小于墙厚。

五、洞口砌筑

1. 门窗口砌筑

在开始排砖放底时，应考虑窗间墙及窗上墙的竖缝分配，合理安排七分头砖的位置，还要考虑门窗的设置方法。如采用立口，砌砖时，砖要离开门窗口3mm左右，不能把框挤得太紧，造成门窗框变形，开启困难。如采用塞口，弹墨线时，墨线宽度应比实际尺寸大10~20mm，以便后塞门窗框。

砌筑门窗口时，应把木门窗框的木砖或钢门窗框的预埋铁砌入墙内，以保证门窗框与墙体的连接。预埋木砖的数量由洞口的高度决定。洞口在 1.2m 以内时，每边埋 2 块；洞口高 1.2~2m 时，每边埋 3 块。木砖要做防腐处理，预埋位置一般在洞口"上三下四，中档均分"，即上木砖放在洞口下第三皮砖处，下木砖放在洞底上第四皮砖处，中间木砖要均匀分布，且将小头在外，大头在内，以防拉出。

门窗洞口侧面木砖预埋时应小头在外，大头在内，木砖要提前做好防腐处理。木砖数量按洞口高度决定。洞口高在 1.2m 以内时，每边放 2 块；洞口高 1.2~2m，每边放 3 块；洞口高 2~3m，每边放 4 块；预埋木砖的部位上下一般距洞口上边或下边各四皮砖，中间均匀分布。

2. 墙洞留设

墙洞的留设关系到砌体的结构安全和稳定性，在自建小别墅中，预留的墙洞主要是脚手架洞。

脚手架洞是为设置单排立杆脚手架预留的墙洞，墙体砌完后需堵上。当墙体砌筑到离地面或脚手板 1m 左右时，应每隔 1m 左右留一个脚手眼。单排立杆脚手架若使用木质小横木，其脚手眼高三皮砖，形成十字洞口，洞口上砌三皮砖起保护作用。单排立杆脚手架若使用钢管小横木，其脚手眼为一个丁砖大小的洞口。当脚手眼较大时，留设的部位应不影响墙的整体承载能力。下列墙体或部位不得设置脚手眼：

① 120mm 厚砖墙；

② 宽度小于 1m 的窗间墙；

③ 过梁上与过梁成 60° 角的三角形范围及过梁净跨度 1/2 的高度范围内；

④ 梁和梁垫下及其左右各 500mm 范围内；

⑤ 门窗洞口两侧 200mm 和转角处 450mm 范围内。

第七章
自建小别墅装修

第一节 水电装修

一、水路材料及施工

水路施工是小别墅基础装修中最基础的项目，水路施工做得不好，不仅影响到今后的使用，而且还会涉及日常的安全问题。

1. 水路材料

水路施工常见材料如表 7-1 所示。

表 7-1　水路施工常见材料

名称	用途	选购要点	图例
UPVC 管	家庭排水管道，现多使用新型的 UPVC（硬聚氯乙烯）管道，与传统的管道相比，具有重量轻、耐腐蚀、耐酸碱、耐压、水流阻力小、安装迅捷、造价低等优点	质量好的 UPVC 管颜色应为乳白色且均匀，而不是纯白色；应有足够的刚性，用手按压管材时不应产生变形	
PPR 管	PPR 管又叫无规共聚聚丙烯管，作为一种新型水管材料，它既可用作冷水管，也可用作热水管，是目前家居装修中采用最多的一种供水管道。与传统的铸铁管、塑钢管、镀锌钢管等管道相比，具有节能节材、环保、轻质高强、耐腐蚀、消菌、内壁光滑不结垢、施工和维修简便、使用寿命长等优点	好的 PPR 管色泽柔和、均匀一致、无杂色，产品内外表面应光滑平整，不允许有气泡、明显的凹陷、沟槽和杂质等缺陷。优等 PPR 管弹性好，管件不易受挤压而变形，即使变形也不破裂，并大大减少接头的使用量	

名称	用途	选购要点	图例
弯头	弯头是水路管道安装中常用的一种连接用管件，用于连接两根公称通径相同或者不同的管子，使管路作一定角度的转弯	选购时，可以闻一下弯头的味道，合格的产品没有刺鼻的味道。之后观察配件，看颜色、光泽度是否均匀；管壁是否光洁；带有螺纹的还应观察螺纹的分布是否均匀。最后索要产品的合格证书和说明书，选择正规产品才能保证使用的寿命和健康	
三通	三通为水管管道配件、连接件，又叫管件三通、三通管件或三通接头，用于三条相同或不同管路汇集处，主要作用是改变水流的方向。有T形与Y形两种，有等径管口，也有异径管口	选购三通时，首先观察外观，外表面应光滑，没有会损害强度及外观的缺陷，如结疤、划痕、重皮等；不能有裂纹，表面应无硬点；支管根部不允许有明显褶皱。合格的管件应没有刺鼻的味道，内壁和外壁一样光滑，没有杂质，带有螺纹的款式，观察螺纹的分布是否均匀	
丝堵	丝堵是用于管道末端的配件，起到防止管道泄漏的密封作用，是水暖系统安装中常用的管件，一般采用塑料或金属铁制成，同时分为内丝（螺纹在内）和外丝（螺纹在外）两种	选购丝堵时，根据管道的材质选择相应的材质，看是选择塑料的还是金属的。无论是外丝还是内丝，都是靠螺旋纹路来起到固定作用的，应着重观察螺纹的分布是否均匀、顺滑，若不是很顺滑，没有办法牢固地固定在管件上就容易泄漏	
阀门	阀门是流体输送系统中的控制部件，它用来改变通路断面和介质流动方向，具有导流、截止、节流、止回、分流或溢流卸压等功能。阀门依靠驱动或自动机构，使启闭件做升降、滑移、旋摆或回转运动，从而改变其流道面积的大小以实现其控制功能	选购时观察阀门的外表，表面应无砂眼；电镀层应光泽均匀，无脱皮、龟裂、烧焦、露底、剥落、黑斑及明显的麻点等缺陷。喷涂表面组织应细密、光滑均匀，不得有流挂、露底等缺陷。上述缺陷会直接影响阀门的使用寿命。阀门的管螺纹是与管道连接的，在选购时目测螺纹表面有无凹痕、断牙等明显缺陷，特别要注意的是管螺纹与连接件的旋合有效长度将影响密封的可靠性，选购时要注意管螺纹的有效长度	

名称	用途	选购要点	图例
软管	主要用于水路中水龙头、花洒等配件与主体部分的连接。市场上的软管主要有不锈钢和铝镁合金丝两种。不锈钢软管的性能优于铝镁合金丝材质，因此建议购买不锈钢软管。两者可以通过外观进行区分，不锈钢软管表面颜色黑亮，而铝镁合金丝软管表面苍白暗亮	在选购编织软管时需要特别注意，可以先观看编织效果，如果编织不跳丝、丝不断、不叠丝，则编织的密度（每股丝之间的空隙和丝径）越高越好；看编织软管是否材质为不锈钢丝；看软管其他配件的质量、材质	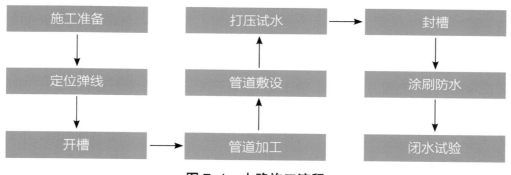

2. 水路施工

水路施工属于隐蔽工程，对施工质量要求高，是最考验施工人员技术水平的施工项目之一。需要在施工中处理好细节，避免在后期的使用中出现大的问题。

（1）水路施工流程

水路施工流程如图 7-1 所示。

```
施工准备    →    打压试水    →    封槽
   ↓                ↑            ↓
定位弹线    →    管道敷设       涂刷防水
   ↓                ↑            ↓
  开槽    →      管道加工       闭水试验
```

图 7-1　水路施工流程

① 施工准备　确定墙体有无变动，家具和电器摆放的位置。

② 定位弹线

a. 首先查看进水管的位置，然后确定下水口数量、位置以及排水立管和下水口的位置。查看并掌握基本情况后，再进行定位，定位时要避免给水管排布重复的情况。

b. 在墙面标记出用水洁具、厨具的位置，通常来说，画线的宽度比管材直径宽 10mm，而且画线时要注意墙面只能竖向或横向画线，不允许斜向画线，地面画线时需靠近墙边，转角保持 90°。

c. 将水平仪调试好，根据红外线用卷尺在两头定点，一般离地 1000mm。

③ 开槽　开槽施工之前，准备一个矿泉水瓶，在瓶盖上扎出小孔，灌满水。开槽过程中，使用矿泉水瓶不断向高速运转的切片上喷水，防止开槽机过热，也可以减少切割过程

中产生的灰尘。对于一些特殊位置、宽度的开槽，需要使用冲击钻。使用过程中，冲击钻要保持垂直，不可倾斜或用力过猛。

④ 管道加工　PPR 给水管和 PVC 排水管的连接工艺不同。给水管采用热熔连接工艺，需要使用到热熔机等工具。排水管采用粘接连接工艺，需要使用切割机等工具。

⑤ 管道敷设　给水管和排水管的敷设要分开进行，给水管敷设的长度长、难度大，遍布墙、顶、地面；排水管的敷设较为集中，主要分布在地面，敷设时的重点是坡度。

⑥ 打压试水

a. 打压试水时应首先关闭进水总阀门，然后逐个封堵给水管端口，封堵的材料需保持一致。然后用软管将冷、热水管连接起来，形成一个圈，以保证封闭性。

b. 用软管一端连接给水管（图 7-2），另一端连接打压泵。往打压泵容器内注满水，调整压力指针在"0"的位置。在测试压力时，应使用清水，避免使用含有杂质的水进行测试。

c. 按压压杆使压力表指针指向 0.9~1.0MPa（此刻压力是正常水压的 3 倍），保持这个压力一段时间。不同管材的测压时间不同，一般在 30min ~4h 之内。

图 7-2　软管连接

d. 测压期间要逐个检查堵头、内丝接头，看其是否渗水。打压泵在规定的时间内，压力表指针没有丝毫下降，或下降幅度保持在 0.1，说明测压成功。

⑦ 封槽　封槽应从地面开始，然后封墙面；先封竖向凹槽，再封横向凹槽。水泥砂浆应均匀地填满水管凹槽，不可有空鼓。待封槽水泥快风干时，检查表面是否平整。发现凹陷应及时补封水泥。

⑧ 涂刷防水

a. 修理基层。如果墙面有明显凹凸、裂缝、渗水等现象，可以使用水泥砂浆修补，阴阳角区域也要修理平直。卫生间若是下沉式的，需要使用砂石、水泥将地面抹平。

b. 清理墙地面。使用铲刀等工具铲除墙地面疏松颗粒，以保持表面的平整。然后使用水湿润墙地面，保持表面的湿润，但不能留有明水。

c. 搅拌防水涂料。先将液料倒入容器中，然后再将粉料慢慢加入，同时充分搅拌3~5min，至形成无生粉团和颗粒均匀的浆料。

d. 涂刷过程应均匀，不可漏刷，转角处、管道变形部位的加强防水涂层，杜绝漏水隐患。涂刷完成后，表面应平整，无明显颗粒，阴阳角保证平直。

⑨ 闭水试验

a. 在防水施工完成后过 24h 做闭水试验，堵住排水口、地漏等。

b. 在门口用黄泥土、低等级水泥砂浆等材料砌 20~25cm 高的挡水条。

c. 蓄水深度保持在 5~20cm，并做好水位标记，蓄水时间保持 24~48h。

d. 观察墙体，水位线是否有明显的下降，或到楼下查看是否有水渗漏。

（2）水路施工注意事项

① 水路与电路应保持在安全的距离。给水系统安装前，必须检查水管、配件是否有破损、砂眼等；管与配件的连接，必须正确且加固；给水、排水系统布局要合理，尽量避免交叉，严禁斜走；水路应与电路距离 500~1000mm 以上。

② 冷、热水管的安装距离。冷、热水管安装应左热右冷，平行间距应不小于 200mm。明装热水管穿墙体时应设置套管，套管两端应与墙面持平。安装时应避免冷热水管的交叉铺设。如遇到必要交叉时需用绕曲管连接。

③ 注意管材与管件的连接端。管材与管件的连接端面必须清洁、干燥、无油，去除毛边和毛刺；管道安装时必须按不同管径的要求设置管卡或吊架，位置应正确，埋设要平整，管卡与管道接触应紧密，但不得损伤管道表面；金属管卡或吊架与管道之间应该采用塑料带或橡胶等软物隔垫。

④ 若管道很长（连接厨房和卫生间，或通向阳台等），中间不可有接头，并且要适当放大管径，避免堵塞。

⑤ 管接口与设备受水口位置应正确。对管道固定管卡应进行防腐处理并安装牢固，当墙体为砖墙时，应凿孔并填实水泥砂浆后再进行固定件的安装；当墙体为轻质隔墙时，应在墙体内设置埋件，后置埋件应与墙体连接牢固。

（3）水路施工预算

水路施工的参考预算见表 7-2 和表 7-3。

表 7-2　水路施工的参考预算（一）

品名		单价
UPVC 排水管		11~21 元 /m
PPR 给水管		18~26 元 /m
三通、弯头、管箍等管材连接件		10~50 元 / 个
吊顶水管的固定件	塑料材质的固定件	100~200 元 / 项
	不锈钢材质的固定件	250~400 元 / 项

表 7-3　水路施工的参考预算（二）

工程项目	单价 /（m/元）	说明
水电线路的人工开槽	12~23	水电开槽费用
水路改装	71	φ40 铝塑管含配件，不含开槽费用
	85	φ60 铝塑管含配件，不含开槽费用
	71	φ40 高级 PPR 复合管含配件，不含开槽费用
	110	φ40 紫铜管及配件，不含开槽费用
	135	φ60 紫铜管及配件，不含开槽费用

二、电路材料及施工

电路施工和水路施工一样，都是装修工程中最基础、最重要的部分。而电路施工同样属于隐蔽施工，因而要事先整理好线路布置图，按照图纸进行施工。

1. 电路材料

凡是隐蔽工程，其材料一定不能马虎。由于这些部位施工完成后，必须要覆盖起来，如果出现问题，无论是检查还是更换都非常麻烦。况且，水电等施工工程都是属于房屋施工中的重点工程，电路施工所用的材料更是不能随意。电路施工所涉及的材料主要有电线、穿线管、开关面板及插座等。

（1）电线

为了防火、维修及安全，最好选用有长城标志的"国标"塑料或橡胶绝缘保护层的单股铜芯电线，线材截面积一般是：照明用线选用 $1.5mm^2$，插座用线选用 $2.5mm^2$，空调用线不得小于 $2.5mm^2$，接地线选用绿黄双色线，接开关线（火线）可以用红、白、黑、紫等任何一种，但颜色用途必须一致。电线的规格及用处见表 7-4。

表 7-4　电线的规格及用处

型号	规格 /mm^2	用处
BV、BVR	1	照明线
	1.5	照明、插座连接线
	2.5	空调、插座用线
	4	热水器、立式空调用线
	6	中央空调、进户线
	10	进户总线

（2）穿线管

电路施工涉及空间的定位，且要开槽，这样就会使用到穿线管。严禁将导线直接埋入抹灰层，导线在线管中严禁有接头，同时对使用的线管（PVC 阻燃管如图 7-3 所示）进行严格检查，其管壁表面应光滑，壁厚要求达到手指用力捏不破的强度，而且应有合格证书。也可以用符合国

图 7-3 PVC 阻燃管

标的专用镀锌管做穿线管。国家标准规定应使用管壁厚度为 1.2mm 的电线管，要求管中电线的总截面积不能超过塑料管内截面积的 40%。例如：直径 20mm 的 PVC 穿线管最多只能穿 1.5mm² 导线 5 根，或 2.5mm² 导线 4 根。

穿线管选购应注意以下几点。

① 看外观。合格的产品管壁上会印有生产厂标记和阻燃标记，没有这两种标记的管不建议购买。

② 穿线管产品规格分为轻型、中型、重型三种，家用穿线管一般不宜选择轻型材料。外壁应光滑，无凸棱、无凹陷、无针孔、无气泡，内、外径尺寸应符合标准，管壁厚度均匀一致。

③ 用火烧。用火烧管体，离火后 30s 内自动熄灭的证明阻燃性佳。

④ 弯曲后应光滑。在管内穿入弹簧，弯曲 90°（弯曲的半径为管直径的 3 倍），外观光滑的为合格品。

（3）开关面板、插座

面板的尺寸应与预埋的接线盒的尺寸一致；表面光洁、品牌标志明显、有防伪标志和国家电工安全认证的长城标志；开关开启时手感灵活，插座稳固，铜片要有一定的厚度；面板的材料应有阻燃性和坚固性；开关安装高度一般为 1200~1350mm，距离门框门沿为 150~200mm，普通插座安装高度一般为 200~300mm。

图 7-4 空气开关

（4）空气开关

空气开关（图 7-4）可分为普通空气开关和漏电保护器两大类，普通空开没有漏电保护功能，而漏电保护器具有防漏电功能，两者的外观很类似，区别是漏电保护器上有一个"每月按一次"的按钮。它也叫漏电开关、漏电断路器、自动空开等，既有手工开关作用，又能自动进行过载、短路、欠压和失压保护。当电路或电器发生漏电、短路或过载时，漏电保护器会瞬间动作，断开电源，保护线路和用电设备的安全。同时如果有人触电，漏电保护器也能瞬间动

作，断开电源，保护人身安全。漏电保护器以额定电流区分，常用的有 10A、16A、20A、25A、32A、40A、63A 等规格。

（5）电箱

电箱就是分配电流的控制箱，电路接入电箱后，再从电箱内分流出去，以保证电器设备和弱电信号的正常使用。根据电箱接线的类型，可分为强电箱和弱电箱两类。

（6）电表

电表又称电度表、火表、千瓦时表，是用来计量电能的仪表。电表分为单向电表、三相三线有功电表、三相四线有功电表和无功电表等，家用多使用单向电表。单向电表又分为机械式和电子式两类。

2. 电路施工

电路施工的成功与否直接决定了入住后的生活质量，因而在自建房中，合理规划电路，了解电路施工流程能够有效防止各种问题的出现。

（1）电路施工流程

电路施工流程如图 7-5 所示。

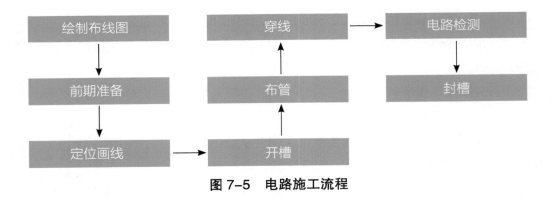

图 7-5　电路施工流程

① 绘制布线图　在电路施工时首先要绘制电路布线图，严谨的施工图是电路改造的基础，且要严格按照图纸的内容对电路进行设计与改造。

② 前期准备

a. 检查进户线包括电源线、弱电线是否到位、合格。

b. 做好材料准备，包括各种规格强弱电线、开关、插座、底盒、管卡、蜡管、配电箱及其他各种材料的品牌、规格及数量，尽量避免在施工过程中经常性补料的情况。

③ 定位画线　在电路管线施工中，在绘制好施工图后，要根据图纸要求进行测量与定位的工作，以定管线走向、标高和开关、插座、灯具等设备的位置，并用墨盒线进行标识。

④ 开槽　在确定了线路走向、终端以及各项设备设施的位置后，就要沿着画线的位置开

槽。开槽时要配合水作为润滑剂，可以达到除尘、降噪、防开裂的效果。开槽的要点如下。

a. 开槽需严格按照画线标记进行，地面开槽的深度不可超过 50mm。

b. 开槽必须要横平竖直，切底盒槽孔时也要方正、整齐。切槽深度一般为线管直径 +10mm，底盒深度 +10mm 以上。

c. 开槽时，强电和弱电需要分开，并且保持至少 150mm 以上的距离，处在同一高度的插座，开一个横槽即可。

d. 管线走顶棚时打孔不宜过深，深度以能固定管卡为宜。

e. 开槽后，要及时清理槽内的垃圾。

⑤ 布管　布管采用的线管一般有两种：一种是 PVC 线管；另一种是钢管。家装多使用 PVC 线管布管，一般有以下几个要点。

a. 布管排列要横平竖直，多管并列敷设的明管，管与管之间不得出现间隙，转弯处也同样。

b. 电线管路与天然气管、暖气、热水管道之间的平行间距应不小于 300mm，这样可以防止电线受热而发生绝缘层老化，缩短电线寿命。

c. 水平方向敷设、多管（管径不一样的）并设的线路，要求小规格穿线管靠左，依次排列。

d. 敷设直线穿线管时，当直管段超过 30m、含有一个弯头的管段每超过 20m、含有两个弯头的管段每超过 15m、含有 3 个弯头的管段每超过 8m 这几种情况时，需要加装线盒。

e. 弱电与强电相交时，需包裹锡箔纸隔开，以起到防干扰效果（图 7-6）。

⑥ 穿线　穿线管内事先穿入引线，然后将待装电线引入穿线管之中，利用引线将穿入管中的电线拉出，若管中的电线数量为 2~5 根，应一次穿入。将电线穿入相应的穿线管中，同一根穿线管内的电线数量不可超过 8 根。通常情况下，ϕ16 的电线管不宜超过 3 根电线，ϕ20 的电线管不宜超过 4 根电线。

⑦ 电路检测

a. 连接万用表　红色表笔接到红色接线柱或标有"+"极的插孔内，黑色表笔接到黑色接线柱或标有"-"极的插孔内。

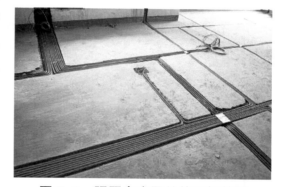

图 7-6　强弱电交叉处使用锡箔纸

b. 测试万用表　首先把量程选择开关旋转到相应的挡位与量程。然后红、黑表笔不接触断开，看指针是否位于"∞"刻度线上，如果不位于"∞"刻度线上，需要调整。之后将两支表笔互相碰触短接，观察 0 刻度线，表针如果不在 0 位，则需要机械调零。最后选择合适的量程挡位准备开始测量电路。

⑧ 封槽　在检测成功后即可进行封槽。封槽前先洒水润湿槽内，调配与原结构配比基本一致的水泥砂浆，从而确保其强度（不可采用腻子粉封槽），水泥砂浆均匀地填满水管凹槽，不可有空鼓。待封槽水泥快风干时，检查表面是否平整。若发现凹陷，应及时补封水泥。

（2）电路施工注意事项

① 强、弱电穿管走线的时候不能交叉，要分开，强、弱电插座保持 50cm 以上距离。线路穿 PVC 管暗敷设，布线走向为横平竖直，严格按图布线，管内不得有接头和扭结。另外，穿管走线时电视线和电话线应与电力线分开，以免发生漏电伤人毁物甚至着火的事故。

② 导线盒内预留导线长度应为 150mm，接线为相线进开关，零线进灯头；电源线管应预先固定在墙体槽中，要保证套管表面凹进墙面 10mm 以上（墙上开槽深度 > 30mm）。不可在墙上或地下开槽后明铺电线之后，直接用水泥封堵，否则会给以后的故障检修带来麻烦。

③ 配电箱的尺寸需根据实际所需空气开关尺寸而定。配电箱中必须设置总空开 + 漏电保护器，严格按图分设各路空气开关及布线，配电箱安装必须设置可靠的接地连接。工程安装完毕后，应对所有用电器、开关、电表断通电进行试验检查，在配电箱上准确标明其位置，并按顺序排列。

④ 地面没有封闭之前，必须保护好 PVC 套管，不允许有破裂损伤，铺地板砖时 PVC 套管应被砂浆完全覆盖。钉木地板时，电源线应沿墙脚铺设，以防止电源线被钉子损伤。经检验电源线连接合格后，应浇湿墙面，用 1：2.5 的水泥砂浆封槽，表面要平整，且低于墙面 2mm。绘好的照明、插座、弱电图及管道图在工程结束后需要留档。

3. 电路施工预算

电路施工项目的参考预算如表 7-5 所示。

表 7-5　电路施工项目的参考预算

工程项目	单位	单价/元	说明
电路暗管布管布线	m	42	2.5mm² 国标多芯铜芯线，不含开槽费用
电路暗管开槽	m	12	仅含人工费用
明管安装	m	36	包工包料；2.5mm² 国标多芯铜芯线，如需超出此线规格，则由甲方补材料差价，具体以实际长度计算，完工前双方签字确认，不含开槽及开关、插座的费用
原有线路换线	m	12	2.5mm² 国标铜芯线（不含开槽）
弱电布线	m	33	电视、电话、音响、网络优质线（不含开槽）
		24	仅含人工费用，不含开槽费用
开关插座安装（暗线盒）	m	12	仅含人工费用

第二节　吊顶装修

在自建小别墅装修中，对于顶面造型的设计与装饰运用日益增多。由于自建小别墅具有空间上的优势，因此，搭配造型精美的吊顶，往往能够带来非常好的装饰效果。一般来说，吊顶主要采用龙骨吊顶施工。

一、常用吊顶材料

1. 石膏板

石膏板（图 7-7）是以石膏为主要原料，加入纤维、胶黏剂、稳定剂，经混炼压制、干燥而成，具有防火、隔声、隔热、轻质、高强、收缩率小等特点，且稳定性好、不老化、防虫蛀、施工简便。石膏板的主要品种有纸面石膏板、装饰石膏板、吸声穿孔石膏板、嵌装式装饰石膏板、耐火纸面石膏板和耐水纸面石膏板等，通常所说的石膏板是指纸面石膏板。石膏板选购要点如表 7-6 所示。

图 7-7　石膏板

表 7-6　石膏板选购要点

要点	判断方法
纸面	优质纸面石膏板轻且薄，强度高，表面光滑，无污渍，纤维长，韧性好；劣质纸面石膏板较重较厚，强度较差，表面粗糙，有时可看见油污斑点，易脆裂
板芯	好的纸面石膏板的板芯白，而差的板芯发黄，含有黏土，颜色暗淡
纸面牢固程度	用裁纸刀在石膏板表面划一个 45° 角的"叉"，然后在交叉的地方揭开纸面，优质的纸面石膏板的纸面依然粘接在石膏芯体上，石膏芯体没有裸露；而劣质纸面石膏板的纸面则可以撕下大部分甚至全部，石膏芯体完全裸露
密实度	相对而言，石膏板密实度越高越耐用，选购时可用手掂掂重量，通常是越重的越好
看报告	看检测报告时应注意是否为抽样检查结果，正规的石膏板生产厂家每年都会安排国家权威的质量检测机构赴厂家的仓库进行抽样检测

2. 硅酸钙板

硅酸钙板（图 7-8）是以硅酸钙为主体材料，经系列工序制成的板材，是石膏板的进阶产品，硅酸钙板具有强度高、重量轻的优点，并有良好的可加工性和阻燃性，不会产生有毒气体。但是硅酸钙板不耐潮，在湿气重的地方（如卫浴间）容易软化。硅酸钙板中更适合装饰天花板，是化妆板，有仿木纹、大理石纹和花岗岩纹等类型，无需涂装。

图 7-8　硅酸钙板

硅酸钙板在施工时会有钉制的痕迹，因此在后期的验收中应检查外层是否需要上一层墙面漆，或者覆盖装饰面板、壁纸等进行美化处理。

3. 铝扣板

铝扣板是以铝合金板材为基底，表面使用各种不同的涂层加工得到的吊顶建材。近年来各种不同的工艺都用到其中，像釉面、油墨印花、镜面等，以板面花式多、使用寿命长等优点逐渐代替 PVC 扣板。铝扣板可以直接安装在建筑表面，施工方便，防水，不渗水，所以较为适合用在卫浴、厨房等空间。铝扣板选购要点如表 7-7 所示。

表 7-7　铝扣板选购要点

名称	判断方法
质地	铝扣板的材质分为钛铝合金、铝镁合金、铝锰合金和普通铝合金等类型。其中钛铝合金扣板优点较多，而且还具有抗酸碱腐蚀性强的特点，是在厨房、卫生间中长期使用的最佳材料
声音	拿一块样品敲打几下，仔细倾听，声音脆的说明基材好，声音发闷的说明杂质较多
漆面	拿一块样品反复掰折，看漆面是否脱落、起皮。好的铝扣板漆面只有裂纹，不会有大块漆皮脱落；好的铝扣板正背面都要有漆，因为背面的环境更潮湿
龙骨	铝扣板的龙骨材料一般为镀锌钢板；龙骨的精度误差范围越小，精度越高、质量越好
表面辨别	覆膜铝扣板和滚涂铝扣板的表面不好区别，但价格却有很大的差别。可用打火机将板面熏黑，覆膜板容易将黑渍擦去，而滚涂板无论怎么擦都会留下痕迹

4.其他吊顶材料

(1)玻璃

用玻璃搭配石膏板等制作吊顶是一种比较常见的装饰手法,搭配灯光能够制造出漂亮的光影效果,常用来制作吊顶的玻璃有彩色玻璃、镜面玻璃、喷砂玻璃等。

(2)软膜

软膜是采用特殊的聚氯乙烯制成的,材料为柔性,可以设计成各种平面和立体的形状,颜色也非常多样化,同时还方便安装,可直接安装在墙壁、木方、钢结构、石膏间墙和木间墙上。

5.龙骨

龙骨在室内装修中是用于支撑基层的结构、固定结构的骨架材料,广泛地被用于制作吊顶、实木地板、隔墙以及门窗套等木工工程中。在自建小别墅的吊顶施工中根据制作材料的不同,又可分为木龙骨、轻钢龙骨。

(1)木龙骨

木龙骨(图7-9)是一种较为常见的龙骨,又称为木方,多由红松、白松、杉木等树木加工成截面为长方形或正方形的木条或木板条。施工方便,容易制作出复杂的造型;在室内装修中应用广泛;但其防火性能较差,家居中使用必须涂刷一层防火涂料;容易遭受虫蛀和腐朽,使用时还需进行防虫蛀和防腐处理。

(2)轻钢龙骨

轻钢龙骨(图7-10)是用镀锌钢带或薄钢板轧制经冷弯或冲压而制成的骨架材料,具有强度高、牢固性好、不易变形、耐火性好、不受虫蛀、安装简易、实用性强等优点,是木龙骨的最佳替代材料。

图7-9 木龙骨

图7-10 轻钢龙骨

龙骨选购要点如表 7-8 所示。

表 7-8　龙骨选购要点

名称	选购要点
木龙骨	新鲜的木方略带红色，纹理清晰，如果其色彩呈暗黄色，无光泽，说明是朽木
	看所选木方横切面大小的规格是否符合要求，头尾是否光滑均匀，不能大小不一
	看木方是否平直，如果有弯曲也只能是顺弯，不许呈波浪弯，否则使用后容易引起结构变形、翘曲
	要选木节较少、较小的杉木方，如果木节大而且多，钉子、螺钉在木节处拧不进去或者钉断木方，会导致结构不牢固，而且使龙骨容易从木节处断裂
	要选没有树皮、虫眼的木方，树皮是寄生虫的栖身之地，有树皮的木方易生蛀虫，有虫眼的也不能用。如果这类木方用在装修中，蛀虫会吃掉所有能吃的木质
	要选密度大的木方，用手拿有沉重感，用手指甲划不会有明显的痕迹，用手压木方有弹性，弯曲后容易复原，不会断裂
轻钢龙骨	外形要笔直平整，棱角清晰，没有破损或凹凸等瑕疵，在切口处不允许有毛刺和变形
	外表的镀锌层不允许有起皮、起瘤、脱落等质量缺陷
	优等品不允许有腐蚀、损伤、黑斑、麻点；一等品或合格品要求没有较严重的腐蚀、损伤、黑斑、麻点，且面积不大于 $1cm^2$ 的黑斑每米内不多于 3 处
	家庭吊顶轻钢龙骨主龙骨采用 50 系列完全够用，其镀锌板材的壁厚不应小于 1mm。不要轻易相信"规格大，质量才好"的说法

6. 装饰线条

装饰线条的种类及特性如表 7-9 所示。

表 7-9　装饰线条的种类及特性

名称	特性	图例
木线	木质线条按材料分为实木线条和复合线条 实木线条原料为木材，主要树种多为柚木、山毛榉、白木、水曲柳、椴木等；其纹理自然、浑厚；表面光滑，棱角、棱边、弧面、弧线挺直、圆润，轮廓分明；耐磨、耐腐蚀、不易劈裂、上色性好、易于固定 复合线条是以纤维密度板为基材，表面通过贴塑、喷涂形成丰富的色彩及纹理	

178

名称	特性	图例
石材线	多以大理石和花岗岩为原料制作 具有石材的诸多特点，非常适合搭配石材的墙、柱面做装饰，具有协调的美感，同时还可做门套线和装饰线	
金属线	有铝合金和不锈钢两种：铝合金线具有质轻、耐腐蚀、耐磨等优点，表面还可涂装一层透明的电泳漆膜，涂装后更加美观；不锈钢线的性能与铝合金线类似，但相比铝合金线具有更强的现代感，表面光洁如镜，很适合现代风格的居室	
石膏线	石膏线是以石膏为主，加入骨胶、麻丝、纸筋等纤维（增强石膏的强度）而制成的装饰线条，是最为常用的一种装饰线条，多用做天花角线和墙面腰线 石膏线具有防火、阻燃、防潮、质轻、强度高、不变形、施工方便、加工性能和装饰效果好等特点	
PU 线	原料为硬质 PU 泡棉，在灌注机中以两种成分高速混合，然后进入模具成型制成 除具有石膏线的优点外，还具有抗蛀、防霉、耐酸碱腐蚀，可水洗，使用寿命长，花纹立体感强等优点，表面可用乳胶漆或油漆饰面，性能比石膏线要好	

二、木龙骨吊顶施工

1. 熟悉图纸

了解图纸中吊顶的长、宽和下吊距离，然后结合现场实际情况，判断根据图纸施工是否具有困难，若发现不能施工处，应及时解决。

图 7-11　吊顶弹线

2. 弹线找平

弹线应清晰，位置准确无误（图 7-11）。在吊顶区域内，根据顶面设计标高，沿墙面四周弹出吊点位置和复核吊点间距。在弹线前应先找出水平点，水平点距地面为 500mm，然后弹出水平线，水平线标高偏差不应大于 ±5mm，如墙面较长，则应在中间适当增加水平点以供弹出水平线；从水平线量至吊顶设计的高度，用粉线沿墙（柱）弹出定位控制线，即为次龙骨的下皮线；按照图纸，在楼板上弹出主龙骨的位置，主龙骨应从吊顶中心向两边分，最大间距为 1000mm，并标出吊杆的固定点，间距为 900~1000mm。如遇到梁和管道固定点大于设计和规程要求的，应增加吊杆的固定点。

3. 安装吊杆

根据吊顶标高决定吊杆的长度。吊杆长度 = 吊顶高度 − 次龙骨厚度 − 起拱高度。不上人的吊顶，吊杆长度小于 1000mm 时，可采用 $\phi 6$ 的吊杆；如大于 1000mm，应采用 $\phi 8$ 的吊杆，同时要设置反向支撑。吊杆可采用冷拔钢筋和盘圆钢筋，但采用盘圆钢筋时应用机械将其调直；上人的吊顶，吊杆长度小于 1000mm 时，可采用 $\phi 8$ 的吊杆，如大于 1000mm，应采用 $\phi 10$ 的吊杆，同时也要设置反向支撑。吊杆的一端与 30mm × 30mm × 3mm 角码焊接，另一端可用攻螺纹套出大于 100mm 的丝杆，或与成品丝杆焊接。吊杆用膨胀螺栓固定在楼板上，并做好防锈处理。

另外，在梁上设置吊挂杆件时，吊挂杆件应通直并有足够的承受能力。当预埋的杆件需要接长时，必须搭接焊牢，焊缝要均匀饱满。吊杆应通直，距主龙骨端部的距离不得大于 300mm，否则应增加吊杆。当吊杆遇到阻挡时，应做调整。灯具、检修口等处应附加吊杆。

4. 安装边龙骨

边龙骨的安装应按设计要求弹线，沿墙（柱）的水平龙骨线把 L 形镀锌轻钢条或铝材用自攻螺钉固定在预埋木砖上。如墙（柱）为混凝土，可用射钉固定，但其间距不得大于次龙骨的间距。

5. 安装主龙骨

一般情况下，主龙骨应吊挂在吊杆上，间距为 900~1000mm。主龙骨的悬臂段不得大于 300mm，否则应增加吊杆。主龙骨的接长应采用对接，相邻龙骨的对接接头要相互错开。主龙骨安装后应及时校正其位置标高、主龙骨位置及平整度。连接件应错位安装，待平整度满足设计与规范要求后，才可进行次龙骨安装。若吊顶设置检修道，应另设附加吊挂系统。将 $\phi 10$ 的吊杆与长度为 1200mm 的 45mm × 5mm 角钢横担用螺栓连接，其横担间距为 1800~2000mm。在横担上铺设走道，走道宽度在 600mm 左右，可用两根 6 号槽钢作为边梁，边梁之间每隔 100mm 焊接 $\phi 10$ 钢筋作为走道板。

6. 安装次龙骨和横撑龙骨

次龙骨应紧贴龙骨安装。次龙骨间距为 300~600mm。次龙骨分为 T 形烤漆龙骨和 T

形铝合金龙骨，或各种条形扣板配带的专用龙骨。用 T 形镀锌铁片连接件把次龙骨固定在主龙骨上时，次龙骨的两端应搭在 L 形边龙骨的水平翼缘上。横撑龙骨应用连接件将其两端连接在通长龙骨上。明龙骨系列的横撑龙骨搭接处的间隙不得大于 1mm。龙骨之间一般采用连接件连接，有些部位可采用抽芯铆钉连接。最后全面校正次龙骨的位置及平整度，连接件应错位安装。

7. 做好隐蔽工程

检查龙骨架的受力情况、灯位的放线是否影响封板等。中央空调的室内盘管工程由中央空调专业人员到现场试机检查是否合格、龙骨架的底面是否水平、平整（误差要求小于 1‰，超过 5m 拉通线，最大误差不能超过 5mm，厨卫嵌入式灯具必须搭架子）。

8. 安装罩面板或者饰面板

① 矿棉装饰吸声板　规格一般分为 600mm×600mm 和 600mm×1200mm 两种，面板直接搁于龙骨上。安装时，应有定位措施，注意板背面的箭头方向和白线方向是否一致，以保证花样、图案的整体性；饰面板上的灯具、烟感器、喷淋等设备的位置应合理美观，与饰面板交接应严密吻合。

② 石膏板　纸面石膏板的长边（即包封边）应沿纵向次龙骨铺设；自攻螺钉至纸面石膏板的长边的距离以 10~15mm 为宜；切割的板边以 15~20mm 为宜。自攻螺钉的间距以 150~170mm 为宜，板中螺钉间距不得大于 200mm。螺钉应与板面垂直，已弯曲或变形的螺钉不允许使用。螺钉的钉头应略埋入板面，但不得损坏板面，钉眼应做防锈处理并用石膏腻子抹平。纸面石膏板与龙骨固定，应在一块板的中间和板的四边进行固定，不允许多点同时作业。在安装双层石膏板时，面层板与基层板的接缝应错开，不允许在一根龙骨上接缝。

根据楼层标高线，用尺竖向量至顶面设计标高，沿墙（柱）四周弹顶面标高，并沿顶面的标高水平线在墙上画好分档位置线。

9. 安装大龙骨吊杆

在弹好顶面标高水平线及龙骨位置线后，确定吊杆下端头的标高，按大龙骨位置及吊挂间距，将吊杆无螺栓丝扣的一端与楼板预埋钢筋连接固定。

10. 安装大龙骨

配装好吊杆螺母；在大龙骨上预先安装好吊挂件；安装大龙骨，将组装吊挂件的大龙骨按分档线位置使吊挂件穿入相应的吊杆螺母，拧好螺母；大龙骨相接，装好连接件，拉线调整标高起拱和平直；安装洞口附加大龙骨，按照图纸相应节点构造设置连接卡；固定边龙骨，采用射钉固定，设计无要求时射钉间距为 1000mm。

11. 安装中龙骨

按已弹好的中龙骨分档线卡放中龙骨吊挂件。吊挂中龙骨：按设计规定的中龙骨间距，将中龙骨通过吊挂件，吊挂在大龙骨上，设计无要求时，一般间距为 500~600mm；当中龙骨长度需多根延续接长时，用中龙骨连接件在吊挂中龙骨的同时相连，调直固定。

12. 安装小龙骨

按已弹好的小龙骨线分档线，卡装小龙骨掉挂件；吊挂小龙骨，按设计规定的小龙骨间距，将小龙骨通过吊挂件，吊挂在中龙骨上，设计无要求时，一般间距为 500~600mm；当小龙骨长度需多根延续接长时，用小龙骨连接件，在吊挂小龙骨的同时，将相对端头相连接，并先调直后固定；当采用 T 形龙骨组成轻钢骨架时，小龙骨应在安装罩面板时，每装一块罩面板先后各装一根卡档小龙骨。

13. 安装罩面板

在已装好并经验收的轻钢骨架下面，按罩面板的规格和拉缝间隙，进行分块弹线，从顶面中间顺中龙骨方向开始先装一行罩面板作为基准，然后向两侧分行安装，固定罩面板的自攻螺钉间距为 200~300mm。

14. 安装压条

待一间罩面板全部安装后，先进行压条位置弹线，按线进行压条安装。其固定方法一般同罩面板，钉固间距为 300mm，也可用胶结料粘贴。

15. 刷防锈漆

轻钢骨架罩面板顶面以及焊接处未做防锈处理的表面（如预埋以及吊挂件、连接件，钉固附件等），在交工前应刷防锈漆（图 7-12）。此工序应在封罩面板前进行。

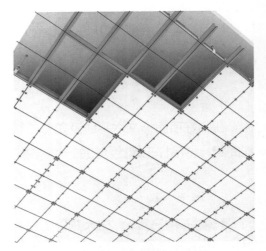

图 7-12　钉帽防锈处理

三、吊顶施工预算

吊顶施工工程的参考预算如表 7-10 所示。

表 7-10 吊顶施工工程的参考预算

工程项目	单位	单价/元	说明
一、夹板造型天花			
夹板造型一级天花	㎡	190	300mm×300mm 木方框架，5mm 某品牌 B 板双层贴面，不含乳胶漆，接缝环氧树脂补缝，防潮费用另计（以展开表面积计算）
夹板造型二级天花	㎡	245	300mm×300mm 木方框架，5mm 某品牌 B 板双层贴面，不含乳胶漆，接缝环氧树脂补缝，防潮费用另计（以展开表面积计算）
夹板造型三级天花	㎡	270	300mm×300mm 木方框架，5mm 某品牌 B 板双层贴面，不含乳胶漆，接缝环氧树脂补缝，防潮费用另计（以展开表面积计算）
夹板吊顶异形造型	㎡	335	300mm×300mm 木方框架，5mm 某品牌 B 板双层贴面，不含乳胶漆，接缝环氧树脂补缝，防潮费用另计（以展开表面积计算）
二、轻钢龙骨防潮板、石膏板天花			
轻钢龙骨（防潮板、石膏板）平顶天花	㎡	145	轻钢龙骨，底面为某品牌，9mm 石膏板
轻钢龙骨二级天花	㎡	195	轻钢龙骨，底面为某品牌，9mm 石膏板
磨砂玻璃吊顶	㎡	215	5mm 磨砂玻璃，上限价格为 35 元/㎡
垫弯曲玻璃吊顶	㎡	850	8mm 折弯玻璃
彩玻璃吊顶	㎡	270	普通 5mm 彩玻璃，上限价格为 60 元/㎡
三、扣板吊顶			
铝扣板吊顶（条形）	㎡	119	国产 0.5mm 条形扣板、铝质边角，材料上限价格为 45 元/㎡
铝扣板吊顶（方形）	㎡	119	国产 0.5mm 方形扣板、铝质边角，材料上限价格为 45 元/㎡

工程项目	单位	单价/元	说明
四、顶面角线、石膏角线			
石膏角线	m	18	80mm×2400mm 某品牌石膏角线
异形石膏角线	m	95	80mm×2400mm 某品牌石膏角线
五、新世纪 PU 角线			
天花角线	m	28	80mm×2400mm 某品牌 PU 角线
天花角线	m	32	120mm×2400mm 某品牌 PU 角线
弧形角线	m	40	150mm×2400mm 某品牌 PU 角线
六、木质角线			
红榉阴角线	m	42	规格 70mm×90mm，国产

第三节 地面装修

地面装修属于装修施工中的基础性工程，属于日常踩踏面，因而地面装修的强度和坚固度以及耐磨度是装饰中的重点需求。

一、常用地面装修材料

1. 水泥

自建小别墅中常用的水泥种类有三种，分别为普通硅酸盐水泥、白色硅酸盐水泥、彩色硅酸盐水泥。普通硅酸盐水泥多用于毛坯地面、墙面找平，砌墙、铺砖等，还可直接作为饰面材料使用；白色硅酸盐水泥用于室内瓷砖铺设后的勾缝，缺点是勾缝易脏，所以逐渐被填缝剂代替；彩色硅酸盐水泥装饰性较好。

2. 砂子

砂子是调配水泥砂浆的重要原料，可分为细砂、中砂和粗砂，装修通常使用中砂。

3. 地砖

常见地砖的特性和选购要点如表 7-11 所示。

表 7-11 常见地砖的特性及选购要点

名称	特性	选购要点
釉面砖	釉面砖是装修中最常见的砖种，色彩和图案丰富，而且防污能力强，防渗，可无缝拼接，造型多变，韧度非常好，基本不会发生断裂现象。但由于釉面砖的表面是釉料，所以耐磨性不如抛光砖	好的釉面砖每一块的误差不应大于1mm，这样铺下来砖缝才能大小均匀。釉面均匀、平整、光洁、亮丽、一致的为上品；表面有颗粒、不光洁、颜色深浅不一、厚薄不均，甚至凹凸不平、呈云絮状者为次品。观察灯光或物体经釉面反射后的图像，釉面砖比普通瓷砖成像应更完整、清晰。将釉面砖表面湿水后进行行走实验，能体会到可靠的防滑感觉
仿古砖	仿古砖技术含量要求相对较高，强度高，具有极强的耐磨性，经过精心研制的仿古砖兼具了防水、防滑、耐腐蚀的特性，仿古砖能轻松营造出居室风格，非常适用于乡村风格、地中海风格等家居设计中	测吸水率最简单的操作是把一杯水倒在瓷砖背面，扩散迅速的，表明吸水率高。仿古砖的耐磨度从低到高分为5度。家装用砖在1~4度间选择即可，可以用敲击听声的方法来鉴别，声音清脆的表明内在质量好，不宜变形破碎，即使用硬物划一下砖的釉面也不会留下痕迹。查看一批砖的颜色、光泽、纹理是否大体一致，能不能较好地拼合在一起，色差小、尺码规整的则是上品
抛光砖	抛光砖的优势在于花纹出色，不仅造型华丽，色彩也很丰富，表面光亮柔和，平滑不凸出，效果晶莹透亮，整体层次立体分明，富有层次感，格调高，缺点为防污染能力较弱；其表面材质太薄，容易刮花划伤，容易变形	鉴别时，要仔细看整体的光感，还要用手轻摸，感受质感。全抛釉瓷砖也要测吸水率、听敲击声音、刮擦砖面、细看色差等，鉴别方法与其他瓷砖基本一致
玻化砖	玻化砖是所有瓷砖中最硬的一种，以模仿石材的纹理和抛光后的质感为最大特点。经高温烧结、完全瓷化生成了多种晶体，在吸水率、边直度、弯曲强度、耐酸碱腐蚀性等方面都优于普通的釉面砖、抛光砖及一般的大理石。各种理化性能比较稳定，是替代天然石材较好的瓷制产品。但玻化砖经打磨后，毛气孔暴露在外，油污、灰尘等容易渗入	看砖体表面是否光泽亮丽，有无划痕、色斑、漏抛、漏磨、缺边、缺脚等缺陷。敲击瓷砖，若声音浑厚且回声绵长如敲击铜钟之声，则为优等品；若声音混哑，则质量较差。同一规格的砖体，质量好、密度高的砖，手感都比较沉，质量差的手感较轻

4. 地板

常见地板的特性及选购要点如表 7-12 所示。

表 7-12　常见地板的特性及选购要点

名称	特性	选购要点
 实木地板	实木地板是采用大自然中的珍贵硬质木材烘干后加工制成的，是真正的天然环保产品。它基本保持了原料自然的花纹，脚感舒适，且具有良好的保温、隔热、隔声、吸声、绝缘性能。缺点是难保养，且对铺装的要求较高，一旦铺装不好就会造成一系列问题，如有声响等	看地板是否有死节、开裂、腐朽、菌变等缺陷，并查看地板的漆膜光洁度是否合格，有无气泡、漏漆等问题。一般木地板开箱后可取出 10 块左右徒手拼装，观察企口咬合、拼装间隙、相邻板间高度差的情况，若严丝合缝、手感无明显高度差即可
 实木复合地板	实木复合地板表层为珍贵的木材，保留了实木地板木纹优美、自然的特性，芯材多采用可迅速生长型的速生材料，出材率高，成本低。实木复合地板纹理自然美观，脚感舒适、耐磨、耐热、耐冲击、阻燃、防霉、防蛀、隔声、保温，不易变形，铺设方便，且种类丰富，适合多种风格的家居使用	表层的厚度决定了实木复合地板的使用寿命。表层越厚，耐磨损的时间就越长，选择实木复合地板时，一定要仔细观察地板的拼接是否严密，相邻的板应无明显高低差。可将实木复合地板的小样品放在 70℃的热水中浸泡 2h，观察胶层是否开胶，如开胶则不宜购买
 强化地板	强化地板俗称"金刚板"，也叫作复合木地板、强化木地板，强化地板从上往下由四层组成，即为耐磨层、装饰层、基材层和平衡层，每层都有不同的作用。强化地板不需要打蜡，日常护理简单，价格选择范围大	强化复合地板的表面一般有沟槽型、麻面型和光滑型三种，本身无优劣之分，但都要求表面光洁、无毛刺。用 6~12 块地板在平地上拼装后，用手摸和眼观的方法，观察其加工精度，拼合后应平整光滑，榫槽咬合不宜过松，也不宜过紧，同时仔细检查地板之间的拼装高度差和间隙大小
 亚麻地板	亚麻地板也叫作亚麻油地板，其主要成分为亚麻籽油、石灰石、软木、木粉、天然树脂、黄麻等环保材料。它是一种卷材，为单一同质透心结构，即其花纹和色彩从上至下均相同，能够保证地面长期亮丽如新。亚麻地板具有极佳的弹性，同时还能抑菌、抗静电	用眼睛观察亚麻地板表层的木面颗粒是否细腻；可以将清水倒在地板上来判断其吸水性；用鼻子闻亚麻地板是否有怪味，亚麻地板为天然材料，如果有怪味，则说明其不是好的地板

二、地砖铺贴施工

地砖作为直接踩踏面，施工时要求铺贴平整度高，缝隙均匀，不可有翘边、空鼓等现象。

1. 清理基层

将地面中的大颗粒以及各种装修废料清理出现场。

2. 做灰饼、冲筋

① 根据墙面的 +50cm 线弹出地面建筑标高线和踢脚线上口线，然后在房间四周做灰饼。灰饼表面应比地面建筑标高低一块砖的厚度。

② 厨房及卫生间内陶瓷地砖应比楼层地面建筑标高低 20mm，并从地漏和排水孔方向做放射状标筋，坡度应符合设计要求。

3. 铺结合层砂浆

应提前浇水湿润基层，刷一遍水泥素浆，随刷随铺 1 : 3 的干硬性水泥砂浆，根据标筋标高，将砂浆用刮尺拍实刮平，再用长刮尺刮一遍，然后用木抹子搓平。

4. 铺贴地砖

① 将选好的陶瓷地砖清洗干净，放入清水中浸泡 2 ~ 3h 后，取出晾干备用。

② 按线先铺纵横定位带，定位带间隔 15~20 块砖，然后铺定位带内的陶瓷地砖。从门口开始，向两边铺贴；也可按纵向控制线从里向外倒着铺。踢脚线应在地面做完后铺贴；楼梯和台阶踏步应先铺贴踢板，然后铺贴踏板，踏板先铺贴防滑条；镶边部分应先铺镶。

5. 压平、拔缝（图 7-13）

每铺完一个房间或区域，用喷壶洒水后约 15min，用橡胶锤垫硬木拍板按铺砖顺序拍打一遍，不得漏拍，在压实的同时用水平尺找平。压实后拉通线，先竖缝后横缝进行拔缝调直，使缝口平直、贯通。调缝后，再用橡胶锤垫硬，拍板拍平。如陶瓷地砖有破损，应及时更换。

图 7-13 用橡胶锤压平、拔缝

6. 嵌缝

陶瓷地砖铺完 2d 后，将缝口清理干净，并刷水湿润，用水泥浆嵌缝。如是彩色地面砖，则用白水泥或调色水泥浆嵌缝，嵌缝做到密实、平整、光滑，在水泥砂浆凝结前，应彻底清理砖面灰浆，并将地面擦拭干净。

实木地板安装施工有两种方式：一种是实铺法，另一种是空铺法。

三、木地板施工

1. 实木地板施工

实木地板施工的工序和方法见表 7-13。

表 7-13　实木地板施工的工序和方法

工序	实铺法	空铺法
基层清理	将基层上的砂浆、垃圾、尘土等彻底清扫干净	地垄墙内的砖头、砂浆、灰屑等应全部清扫干净
弹线、抄平	先在基层（或地垄墙）上按设计规定的格栅间距和预埋件，弹出十字交叉点，检查预埋件的数量和偏移情况，如不符合设计要求，应进行处理	
安装固定木格栅、垫木	当基层锚件为预埋螺栓时，在格栅上划线钻孔，与墙之间注意留出30mm的缝隙，将格栅穿在螺栓上，拉线，用直尺找平格栅上平面，在螺栓处垫调平垫木；当基层预埋件为镀锌钢丝时，格栅按线铺上后拉线，用预埋钢丝把格栅绑扎牢固；调平垫木，应放在绑扎钢丝处。锚固件不得超过毛地板的底面。垫木宽度不少于5mm，长度是格栅底宽的1.5~2倍	在地垄墙顶面，用水准仪抄平、贴灰饼，抹1∶2的水泥砂浆找平层。砂浆强度达到15MPa后，干铺一层油毡，垫通长防腐、防蛀垫木。按设计要求，弹出格栅线。铺钉时，格栅与墙之间留30mm的空隙。用地垄墙上预埋的10号镀锌钢丝绑扎格栅。格栅调平后，在格栅两边钉斜钉子与垫木连接。格栅之间每隔800mm钉剪刀撑木
钉毛地板	毛地板铺钉时，木材髓心向上，接头必须设在格栅上，错缝相接，每块板的接头处留2~3mm的缝隙，板的间隙不应大于3mm，与墙之间留8~12mm的空隙。然后用钉子钉牢在格栅上。板的端头各钉两颗钉子，与格栅相交位置钉一颗钉帽砸扁的钉子，并应冲入地板面2mm，表面应刨平。钉完，弹方格网点抄平，边刨平边用直尺检测，使表面同一水平度与平整度达到控制要求后方能铺设地板	
找平、刨平	地板铺设完后，在地面面弹出格网测水平，顺木纹方向用机械或手工刨平，边刨边用直尺检测平整度。靠墙的地板先刨平，便于安装踢脚线。在刨平中注意消除板面的刨痕、戗槎和毛刺	
安装踢脚线	先在墙面上弹出踢脚线上的上口线，在地板面弹出踢脚线的出墙厚度线，用钉子将踢脚线上下钉牢，再嵌入墙内的预埋木砖上。值得注意的是，墙上预埋的防腐木砖，应凸出墙面与粉刷面齐平。接头锯成45°斜口，接头上各钻两个小孔，钉入钉帽砸扁的铁钉，冲入2~3mm	
刨光、打磨	刨光、打磨是地板施工中的一道细致工序，因此，必须机械和手工结合操作。刨光机的速度要快，磨光机的粗细砂布应根据磨光的要求更换，应顺木纹方向刨光、打磨，其磨削总量控制在0.3~0.8mm以内。凡刨光、打磨不到位或粗糙之处，必须手工细刨、细砂纸打磨	
油漆、打蜡	地板磨光后应立即上漆，使之与空气隔断，避免湿气侵袭地板。先满批腻子两遍，用砂纸打磨洁净，再均匀涂刷地板漆两遍。表面干燥后，打蜡、擦亮	

2. 复合地板施工

必须清除基层表面杂物，清扫灰尘，保持干燥、洁净。

（1）铺地垫

在基层表面上，先满铺地垫，或铺一块装一块，接缝处不得叠压。接缝处也可采用胶带粘接，衬垫与墙之间应留 10~12mm 空隙。

（2）装地板

复合地板铺装可从任意处开始，不限制方向。顺墙铺装复合地板，有凹槽口的一面靠着墙，墙壁和地板之间留出空隙 10~12mm，在缝内插入与间距同厚度的木条。铺第一排锯下的端板，用作第二排地板的第一块。以此类推。最后一排地板经常比其他地板要窄一些，把最后一块板和底下的地板边缘对边齐，用铅笔把与墙壁的距离画出来，加 8~12mm 间隙后锯掉，用回力钩放入最后一排并排紧。地板完全铺好后，应停置 24h。

四、地面装修预算

地面装修根据不同种类的铺装物其预算也各不相同，表 7-14 所示为地面装修参考预算。

表 7-14 地面装修参考预算

工程项目	单位	单价/元	说明
地面铺地砖 600mm×600mm	㎡	42~55	仅含人工费和辅料（水泥、砂浆）费，地砖由业主自购
地面铺地砖 800mm×800mm	㎡	55~65	仅含人工费和辅料（水泥、砂浆）费，地砖由业主自购
地面铺拼花地砖	㎡	50~60	含人工费、辅料（水泥、砂浆）费及拼花造型附加费，地砖由业主自购
石材铺贴	㎡	60~75	仅含人工费和辅料（水泥、砂浆）费，石材由业主自购
铺漆板	㎡	82	含防潮棉费、合资品牌 9mm 棉板费、辅料费、人工费，不含主材及打蜡费
铺索板	㎡	138	含防潮棉费、合资品牌 9mm 棉板费、打磨费、油漆三遍费

第四节 墙面装修

装修过程中，墙面是面积最大的一部分，对家装整体效果影响也是最大的。

一、常用墙面装修材料

1. 乳胶漆

乳胶漆是乳胶涂料的俗称，是以丙烯酸酯共聚乳液为代表的一大类合成树脂乳液涂料，它属于水分散性涂料，具备了与传统墙面涂料不同的众多优点，易于涂刷、干燥迅速、漆膜耐水、耐擦洗性好、抗菌，且有平光、高光等不同类型可选，色彩也可随意调配，无污染、无毒，是最常见的装

图 7-14　乳胶漆墙面

饰漆之一（图 7-14）。按照涂刷顺序来划分，乳胶漆可分为底漆和面漆，底漆的作用是填充墙面的细孔，防止墙体碱性物质渗出而侵害面漆，同时具有防霉和增强面漆吸附力的作用；面漆主要起到装饰和防护作用。

乳胶漆选购要点如图 7-15 所示。

气味
- 水性乳胶漆环保且无毒、无味，如果闻到刺激性气味或工业香精味，就应慎重选择

漆膜
- 放一段时间后，正品乳胶漆的表面会形成一层厚厚的、有弹性的氧化膜，不易裂；而次品只会形成一层很薄的膜，易碎，且具有辛辣气味

质检报告
- 应特别注意生产日期、保质期和环保检测报告，乳胶漆保质期为 1~5 年不等，环保检测检测报告对 VOC、游离甲醛以及重金属含量的检测结果都有标准

手感
- 将乳胶漆拌匀，再用木棍挑起来，优质乳胶漆往下流时会成扇面形；用手指摸，正品乳胶漆应该手感光滑、细腻

黏稠度
- 将漆桶提起来，质量佳的乳胶漆，晃动起来一般听不到声音，很容易晃动出声音则证明乳胶漆黏度不足

图 7-15　乳胶漆选购要点

2. 硅藻泥

硅藻泥是一种以硅藻土为主要原材料配制的干粉状室内装饰壁材，本身没有任何的污染。它不含任何重金属，不产生静电，因此浮尘不易吸附，而且具有消除甲醛、净化空气、调节湿度、释放负氧离子、防火阻燃、墙面自洁、杀菌除臭等功能，可以用来代替乳胶漆和壁纸等传统装饰壁材，其效果如图 7-16 所示。

图 7-16　硅藻泥墙面

硅藻泥选用无机矿物颜料调色，色彩柔和，墙面反射光线自然，人在居室中不容易产生视觉疲劳，且颜色持久，不易褪色。硅藻泥的缺点是不耐脏，不能用水擦洗，硬度较低，且价格高。常见的硅藻泥有原色泥、金粉泥、稻草泥、防水泥、膏状泥等种类。

在选购硅藻泥时通常从以下几个方面考察。

① 吸水性　购买时要求商家提供硅藻泥样板，现场进行吸水率测试，若吸水量又快又多，则表示产品孔质完好；若吸水率低，则表示孔隙堵塞，或是硅藻土含量偏低。

② 色泽　真正的硅藻泥色泽柔和、分布均匀，呈亚光感，具有泥面效果；若呈油光面、色彩过于艳丽、有刺眼感则为假冒产品。

③ 手感　真正的硅藻泥摸起来手感细腻，有松木的感觉，而假冒硅藻泥摸起来粗糙坚硬，像水泥和砂岩一样。

④ 火烧测试　购买时请商家以样品点火示范，若冒出气味呛鼻的白烟，则不宜购买。

⑤ 坚固度　用手轻触硅藻泥样品墙，如有粉末黏附，表示产品表面强度不够坚固，日后使用会有磨损情况产生。

3. 艺术涂料

艺术涂料是一种新型的墙面装饰艺术材料，其效果如图 7-17 所示。经过现代工艺处理，无毒、环保，同时还具备防水、防尘、阻燃等功能，优质艺术涂料可洗刷，耐摩擦，色彩历久常新。它与传统涂料之间最大的区别在于，传统涂料大都是单色乳胶漆，所营造出来的效果相对较单一，而艺术涂料即使只用一种涂料，由于其涂刷次数及加工工艺的不同，也可以达到不同的效果。

图 7-17　艺术涂料墙面

艺术涂料选购要点如图 7-18 所示。

粒子度

●取一个透明的玻璃杯盛入半杯清水，取少量艺术涂料放入玻璃杯的水中搅动，质量好的艺术涂料，杯中的水仍清晰见底，粒子在清水中相对独立，大小很均匀；而质量差的艺术涂料，杯中的水会立即变得浑浊不清，且颗粒大小有分化

看水溶

●艺术涂料在经过一段时间的储存后，上面会有一层保护胶水溶液，一般约占涂料总量的 1/4 左右。质量好的艺术涂料，保护胶水溶液呈无色或微黄色，且较清晰；质量差的艺术涂料，保护胶水溶液呈浑浊态

漂浮物

●凡质量好的艺术涂料，在保护胶水溶液的表面，通常没有漂浮物或有极少的漂浮物；若漂浮物数量多，彩粒布满保护胶水溶液的表面，甚至有一定厚度，则说明此种艺术涂料的质量差

图 7-18　艺术涂料选购要点

4. 壁纸

壁纸也叫作墙纸，是一种用于裱糊墙面的室内装修建材，具有色彩多样、图案丰富、豪华气派、安全环保、施工方便、价格适宜等多种其他室内装饰材料所无法比拟的特点，深受人们的喜爱，使用率逐渐与乳胶漆接近。

5. 墙砖

墙面装修所用的砖石和地面装修所用砖石大同小异，详见本章第三节相关内容。因而只简单介绍一下墙面常用的马赛克。

马赛克又称陶瓷锦砖或纸皮砖,是所有瓷砖品种中尺寸最小的一种,由数十块小砖组成一个相对大的板块。它面积小巧,用在地面时防滑性特别好,非常适合卫浴间、游泳池等潮湿环境。马赛克具有防滑、耐磨、不吸水、耐酸碱、抗腐蚀、色彩丰富等优点,缺点为缝隙小,容易藏污纳垢。马赛克墙面如图 7-19 所示。

图 7-19 马赛克墙面

马赛克选购要点如图 7-20 所示。

外观
● 在自然光线下,距马赛克 0.5m 远目测有无裂纹、疵点及缺边、缺角现象,马赛克的背面应有锯齿状或阶梯状沟纹。如果马赛克内含装饰物,其分布应均匀,面积应占总面积的 20%以上

规格
● 选购时要注意颗粒之间规格、大小是否一样,每片小颗粒边沿是否整齐,将单片马赛克置于水平地面检验是否平整,观察单片马赛克背面是否有过厚的乳胶层

密度
● 密度高吸水率才低,而吸水率低是保证马赛克持久耐用的重要因素。可以把水滴到马赛克的背面,水滴不渗透的表明质量好,很快往下渗透的表明质量差

图 7-20 马赛克选购要点

二、乳胶漆施工

1. 基层处理

将墙面上的起皮杂物等清理干净,然后用笤帚把墙面上的尘土等扫净。对于泛碱的基层应先用 3%的草酸溶液清洗,然后用清水冲刷干净即可。

2. 修补腻子

用配好的石膏腻子将墙面、窗口角等破损处找平补好,腻子干燥后用砂纸将凸出处打磨平整。

3. 满刮腻子

用橡胶刮板横向满刮，接头处不得留槎，每一刮板最后收头时要干净利落。腻子配合比为聚乙酸乙烯乳液：滑石粉：水 =1 ：5 ：3.5。当满刮腻子干燥后，用砂纸将墙面上的腻子残渣、斑迹等打磨 、磨光，然后将墙面清扫干净。

4. 涂刷乳胶漆

一般来说，乳胶漆的涂刷需要进行三遍以上，最终效果才足够美观。

① 第一遍涂刷　先将墙面仔细清扫干净并用布将墙面粉尘擦净。涂刷每面墙面的顺序宜按先左后右、先上后下、先难后易、先边后面的顺序进行，不得胡乱涂刷，以免漏涂或涂刷过厚、涂料不均匀等。通常情况下用排笔涂刷，使用新排笔时，要注意将活动的笔毛清理干净。乳胶漆使用前应搅拌均匀，根据基层及环境的温度情况，可加 10% 水稀释，以免头遍涂料涂刷不开。干燥后修补腻子，待修补腻子干燥后，用 1 号砂纸磨光并清扫干净。

② 第二遍涂刷　操作要求同第一遍乳胶漆。涂刷前要充分搅拌，如不是很稠，则不应加水或少加水，以免漏底。漆膜干燥后，用细砂纸将墙面小疙瘩和排笔毛打磨掉，磨光滑后用布擦干净。

③ 第三遍涂刷　操作要求与前两次相同。由于乳胶漆漆膜干燥快，所以应连续迅速操作，涂刷时从左边开始，逐渐涂刷向右边。

三、裱糊施工

在自建小别墅的裱糊施工中，主要涉及壁纸铺贴与软包装饰。

1. 壁纸铺贴

（1）基层处理

壁纸基层是决定壁纸裱糊质量的重要因素，对于墙面基层要采用腻子将墙面找平。特别注意墙面的阴阳角顺直、方正，不能有掉角，墙面应保证平整，不能有凸出麻点，以达到基层坚实牢固，无疏松、起皮、掉粉现象。同时基层的含水率不能大于 8%，表面用砂纸打毛。

壁纸施工对不同材质的基层处理要求是不同的，如混凝土和水泥砂浆抹灰基层、纸面石膏板、水泥面板、硅钙板基层、木质基层的处理都有所差异，详见表 7-15。

表 7-15　不同基层处理要点

基层种类	处理要点
混凝土及水泥砂浆抹灰基层	① 混凝土及水泥砂浆抹灰基层中的抹灰层与墙体及各抹灰层间必须黏结牢固，抹灰层应无脱层、空鼓，面层应无爆灰和裂缝 ② 立面垂直度及阴阳角方正，允许偏差不得超过 3mm ③ 基体一定要干燥，使水分尽量挥发，含水率最大不能超过 8% ④ 混凝土及水泥砂浆抹灰基层在刮腻子前应涂刷抗碱封闭底漆 ⑤ 满刮腻子、砂纸打光，基层腻子应平整光滑、坚实牢固，不得有粉化起皮、裂缝和凸出物，线角顺直
纸面石膏板、水泥面板、硅钙板基层	① 面板安装牢固，无脱层、翘曲、折裂、缺棱、掉角 ② 立面垂直度及表面平整度允许偏差为 2mm，接缝高低差允许偏差为 1mm，阴阳角方正，允许偏差不得超过 3mm ③ 在轻钢龙骨上固定面板应用自攻螺钉，钉头埋入板内但不得损坏纸面，钉眼要做防锈处理 ④ 在潮湿处应做防潮处理 ⑤ 满刮腻子、砂纸打光，基层腻子应平整光滑、坚实牢固，不得有粉化起皮、裂缝和凸出物，线角顺直
木质基层	① 基层要干燥，木质基层含水率最大不得超过 12% ② 木质面板在安装前应进行防火处理 ③ 木质基层上的节疤、松脂部位应用虫胶膝封闭，钉眼处应用油性腻子嵌补。在刮腻子前应涂刷抗碱封闭底漆 ④ 满刮腻子、砂纸打光，基层腻子应平整光滑、坚实牢固，不得有粉化起皮、裂缝和凸出物，线脚顺直

（2）基层弹线

根据壁纸的规格，在墙面上弹出控制线作为壁纸裱糊的依据，并且可以控制壁纸的拼花接槎部位，花纹、图案、线条纵横贯通。要求每一面墙都要进行弹线，在有窗口的墙面弹出中线，在窗台近 5cm 处弹出垂直线以保证窗间墙壁纸的对称，弹线至踢脚线上口边缘处；在墙面的上面以挂镜线为准，无挂镜线时应弹出水平线。

（3）裁纸

裁纸前要对所需用的壁纸进行统一规划和编号，以便保证按顺序粘贴。裁纸要有专人负责，大面积裁纸时应设专用架子放置壁纸，达到方便施工的目的。根据壁纸裱糊的高度，预留出 10~30mm 的余量，如果壁纸带花纹图案，应按照墙体长度裁割出需要的壁纸数量并且注意编号、对花。裁纸应特别注意切割刀应紧贴尺边，尺子压紧壁纸，用力均匀、一气呵成，不能停顿或变换持刀角度。壁纸边应整齐，不能有毛刺，平放保存。

（4）封底漆

贴壁纸前在墙面基层上刷一遍清油；或者采用专用底漆封刷一道，可以保证墙面基层不返潮，或因壁纸吸收胶液中的水分水而产生变形。

（5）刷胶

壁纸背面和墙面都应涂刷胶黏剂，刷胶应薄厚均匀，墙面刷胶宽度应比壁纸宽 50mm，墙面阴角处应增刷 1~2 遍胶黏剂。一般采用专用胶黏剂，若现场调制胶黏剂，需要通过 400 孔/cm³ 筛子过滤，除去胶中的疙瘩和杂质，调制出的胶液应在当日用完。如果是带背胶壁纸，可将裁好后的壁纸浸泡在水槽中，然后由底部开始，图案面向外，卷成一卷即可上墙裱糊，无需刷胶黏剂。

（6）裱糊

① 无花纹、图案的壁纸　可采用搭接法裱糊，相邻两幅间可拼缝重叠 30mm 左右，并用钢直尺和活动剪刀自上而下，在重叠部分切断，撕下小条壁纸，用刮板从上而下均匀地赶胶，排出气泡，并及时用湿布擦掉多余胶，保证壁纸面干净。较厚的壁纸须用胶辊进行辊压赶平。需要注意的是，发泡壁纸、复合壁纸严禁使用刮板赶压，可采用毛巾、海绵或毛刷赶压，以避免赶压花型出现死褶。

② 有花纹、图案的壁纸　为了保证图案的完整性和连续性，裱贴时采用拼接法，拼贴时先对图案，后拼缝。用前面所述的方法粘贴和切除多余部分，一般在胶黏剂干到一定程度（约半小时）时用钢尺在重叠处拍实后切出多余部分。

（7）饰面清理

表面的胶水、斑污要及时擦干净，各种翘角翘边应进行补胶，并用木棍或橡胶棍压实，有气泡处可先用注射针头排气，同时注入胶液，再用棍子压实。如表面有褶皱时，可趁胶液不干时用湿毛巾轻拭纸面，使之湿润，舒展后壁纸轻刮，滚压赶平。

2. 软包装饰

（1）基层处理

首先要检查墙面及基层的垂直度、平整度，其误差不得大于 3mm；墙面基层的含水率不得大于 8%；另外，墙面基层应涂刷清油或防腐涂料，严禁用沥青油毡做防潮层。

（2）弹线

当设计无要求时，木龙骨竖向间距为 400mm，横向间距为 300mm；门框竖向正面设双排龙骨孔，距墙边 100mm，孔直径为 14mm，深度不小于 40mm，间距在 250 ~ 300mm 之间。

（3）安装木龙骨

木楔应做防腐处理且不削尖，直径应略大于孔径，钉入后端部与墙面齐平；木龙骨应厚度一致，跟线钉在木楔上且钉头砸扁，冲入 2mm。如墙面上安装开关插座，在铺钉木基层时应加钉电气盒框格。最后，用靠尺检查木龙骨面的垂直度和平整度，偏差应不大于 3mm。

（4）安装三合板

三合板在铺钉前应在板背面涂刷防火涂料。木龙骨与三合板接触的一面应刨光，使其平整。用气钉枪将三合板钉在木龙骨上，三合板的接缝应设置在木龙骨上，钉头应埋入板内，使其牢固平整。

（5）安装软包面层

根据设计图纸，在木基层上画出墙、柱面上软包的外框及造型尺寸，并按此尺寸切割九合板，按线拼装到木基层上。其中九合板钉出来的框格即为软包的位置，其铺钉方法与三合板相同；按框格尺寸，裁切出泡沫塑料块，用建筑胶黏剂将泡沫塑料块粘贴于框格内；将裁切好的织锦缎连同保护层用的塑料薄膜覆盖在泡沫塑料块上，用压角木线压住织锦缎的上边缘，在展平织锦缎后用气钉枪钉牢木线，然后绷紧展平的织锦缎钉其下边缘的木线，最后，用锋刀沿木线的外缘裁切下多余的织锦缎与塑料薄膜。

（6）修整

软包安装完毕后，应全面检查和修整。接缝处理要精细，做到横平竖直、框口端正。

四、墙面装修预算

墙面装修预算如表 7-16 所示。

表 7-16　墙面装修预算

工程项目	单位	单价／元	说明
一、乳胶漆工程			
刷乳胶漆	㎡	20	用双飞粉批三遍、一底三面，某品牌 108 环保胶，白色，不含乳胶漆
彩色涂料附加费用	㎡	4	如选用彩色涂料，每平方米多加此项费用
二、裱糊工程			
贴壁纸／壁布	㎡	65~115	包工包料，材料为普通需拼接的款式
贴壁纸／壁布	㎡	90~135	包工包料，材料为无缝款式

第五节　门窗安装

在自建小别墅的基础装修中，门窗是一个不可忽视的项目，一般来说，现在用得比较多的就是木门窗、铝合金门窗以及塑钢门窗这几种。

一、木门、窗安装

木门（图 7-21）、窗具体施工过程如下。

1. 弹线

结构工程经过核验合格后，即可从顶层开始用大线坠吊垂直，检查窗口位置的准确度，并在墙上弹出墨线，门窗洞口结构凸出窗框线时进行剔凿处理。

① 窗框安装的高度应根据室内 +50cm 平线核对检查，使其窗框安装在同一标高上。

② 室外内门框应根据图纸位置和标高安装，并根据门的高度合理设置木砖数量，且每块木砖应钉 2 个 10cm 长的钉子并应将钉帽砸扁钉入木砖内，使门框安装牢固。

③ 轻质隔墙应预设带木砖的混凝土块，以保证其门窗安装的牢固性。

图 7-21　木门

2. 掩扇及安装样板

把窗扇根据图纸要求安装到窗框上，此道工序称为掩扇。对掩扇的质量按验评标准检查缝隙大小、五金位置、尺寸及牢固等。弹线安装窗框扇应考虑抹灰层的厚度，并根据门窗尺寸、标高、位置及开启方向，在墙上画出安装位置线。有贴脸的门窗、立框时应与抹灰面平齐，有预制水磨石板的窗，应注意窗台板的出墙尺寸，以确定立框位置。中立的外窗，如外墙为清水砖墙勾缝时，可稍移动，以盖上砖墙立缝为宜。窗框的安装标高，以墙上弹 +50cm 平线为准，用木楔将窗框临时固定于窗洞内，为保证与相隔窗框平直，应在窗框下边拉小线找直，并用铁水平尺将平线引入洞内作为立框的标准，再用线坠校正吊直。黄花松窗框安装前先对准木砖钻眼，便于后面安装螺钉。

3. 门框安装

家居装修中的门框安装主要分为木门框和钢门框，它们的安装工艺存在一定的差异。

① 木门框安装　应在地面工程施工前完成，门框安装应保证牢固，门框应用钉子与木砖固定牢靠，一般每边不少于两点固定，间距不大于 1.2m。若隔墙为加气混凝土条板时，应按要求间距预留 45mm 的孔，孔深 7~10cm，并在孔内预埋木橛粘 108 胶水泥浆加入孔中（木橛直径应大于孔径 1mm 以使其打入牢固）。待其凝固后再安装门框。

② 钢门框安装

a. 安装前先找正套方，防止在运输及安装过程中产生变形，并应提前刷好防锈漆。

b. 门框应按设计要求及水平标高、平面位置进行安装，并应注意成品保护。

c. 后塞口时，应按设计要求预先埋设铁件，并按规范要求每边不少于两个固定点，其间距不大于 1.2m。

d. 钢门框按图示位置安装就位，检查型号标高，位置无误，及时将框上的铁件与结构预埋铁件焊好、焊牢。

4. 门扇安装

① 确定门的开启方向及小五金型号和安装位置，对开门扇扇口的裁口位置开启方向，一般右扇为盖口扇。

② 检查门口是否尺寸正确，边角是否方正，有无窜角；检查门口高度时应量门的两侧；检查门口宽度时应量门口的上、中、下三点并在扇的相应部位定点画线。

③ 将门扇靠在框上画出相应的尺寸线，如果扇大，则应根据框的尺寸将大出部分刨去；若扇小应帮木条，用胶和钉子钉牢，钉帽要砸扁，并钉入木材内 1~2mm。

④ 第一次修刨后的门扇应以能塞入口内为宜，塞好后用木楔顶住临时固定。按门扇与口边缝宽合适尺寸，画第二次修刨线，标上合页槽的位置（距门扇的上、下端 1/10，且避开上、下冒头）。

⑤ 门扇第二次修刨，缝隙尺寸合适后即安装合页。应先用线勒子勒出合页的宽度，根据上、下冒头 1/10 的要求，钉出合页安装边线，分别从上、下边线往里量出合页长度，剔合页槽时应留线，不应剔得过大、过深。

⑥ 合页槽剔好后，即安装上、下合页，安装时应先拧一个螺钉，然后关上门检查缝隙是否合适，口与扇是否平整，无问题后方可将螺钉全部拧上、拧紧。木螺钉应钉入全长 1/3，或者拧入 2/3。

⑦ 安装对开扇时应将门扇的宽度用尺量好，再确定中间对口缝的裁口深度。如采用企口榫时，对口缝的裁口深度及裁口方向应满足装锁的要求，然后将四周修刨到准确尺寸。

⑧ 五金安装应按设计图纸要求，不得遗漏。一般门锁、拉手等距地高度 95~100cm，插销应在拉手下面，对开门扇装暗插销时，安装工艺同自由门。不宜在中冒头与立梃的结合处安装门锁。

⑨ 安装玻璃门时，一般的玻璃裁口在走廊内，厨房、厕所的玻璃裁口在室内。

⑩ 门扇开启后易碰墙，为固定门扇位置应安装定门器。

二、铝合金门、窗安装

1. 预埋件安装

铝合金门（图 7-22）、窗洞口和洞口预埋件在主体结构施工时，应按施工图纸规定预留、预埋。洞口预埋铁件的间距必须与门窗框上设置的连接件配套。门窗框上的铁脚间距一般为500mm，设置在框转角处的铁脚位置应距转角边缘100~200mm；门窗洞口墙体厚度方向的预埋铁件中心线如设计无规定时，距内墙面100~150mm。

2.门窗框的安装

铝框上的保护膜在安装前后不得撕除或损坏。门窗框安装在洞口的安装线上，调整正、侧面垂直度、水平度和对角线合格后，用对拔木楔临时固定。木楔应垫在边、横框能受力的部位，以免门窗框被挤压变形；组合门窗应先按设计要求进行预拼装，然后先装通长拼樘料，后装分段拼樘料，最后安装基本门窗框。门窗横向及竖向组合应采用套插，搭接应形成曲面组合，搭接量一般不少于10mm，以避免因门窗冷热伸缩和建筑物变形而引起的门窗之间裂缝。缝隙要用密封胶条密封。若门窗框采用明螺栓连接，应用与门窗颜色相同的密封材料将其掩埋密封。

图7-22　铝合金门

3.门窗固定

当门窗洞口预埋铁件、安装铝框时铝框上的镀锌铁脚用电焊直接焊牢在预埋铁件上时，焊接操作严禁在铝框上接地打火，并应用石棉布保护好铝框；如洞口墙体已预留槽口，可将铝框的连接铁脚埋入槽内，用C25级细石混凝土或1：2的水泥砂浆填筑密实；当墙体洞口为混凝土且没有预埋铁件或预留槽口时，连接铁件应先用镀锌螺钉锚固在铝框上，并在墙体上钻孔，用膨胀螺栓将连接件锚固；如门窗洞口墙体为砖砌结构时，应用冲击钻距墙外皮≥50mm钻入 $\phi 8$~$\phi 10$ 的深孔，用膨胀螺栓紧固连接；铝合金门框埋入地面以下应为30~50mm；组合窗框间立柱上下端应各嵌入框顶和框底的墙体内25mm以上，转角处的立柱嵌固长度应在35mm以上；门窗框连接件采用射钉、膨胀螺栓、钢钉等紧固时，其紧固件离墙边缘不得少于50mm，且应错开墙体缝隙，以免紧固失效。

4.门窗安装

框与扇是配套组装而成的，开启扇需整扇安装，门的固定扇应在地面处与竖框之间安装踢脚板；内外平开门装扇，在门上框钻孔插入门轴、门下地面里埋设地脚并装置门轴；

也可在门扇的上部加装油压闭门器或在门扇下部加装门定位器。平开窗可采用横式或竖式不锈钢滑移合页，保持窗扇开启在 0°～90° 之间自行定位。门窗扇启闭应灵活、无卡阻，关闭时四周严密；平开门窗的玻璃下部应垫减震垫块，外侧应用玻璃胶填封，使玻璃与铝框连成整体；当门采用橡胶压条固定玻璃时，先将橡胶压条嵌入玻璃两侧密封，然后将玻璃挤紧，上面不再注胶。选用橡胶压条时，规格要与凹槽的实际尺寸相符，其长度不得短于玻璃边缘长度，且所嵌的胶条要和玻璃槽口贴紧，不得松动。

三、塑钢门、窗安装

1. 弹安装位置线

在安装塑钢门、窗（图 7-23）时，先按照施工图纸弹出门窗安装位置线，同时检查洞口内预埋件的位置和数量。如预埋件位置和数量不符合设计要求或没有预埋件或防腐木砖，则应在门窗安装线上弹出膨胀螺栓的钻孔位置，且钻孔位置应与门窗框连接铁件的位置相对应。

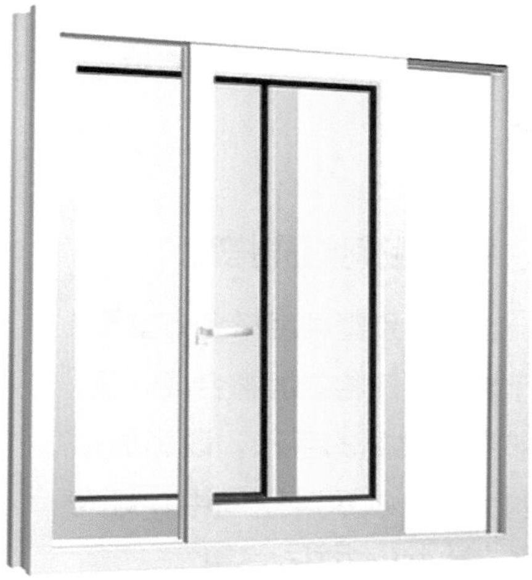

图 7-23　塑钢窗

2. 门窗框安装连接铁件

门窗框连接铁件的安装位置是从门窗框宽和高两端向内各标出 150mm，作为第一个连接铁件的安装点，中间安装点间距 ≤ 600mm。安装方法是先把连接铁件与门窗框成 45° 角放入其背面燕尾槽内，顺时针方向把连接铁件扳成直角，然后成孔，旋进 $\phi 4 \times 15mm$ 自攻螺钉固定，严禁用锤子敲打门窗框，以免损坏。

① 立樘子　把门窗放进洞口安装线上就位，用对拔木楔临时固定。校正正、侧面垂直度、对角线和水平度合格后，将木楔固定牢靠。为防止门窗框受木楔挤压变形，木楔应塞在门窗角、中竖框、中横框等能受力的部位。门窗框固定后，应开启门窗扇，反复检查开关灵活度，如有问题应及时调整；用膨胀螺栓固定连接铁件时，一个连接铁件不得少于2 个螺栓。如洞口是预埋木砖，则用 2 个螺钉将连接铁件紧固于木砖上。

② 塞缝　门窗洞口面层粉刷前，除去安装时临时固定的木楔，在门窗周围缝隙内塞入发泡轻质材料，使之形成柔性连接，以适应热胀冷缩。从框底清理灰渣，嵌入的密封膏应填实均匀。连接铁件与墙面之间的空隙内也需注满密封膏，其胶液应冒出连接铁件 1~2mm。严禁用水泥砂浆或麻刀灰填塞，以免门窗框架受震变形。

③ 安装小五金　塑料门窗安装小五金时，必须先在框架上钻孔，然后用自攻螺钉拧入，严禁直接锤击打入。

④ 安装玻璃　扇、框连在一起的半玻璃平开门，可在安装后直接装玻璃。对可拆卸的

窗扇，如推拉窗扇，可先将玻璃装在扇上，再把扇装在框上。

⑤ 清洁　粉刷门窗洞口墙面面层时，应先在门窗框、扇上贴好防污纸，以避免水泥砂浆污染。局部受水泥砂浆污染的，应及时用擦布擦拭干净。玻璃安装后，必须及时擦除玻璃上的胶液等污染物，直至光洁明亮。

第六节　照明布置

照明的灯具充满室内的各处空间，如客厅、卧室以及卫生间等；充满各处平面，如吊顶、墙面以及地面等。掌握这些照明的种类以及适合应用的空间，才能设计出良好的照明效果。

一、挑高空间灯光搭配

自建小别墅中经常会有堂屋 / 客厅或者餐厅将二层整合成一层，局部空间挑高的手法，以彰显别墅的大气。在这种空间中，灯光搭配一般有以下几种方式。

1. 仅设置主灯

挑高空间在仅设置主灯时会选择吊灯作为光源，使用这种方式时首先要确定有良好的自然采光，否则单一的主灯无法保证整

图 7-24　挑高餐厅灯光布置

个空间的亮度。通常来说，由于客厅使用频率较高且是装饰的重点环节，所以不会采用这种简单照明的方式。这种照明会在部分别墅中的餐厅中使用，如图 7-24 所示，主灯下吊距离比普通挑高空间更大，这时，主灯则要酌情增加下吊距离，让吊灯更加接近餐桌面。

2. 主灯搭配简单补光

当主灯由多盏光源组合设计而成时，相对来说可以为挑高空间提供充足的光照，不需要过多的点光源来补充照明，最后可针对照度不足的地方或者是重点装饰物品增加针对性光源（图 7-25）。需要注意的是，在挑高空间照明设计中吊灯的大小很关键。一般情况下，吊顶从顶面下吊的距离，是空间总层高的 1/3 比较理想，这样的光照比较均匀。

3. 主灯搭配多种补光

为了防止使用单一的主灯过于单调，可以采用搭配多种补光手法的照明方式，如筒灯、射灯、灯带、壁灯等多种方式，如图 7-26 所示。在布置时需要注意点光源的设置都需要选择大功率的，这样才能保证灯光对地面的家具产生影响，从而产生柔和的层次感。

图 7-25　主灯搭配简单补光

图 7-26　主灯搭配多种补光

二、灯光布置技巧

1. 注意灯具的层次与呼应

在灯光布置时，空间内部涉及灯具种类甚多，各空间之间主光源也可能会有不同的种类，因而在布置时，应将主空间的重点光源作为设计的出发点，其他的诸如筒灯及射灯来烘托墙面的设计造型，台灯、落地灯及壁灯用于增添照明的层级变化，使灯光充满变化性。各空间之间的灯光也要有机搭配，形成统一和谐的整体，如图 7-27 所示。

图 7-27　客厅与餐厅选用样式一致的灯具

2. 选择合适的主灯

选择灯具时首先要考虑到主光源照明的覆盖面积。若没有参考客厅的面积，则有可能会出现灯具亮度不够，房间昏暗的情况，或者亮度过高过于刺眼。然后要选择那种主灯带有多级调光的，可提供多种不同程度的照明。

3. 营造温馨空间的无主灯设计

在如今的一些空间设计中，主灯常常被射灯、筒灯等点光源所代替，有的还会和灯带搭配使用，这种方式的好处是没有明显的主要光源，因而灯光的整体表现较为柔和，能够提供有质感的环境光，如果卧室采用这种形式（图7-28），还能打造出整体亮度柔和，光影变化丰富的效果，有助于提高睡眠质量。

图7-28　无主灯设计

第七节　软装布置

一、堂屋和客厅

客厅是家庭住宅的核心区域。在自建小别墅中，堂屋/客厅的面积最大，空间也是开放性的，风格可以通过多种手法来实现，其中较为关键的要点为后期配饰，可以通过家具、灯具、工艺品等的不同运用来表现不同风格，突出空间感。

1. 家具搭配

在家具搭配中，空间形式不同，则家具布置的形式也不同。若空间规整，如图7-29所示，则家具的摆放相对较为容易；若空间不规整，呈现出三角形或者多边形的情况，一般可以通过摆放的方式隐性划分空间，形成多个区域，并让主空间呈现方正的形态。

图7-29　堂屋/客厅家具布局宜方正

2. 布艺织物

堂屋或客厅的布艺织物在呈现上主要有三种形式，分别为地毯、窗帘、抱枕（图7-30）。

（1）地毯

堂屋或客厅是人们走动最频繁的地方，最好选择耐磨、颜色耐脏的地毯；可选择花形较大、线条流畅的地毯图案，能营造开阔的视觉效果。大面积的客厅空间，地毯可以放在沙发和茶几下，使空间更加整体大气。

（2）窗帘

窗帘要与整体房间、家具颜色相和谐，一般窗帘的色彩要深于墙面，如淡黄色的墙面，可选用黄色或浅棕色的窗帘。在材质上，想营造自然、清爽的家居环境，可选择轻柔的布质类面料，想营造雍容、华丽的居家氛围，可选用柔滑的丝质面料。

（3）抱枕

客厅中最主要的家具即为沙发，因此在沙发上摆放适合的抱枕，可以使客厅的格调再上一层楼，需要注意的是，抱枕的数量并非越多越好，建议摆放少数几个即可。

窗帘
红色的窗帘与绿色的沙发形成鲜明的对比，视觉上非常有冲击感

抱枕
毛绒抱枕和绒质沙发在材质上相互呼应，相得益彰

地毯
灰白色的地毯中和了空间中过多的色彩，减少杂乱感

图 7-30 客厅布艺织物

3. 装饰画

装饰画（图 7-31）的尺寸宜根据房间特征和主体家具的尺寸进行选择。一般来说，狭长的墙面适合挂放狭长、多幅组合或者尺寸较小的画，方形的墙面适合挂放横幅、方形或者尺寸较小的画。针对自建小别墅，如果空间高度在 3m 以上，最好选择尺寸较大的画，以凸显效果。

4. 花卉绿植

摆放一些果实类、绿叶类的植物或寓意较好的植物，如蓬莱松、仙人掌、罗汉松、七叶莲、发财树、君子兰、兰花、仙客来、柑橘、巢蕨、龙血树等，代表着硕果累累和财运滚滚，给客厅带来热烈的气氛，给全家增添吉祥好运的好彩头。植物高低和大小要与客厅的大小成正比，位置让人一进客厅就能看到，不可隐藏，对脱落、发蔫、腐烂等植物，应及时更换。

5. 工艺品

配置工艺品（图7-31）时要遵循少而精的原则，符合构图章法，注意视觉效果，并与客厅总体格调相统一，突出客厅空间的主题意境。

图7-31 客厅中的装饰画与工艺品

二、餐厅

餐厅是家庭中用于就餐的场所。餐厅家具和配饰可以直接影响人的食欲，因此，需要更加精心地选择搭配。餐厅中的必备家具包括餐桌和座椅，而装饰品的选，以墙面装饰画和桌面绿植居多。

1. 家具搭配

餐厅的主要家具是餐桌和餐椅，餐桌和餐椅占餐厅面积的比例主要取决于整个餐厅面积的大小，一般来说，餐桌大小不要超过整个餐厅的1/3。在餐桌和餐椅的摆放上，应在桌椅组合的周围留出一定的宽度，以免当人坐下来，椅子后方无法让人通过，影响到出入或上菜的动线。

2. 布艺织物

（1）窗帘

窗帘（图7-32）的宽度尺寸，一般以两侧比窗户各宽出10cm左右为宜，底部应视窗帘式样而定，短式窗帘也应长于窗台底线20cm左右为宜；落地窗帘一般应距地面2~

3cm。在样式方面，则宜采用比较大方、气派、精致的样式。

（2）桌布与椅套

在选择时要注意与整体大环境相协调。例如，田园风格的餐厅，桌布、椅套的图案应以碎花、格子为主；现代风格的餐厅桌布、椅套则可以用纯色。整体来说，餐厅桌布、椅套在色彩上应以暖色调为主，图案上不要过于烦琐，避免喧宾夺主（图7-32）。

窗帘
选用透亮的窗帘可以在一定程度上保护隐私，同时也能保证明亮的就餐环境

桌布
简单几何造型的桌布能够很好地展现北欧风格的韵味

图7-32　餐厅中的窗帘与桌布

3.装饰画

餐厅装饰画（图7-33）的色调要柔和清新，画面要干净整洁，笔触要细腻逼真；题材上以水果、写实风景较为适合，当然也可以根据自身喜好加以选择。特别指出的是，在餐厅与客厅一体相通时，最好能与客厅配画相连贯协调。另外，餐厅装饰画的尺寸控制在50cm×60cm左右比较适合；如果是单一的大幅装饰画，画框与家具的最佳距离为8~16cm。

装饰画
风景类的装饰画非常符合餐厅的气氛

花卉绿植
花卉和绿植能够很好地调节餐厅的气氛，可以让空间更有生机

图7-33　装饰画与花卉绿植

4. 工艺品

工艺品在餐厅中的陈设要适量，要与室内整体氛围"情投意合"。无论是瓷器还是其他工艺品，都不要过多，要少而精，起到画龙点睛的作用即可。餐厅中最简单有效的工艺品，即为杯盘碗盏，放置在餐桌上既有实用功能，又有装饰功能。

5. 花卉绿植

餐厅环境首先应考虑清洁卫生，植物也应以清洁、无异味的品种为主，适合摆一些与餐桌环境相协调的植物，吃饭时会别具情趣（图7-33）。

三、卧室

卧室布置得好坏，直接影响到居住者的生活、工作和学习，对创造一个优美的休息环境起着举足轻重的作用。

其中私密性是卧室最重要的属性，在软装布置上，隔声材料的使用较为常见。

1. 家具搭配

卧室家具要根据不同的空间进行摆放与搭配，具体如图7-34所示。

睡眠区	梳妆区	休息区	阅读区
放置床、床头柜和照明设施的地方，这个区域的家具越少越好，可以减少压迫感，扩大空间感，延伸视觉	由梳妆台构成，周围不宜有太多的家具包围，要保证有良好的照明效果	休息区可放置沙发、茶几、音响等家具，其中可以多放一些绿色植物，不要用太杂的颜色	卧室面积较大的房型，可以放置书桌、书橱等家具，其位置应该在房间中最安静的角落，这样才能让人安心阅读

图7-34　卧室家具分区搭配

2. 布艺织物

（1）窗帘

在设计搭配上，卧室窗帘以窗纱配布帘的双层面料组合为多，一来隔声，二来遮光效果好，同时色彩丰富的窗纱会将窗帘映衬得更加柔美、温馨；此外，还可以选择遮光布，良好的遮光效果可以令家人拥有一个绝佳的睡眠。

（2）床品

卧室床品（图7-35）选择比较宽泛，色

图7-35　卧室床品

彩和图案众多，可根据个人喜好以及整体的风格来选购。例如，不大的卧室空间宜选用色调自然且极富想象力的条纹布作装饰，会起到延伸卧室空间的效果。浅色调的家具宜选用淡粉、粉绿等雅致的碎花布料；对于深色调的家具，墨绿、深蓝等色彩都是上乘之选。

（3）地毯

一般情况下，地毯都放在卧室门口或者床底下，大小一般以小尺寸的地毯或是脚垫最佳。这样既可以美化卧室，又具有清洁卧室的作用。在色彩的选择上，可以将卧室中主要的几种色调作为地毯颜色的构成要素。按照这样的方法进行选择，不仅简单，又保证了准确性。

3. 装饰画

卧室背景墙上的装饰画往往会成为视觉重点，可以选择以花卉、人物、风景等为题材的装饰画，或让人联想丰富的抽象画、印象画等（图7-36）。卧室装饰画的色彩和风格要与卧室的装修风格相符，适宜选择色彩比较温和淡雅的画作。另外，卧室的装饰画高度一般在50~80cm之间，长度根据墙面或者主体家具的长度而定，不宜小于床长度的2/3。

4. 工艺品

卧室中最好选择柔软、体量小的工艺品作为装饰，不适合在墙面上悬挂鹿头、牛头等兽类装饰，以免给半夜醒来的居住者带来惊吓；另外，卧室中也不适合摆放刀剑等利器装饰物，会带来一定的安全隐患；如果在卧室中悬挂镜子，最好不要直接对着床。

5. 花卉绿植

卧室追求雅洁、宁静、舒适，内部放置植物，有助于提升休息与睡眠的质量。在宽敞的卧室里，可选用站立式的大型盆栽；小一点儿的卧室，则可选择吊挂式的盆栽，或将植物套上精美的套盆后摆放在窗台或化妆台上。此外摆放君子兰、绿萝、文竹等植物，具有柔软感，能松弛神经，这些植物都是点缀卧室的好帮手，详见图7-36。

装饰画
同色系的简单的装饰画虽然不是视觉重点，但点缀性很好

花卉绿植
窗口处和床头墙体处的绿植活用了各种样式的陈设形式，饶有趣味

图7-36　卧室中的装饰画与花卉绿植

四、书房

书房是用来学习、阅读以及办公的地方。在家具布置方面要求简洁、明净。常用的家具有书桌、椅子、书柜、角几、单人沙发。在软装布置上，可以选用一些带有文化韵味的装饰，来突出书房的整体气质。

1. 家具搭配

（1）选择要素

书房选择家具首先要考虑与居室风格色彩的配套，另外，可根据心理需求选择。通常来说，深色的办公用具可以保证学习、工作时的心态沉静稳定（图7-37）；而色彩鲜艳的、造型别致的办公用具，对于激发灵感十分有益。另外，与客厅等空间不同的是，书房具有一定学术性，因此家具适宜整套选购，不宜过于杂乱，过于休闲。

（2）布置要素

书房中主要的家具为书柜和书桌，像座椅和沙发不宜摆放太多，毕竟书房是一个比较私人的空间，一般不会接待太多人。如果空间的面积较大，可以放置一张双人沙发或是两张相同款式的单人沙发。

在位置的摆放上，将书桌对着门放置比较好，但在位置上却要避开

图 7-37　深色办公用具

门，不可和门相对，否则不利于居住者工作时的精神集中。另外，书房的座椅应尽量选择带有靠背的，或者靠墙摆放。这样既有安全感，又不易受打扰。而书橱的摆放则应尽量靠近书桌的位置，便于存取书籍。

2. 布艺织物

（1）地毯

一般来说，书房的地面色彩以深色调为主，可以体现出书房沉稳的气质。书房中最适合在书桌和座椅下面铺设地毯，可以有效地防止推拉桌椅时伤到地板，如图7-38所示。

图 7-38　书房地毯

（2）窗帘

窗帘颜色可以根据居住者的喜好来选择，如淡蓝色的窗帘，能够令人沉静；绿色窗帘清新自然，还能保护视力。另外，安装百叶帘也是不错的选择，强烈的光照透过百叶帘可以变得温暖舒适。

3. 装饰画

在选择卷轴字画时需要注意，书画的横竖尺寸要根据书房墙面高矮来定。偏矮的墙面可以挂一幅横批字画，一般来说挂竖轴较多。另外，书房字画的大小要适中，要少而精，否则物极必反，影响书画本来的文化作用。

4. 工艺品

书房中的工艺品（图7-39）应体现端丽、清雅的文化气质和风格。其中文房四宝和古玩能够很好地凸显书房韵味；在略显现代的书房中，可以加入抽象工艺品，来匹配书房的雅致风格。另外，在选择书房工艺品时，还应与整体的装修和家具的颜色相配套，不能因为一味追求个性而忽略搭配，破坏了书房的整体气氛。

5. 花卉绿植

摆放植物装点书房，要根据书房和家具的形状、大小来选择。如书房较狭窄，则不宜选体积过大的品种，以免产生拥挤压抑的感觉。可在适当的地方放一些小巧的植物，起到点缀装饰的效果，为书房平添一份清雅祥和的气氛，学习起来比较轻松，心情好，效率高，如图7-39所示。书房中可以选用山竹花、文竹、富贵竹、常青藤等植物，这些植物可提高人的思维反应能力，对学生或从事脑力劳动的人有益。在书桌上，也可以放盆叶草菖蒲，它有凝神通窍，防止失眠的作用。

工艺品
这种体态流畅，造型简单的小鸟以及抽象的苹果工艺品给书房增添了生动性和趣味性

花卉绿植
绿植布置在较少利用的书柜顶部，不仅节省空间，还能平添绿意

图7-39　书房中的工艺品与花卉绿植

第八节 不同价位的装修方案速查

本节梳理出一栋二层自建小别墅（图7-40）的三挡预算表（表7-17~表7-19），可供读者参考。

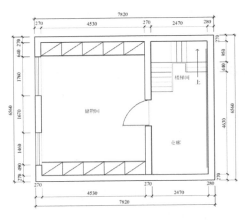

（a）地下一层平面图

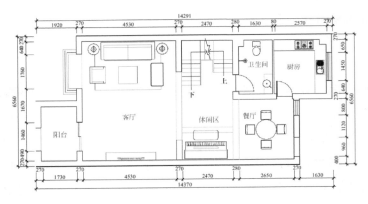

（b）一层平面图

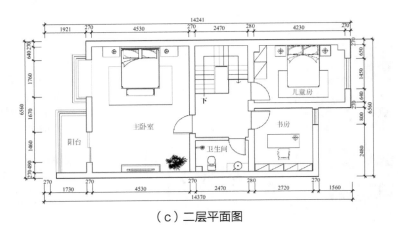

（c）二层平面图

图7-40 二层自建小别墅平面图

表 7-17　预算表（一）（经济型）

序号	项目	工程量	单位	综合单价 / 元	合价 / 元	备注
一楼						
一、客厅						
1	墙顶面找平	69.20	m²	5.00	346.00	粉刷石膏
2	墙面漆（立邦净味超白）	41.90	m²	26.00	1089.40	披刮腻子 2~3 遍，乳胶漆面漆 2 遍
3	顶面漆（立邦净味超白）	27.30	m²	26.00	709.80	披刮腻子 2~3 遍，乳胶漆面漆 2 遍
4	石膏线	22.00	m²	25.00	550.00	双层石膏板条刷白色乳胶漆
5	电视墙造型	7.40	m²	320.00	2368.00	大芯板基层水曲柳搓色工艺
6	电视墙造型茶镜	0.81	m²	180.00	145.80	定做成品
7	隔断造型	2.30	m²	380.00	874.00	
8	10mm 钢化清玻璃	2.30	m²	180.00	414.00	定做成品
9	地面砖	27.30	m²	110.00	3003.00	800mm×800mm 的地面砖
10	地面砖铺装（辅料 + 人工）	27.30	m²	45.00	1228.50	
11	地面砖踢脚线	15.00	m²	25.00	375.00	110mm 高的踢脚线
12	踢脚线铺装（辅料 + 安装）	15.00	m²	25.00	375.00	
13	窗台大理石	1.32	m²	180.00	237.60	
14	窗台大理石磨边 + 安装	1.76	m	45.00	79.20	
二、走廊						
1	墙顶面找平	17.30	m²	5.00	86.50	粉刷石膏
2	墙面漆（立邦净味超白）	7.00	m²	26.00	182.00	披刮腻子 2~3 遍，乳胶漆面漆 2 遍
3	顶面漆（立邦净味超白）	10.30	m²	26.00	267.80	披刮腻子 2~3 遍，乳胶漆面漆 2 遍
4	石膏板吊顶	8.70	m²	125.00	1087.50	轻钢龙骨框架、9 厘（mm）石膏板贴面、按公司工艺施工（详见合同附件），不含批灰 及乳胶漆，布线及灯具安装另计；按投影面积计算
5	包管道	1.00	根	320.00	320.00	木龙骨石膏板基层刷乳胶漆
6	地面砖	10.30	m²	110.00	1133.00	800mm×800mm 的地面砖
7	地面砖铺装（辅料 + 人工）	10.30	m²	45.00	463.50	

序号	项目	工程量	单位	综合单价/元	合价/元	备注
8	地面砖踢脚线	7.00	m²	25.00	175.00	110mm 高的踢脚线
9	踢脚线铺装（辅料＋安装）	7.00	m²	25.00	175.00	
三、餐厅						
1	石膏线	9.00	m	25.00	225.00	双层石膏板条刷白色乳胶漆
2	地面砖	8.80	m²	110.00	968.00	800mm×800mm 的地面砖
3	地面砖铺装（辅料＋人工）	8.80	m²	45.00	396.00	
4	地面砖踢脚线	12.00	m²	25.00	300.00	110mm 高的踢脚线
5	踢脚线铺装（辅料＋安装）	12.00	m²	25.00	300.00	
四、外阳台						
1	墙顶面找平	14.84	m²	5.00	74.20	粉刷石膏
2	墙面漆（立邦净味超白）	10.10	m²	26.00	262.60	披刮腻子 2~3 遍，乳胶漆面漆 2 遍
3	顶面漆（立邦净味超白）	4.74	m²	26.00	123.24	披刮腻子 2~3 遍，乳胶漆面漆 2 遍
4	地面砖	4.74	m²	110.00	521.40	300mm×300mm 的防滑砖
5	地面砖铺装（辅料＋人工）	4.74	m²	45.00	213.30	
6	推拉门套	12.50	m	105.00	1312.50	
7	推拉门	9.60	m²	245.00	2352.00	
五、厨房						
1	集成吊顶	6.90	m²	125.00	862.50	轻钢龙骨骨架，铝扣板饰面
2	地面防滑砖	6.90	m²	125.00	862.50	300mm×300mm 的防滑砖
3	地面砖铺装（辅料＋人工）	6.90	m²	26.00	179.40	
4	墙面砖	25.00	m²	110.00	2750.00	300mm×450mm 的砖
5	墙面砖铺装（辅料＋人工）	25.00	m²	45.00	1125.00	
6	防水处理	15.00	m²	45.00	675.00	
7	门加套	1.00	套	1350.00	1350.00	
8	门锁、门吸、合页	1.00	套	210.00	210.00	
六、卫生间						
1	集成吊顶	4.50	m²	125.00	562.50	轻钢龙骨骨架，铝扣板饰面

续表

序号	项目	工程量	单位	综合单价/元	合价/元	备注
2	地面防滑砖	4.50	m²	125.00	562.50	300mm×300mm 的防滑砖
3	地面砖铺装（辅料＋人工）	18.40	m²	26.00	478.40	
4	墙面砖	18.40	m²	110.00	2024.00	300mm×450mm 的砖
5	墙面砖铺装（辅料＋人工）	21.00	m²	45.00	945.00	
6	防水处理	12.00	m²	45.00	540.00	
7	门加套	1.00	套	1350.00	1350.00	
8	门锁、门吸、合页	1.00	套	210.00	210.00	
二楼						
一、主卧室						
1	墙顶面找平	52.90	m²	5.00	264.50	粉刷石膏
2	墙面漆（立邦净味超白）	40.67	m²	26.00	1057.42	披刮腻子 2~3 遍，乳胶漆面漆 2 遍
3	墙面基层处理	12.23	m²	20.00	244.60	披刮腻子 2~3 遍
4	顶面漆（立邦净味超白）	27.30	m²	26.00	709.80	披刮腻子 2~3 遍，乳胶漆面漆 2 遍
5	石膏线	22.00	m	25.00	550.00	双层石膏板条刷白色乳胶漆
6	壁纸	3.00	卷	165.00	495.00	
7	壁纸胶＋基膜	3.00	卷	25.00	75.00	
8	贴壁纸人工费	3.00	卷	25.00	75.00	
9	地面砖	27.30	m²	110.00	3003.00	800mm×800mm 的地面砖
10	地面砖铺装（辅料＋人工）	27.30	m²	45.00	1228.50	
11	地面砖踢脚线	19.00	m²	25.00	475.00	110mm 高的踢脚线
12	踢脚线铺装（辅料＋安装）	19.00	m²	25.00	475.00	
13	门加套	1.00	套	1350.00	1350.00	
14	门锁、门吸、合页	1.00	套	210.00	210.00	
15	窗台大理石	1.32	m²	180.00	237.60	
16	窗台大理石磨边＋安装	1.76	m	45.00	79.20	
二、外阳台						
1	墙顶面找平	14.84	m²	5.00	74.20	粉刷石膏
2	墙面漆（立邦净味超白）	10.10	m²	26.00	262.60	披刮腻子 2~3 遍，乳胶漆面漆 2 遍

序号	项目	工程量	单位	综合单价/元	合价/元	备注
3	顶面漆（立邦净味超白）	4.74	m²	26.00	123.24	披刮腻子 2~3 遍，乳胶漆面漆 2 遍
4	地面砖	4.74	m²	110.00	521.40	300mm×300mm 的防滑砖
5	地面砖铺装（辅料＋人工）	4.74	m²	45.00	213.30	
6	推拉门套	12.50	m	105.00	1312.50	
7	推拉门	9.60	m²	245.00	2352.00	
三、儿童房						
1	墙顶面找平	45.60	m²	5.00	228.00	粉刷石膏
2	墙面漆（立邦净味超白）	34.00	m²	26.00	884.00	披刮腻子 2~3 遍，乳胶漆面漆 2 遍
3	顶面漆（立邦净味超白）	11.60	m²	26.00	301.60	披刮腻子 2~3 遍，乳胶漆面漆 2 遍
4	衣橱柜体	4.32	m²	650.00	2808.00	杉木板柜体
5	包管道	1.00	根	280.00	280.00	木龙骨石膏板基层刷乳胶漆
6	石膏线	14.00	m	25.00	350.00	双层石膏板条刷白色乳胶漆
7	地面砖	11.60	m²	110.00	1276.00	800mm×800mm 的地面砖
8	地面砖铺装（辅料＋人工）	11.60	m²	45.00	522.00	
9	地面砖踢脚线	12.00	m²	25.00	300.00	110mm 高的踢脚线
10	踢脚线铺装（辅料＋安装）	12.00	m²	25.00	300.00	
11	门加套	1.00	套	1350.00	1350.00	
12	门锁、门吸、合页	1.00	套	210.00	210.00	
13	窗台大理石	0.70	m²	180.00	126.00	
14	窗台大理石磨边＋安装	1.45	m	45.00	65.25	
四、书房						
1	墙顶面找平	37.65	m²	5.00	188.25	粉刷石膏
2	墙面漆（立邦净味超白）	29.45	m²	26.00	765.70	披刮腻子 2~3 遍，乳胶漆面漆 2 遍
3	顶面漆（立邦净味超白）	8.20	m²	26.00	213.20	披刮腻子 2~3 遍，乳胶漆面漆 2 遍
4	石膏线	12.00	m	25.00	300.00	双层石膏板条刷白色乳胶漆
5	包书柜	1.00	项	900.00	900.00	大芯板柜体
6	地面砖	8.20	m²	110.00	902.00	800mm×800mm 的地面砖

续表

序号	项目	工程量	单位	综合单价/元	合价/元	备注
7	地面砖铺装（辅料＋人工）	8.20	m²	45.00	369.00	
8	地面砖踢脚线	11.00	m²	25.00	275.00	110mm 高的踢脚线
9	踢脚线铺装（辅料＋安装）	11.00	m²	25.00	275.00	
10	门加套	1.00	套	1350.00	1350.00	
11	门锁、门吸、合页	1.00	套	210.00	210.00	
12	窗台大理石	0.24	m²	180.00	43.20	
13	窗台大理石磨边＋安装	0.80	m	45.00	36.00	
五、卫生间						
1	集成吊顶	3.70	m²	125.00	462.50	轻钢龙骨骨架，铝扣板饰面
2	地面防滑砖	3.70	m²	125.00	462.50	300mm×300mm 的防滑砖
3	地面砖铺装（辅料＋人工）	3.70	m²	55.00	203.50	
4	墙面砖	15.40	m²	110.00	1694.00	300mm×450mm 的砖
5	墙面砖铺装（辅料＋人工）	15.40	m²	45.00	693.00	
6	防水处理	12.00	m²	65.00	780.00	
7	门加套	1.00	套	2450.00	2450.00	
8	门锁、门吸、合页	1.00	套	320.00	320.00	
地下一楼						
一、走廊						
1	墙面漆（立邦净味超白）	40.67	m²	26.00	1057.42	披刮腻子 2~3 遍，乳胶漆面漆 2 遍
2	顶面漆（立邦净味超白）	27.00	m²	26.00	702.00	披刮腻子 2~3 遍，乳胶漆面漆 2 遍
3	隔断	3.20	m²	400.00	1280.00	
4	装饰柜	1.20	m²	500.00	600.00	大芯板柜体
5	楼梯底储藏柜柜门	1.41	m²	320.00	451.20	大芯板柜体
6	地面砖	27.00	m²	110.00	2970.00	800mm×800mm 的地面砖
7	地面砖铺装（辅料＋人工）	27.00	m²	45.00	1215.00	
8	地面砖踢脚线	21.00	m²	25.00	525.00	110mm 高的踢脚线

序号	项目	工程量	单位	综合单价/元	合价/元	备注
9	踢脚线铺装（辅料＋安装）	21.00	m²	25.00	525.00	
二、储物室						
1	墙面漆（立邦净味超白）	25.33	m²	26.00	658.58	披刮腻子 2~3 遍，乳胶漆面漆 2 遍
2	顶面漆（立邦净味超白）	27.30	m²	26.00	709.80	披刮腻子 2~3 遍，乳胶漆面漆 2 遍
3	衣橱柜体	20.60	m²	650.00	13390.00	杉木板柜体
4	封门洞	1.60	m²	180.00	288.00	
5	地面砖	27.00	m²	110.00	2970.00	800mm×800mm 的地面砖
6	地面砖铺装（辅料＋人工）	27.00	m²	45.00	1215.00	
7	地面砖踢脚线	21.00	m²	25.00	525.00	110mm 高的踢脚线
8	踢脚线铺装（辅料＋安装）	21.00	m²	25.00	525.00	
9	门加套	1.00	套	1350.00	1350.00	
10	门锁、门吸、合页	1.00	套	210.00	210.00	
11	窗台大理石	0.24	m²	180.00	43.20	
12	窗台大理石磨边＋安装	0.80	m	45.00	36.00	
三、楼梯间						
1	墙面漆（立邦净味超白）	56.21	m²	26.00	1461.46	披刮腻子 2~3 遍，乳胶漆面漆 2 遍
2	顶面漆（立邦净味超白）	10.80	m²	26.00	280.80	披刮腻子 2~3 遍，乳胶漆面漆 2 遍
3	地面砖	10.80	m²	110.00	1188.00	800mm×800mm 的地面砖
4	地面砖铺装（辅料＋人工）	10.80	m²	45.00	486.00	
5	地面砖踢脚线	11.00	m²	25.00	275.00	110mm 高的踢脚线
6	踢脚线铺装（辅料＋安装）	11.00	m²	25.00	275.00	
7	门加套	1.00	套	1350.00	1350.00	
8	门锁、门吸、合页	1.00	套	210.00	210.00	
合计：111475.66 元						

续表

序号	项目	工程量	单位	综合单价/元	合价/元	备注
四、其他						
1	安装灯具	1.00	项	500.00	500.00	甲供灯具，不包含客厅主灯及复杂水晶灯
2	垃圾清运	1.00	项	280.00	280.00	运到物业指定地点
小计：780.00 元						
工程直接费用合计：112255.66 元						
工程管理费（直接费 ×12%）：13470.68 元						
工程总造价：125726.34 元						

注：1.为了维护您的利益，请您不要接受任何的口头承诺。

2.计算乳胶漆面积和墙砖面积时，门窗洞口面积减半计算，以上墙漆报价不含特殊墙面处理。

3.实际发生项目若与报价单不符，一切以实际发生为准。

4.水电施工按实际发生计算（算在增减项内）。电路改造：明走管 20 元 /m；砖墙暗走管 28 元 /m；混凝土暗走管 30 元 /m。WAGO 接线端子 5 元 / 个。水路改造：PPR 明走管 88.4 元 /m；PPR 暗走管 108.5 元 /m。新开槽布底盒 4 元 / 个，原有底盒更换 2 元 / 个。水电路工程不打折。

表 7-18　预算表（二）（中档）

序号	项目	工程量	单位	综合单价/元	合价/元	备注
一楼						
一、客厅						
1	墙顶面找平	69.20	m²	12.00	830.40	粉刷石膏
2	墙面漆（立邦三合一）	41.90	m²	45.00	1885.50	披刮腻子 2~3 遍，乳胶漆面漆 2 遍
3	顶面漆（立邦三合一）	27.30	m²	45.00	1228.50	披刮腻子 2~3 遍，乳胶漆面漆 2 遍
4	石膏板吊顶	8.70	m²	165.00	1435.50	轻钢龙骨框架、9 厘（mm）石膏板贴面，按公司工艺施工（详见合同附件），不含批灰及乳胶漆，布线及灯具安装另计；按投影面积计算
5	电视墙造型	7.40	m²	450.00	3330.00	大芯板基层水曲柳搓色工艺
6	电视墙砂岩基层	5.00	m²	125.00	625.00	细木工板基层

序号	项目	工程量	单位	综合单价/元	合价/元	备注
7	电视墙砂岩模块	5.00	m²	350.00	1750.00	300mm×300mm 的成品砂岩模块
8	隔断造型	2.30	m²	450.00	1035.00	细木工板基层，澳松板饰面，喷白色混油
9	18mm 白色混油花格	2.30	m²	380.00	874.00	定做成品
10	沙发背景石膏板造型	6.00	m²	165.00	990.00	木龙骨骨架，石膏板饰面
11	地面砖	27.30	m²	365.00	9964.50	800mm×800mm 的地面砖
12	地面砖铺装（辅料＋人工）	27.30	m²	55.00	1501.50	
13	地面砖踢脚线	15.00	m	25.00	375.00	110mm 高的踢脚线
14	踢脚线铺装（辅料＋安装）	15.00	m	21.00	315.00	
15	窗台大理石	1.32	m²	365.00	481.80	
16	窗台大理石磨边＋安装	1.76	m	85.00	149.60	
二、走廊						
1	墙顶面找平	17.30	m²	12.00	207.60	粉刷石膏
2	墙面漆（立邦三合一）	7.00	m²	45.00	315.00	披刮腻子 2~3 遍，乳胶漆面漆 2 遍
3	顶面漆（立邦三合一）	10.30	m²	45.00	463.50	披刮腻子 2~3 遍，乳胶漆面漆 2 遍
4	石膏板吊顶	8.70	m²	165.00	1435.50	轻钢龙骨框架、9 厘（mm）石膏板贴面，按公司工艺施工（详见合同附件），不含批灰及乳胶漆，布线及灯具安装另计；按投影面积计算
5	包管道	1.00	根	320.00	320.00	木龙骨石膏板基层刷乳胶漆
6	地面砖	10.30	m²	365.00	3759.50	800mm×800mm 的地面砖
7	地面砖铺装（辅料＋人工）	10.30	m²	55.00	566.50	
8	地面砖踢脚线	7.00	m²	25.00	175.00	110mm 高的踢脚线
9	踢脚线铺装（辅料＋安装）	7.00	m²	21.00	147.00	
三、餐厅						
1	石膏线	9.00	m	45.00	405.00	120mm 欧式石膏线
2	地面砖	8.80	m²	365.00	3212.00	800mm×800mm 的地面砖
3	地面砖铺装（辅料＋人工）	8.80	m²	55.00	484.00	
4	地面砖踢脚线	12.00	m²	25.00	300.00	110mm 高的踢脚线
5	踢脚线铺装（辅料＋安装）	12.00	m²	21.00	252.00	

续表

序号	项目	工程量	单位	综合单价/元	合价/元	备注
6	酒柜	4.50	m²	600.00	2700.00	细木工板框架，澳松板饰面，喷白色混油
四、外阳台						
1	墙顶面找平	14.84	m²	12.00	178.08	粉刷石膏
2	墙面漆（立邦三合一）	10.10	m²	45.00	454.50	披刮腻子2~3遍，乳胶漆面漆2遍
3	顶面漆（立邦三合一）	4.74	m²	45.00	213.30	披刮腻子2~3遍，乳胶漆面漆2遍
4	地面砖	4.74	m²	365.00	1730.10	300mm×300mm的防滑砖
5	地面砖铺装（辅料＋人工）	4.74	m²	55.00	260.70	
6	推拉门套	12.50	m	165.00	2062.50	
7	推拉门	9.60	m2	360.00	3456.00	
五、厨房						
1	集成吊顶	6.90	m²	380.00	2622.00	轻钢龙骨骨架，铝扣板饰面
2	地面防滑砖	6.90	m²	285.00	1966.50	300mm×300mm的防滑砖
3	地面砖铺装（辅料＋人工）	6.90	m²	55.00	379.50	
4	墙面砖	25.00	m²	235.00	5875.00	300mm×450mm的砖
5	墙面砖铺装（辅料＋人工）	25.00	m²	55.00	1375.00	
6	防水处理	15.00	m²	65.00	975.00	
7	门加套	1.00	套	2450.00	2450.00	
8	门锁、门吸、合页	1.00	套	320.00	320.00	
六、卫生间						
1	集成吊顶	4.50	m²	380.00	1710.00	轻钢龙骨骨架，铝扣板饰面
2	地面防滑砖	4.50	m²	285.00	1282.50	300mm×300mm的防滑砖
3	地面砖铺装（辅料＋人工）	18.40	m²	55.00	1012.00	
4	墙面砖	18.40	m²	235.00	4324.00	300mm×450mm的砖
5	墙面砖铺装（辅料＋人工）	21.00	m²	55.00	1155.00	
6	防水处理	12.00	m²	65.00	780.00	
7	门加套	1.00	套	2450.00	2450.00	

续表

序号	项目	工程量	单位	综合单价/元	合价/元	备注
8	门锁、门吸、合页	1.00	套	320.00	320.00	
	二楼					
	一、主卧室					
1	墙顶面找平	52.90	m²	12.00	634.80	粉刷石膏
2	墙面漆（立邦三合一）	40.67	m²	45.00	1830.15	披刮腻子 2~3 遍，乳胶漆面漆 2 遍
3	墙面基层处理	12.23	m²	45.00	550.35	披刮腻子 2~3 遍
4	顶面漆（立邦三合一）	27.30	m²	45.00	1228.50	披刮腻子 2~3 遍，乳胶漆面漆 2 遍
5	石膏线	22.00	m	45.00	990.00	120mm 的欧式石膏线
6	壁纸	3.00	卷	265.00	795.00	
7	石膏板吊顶	5.90	m²	165.00	973.50	轻钢龙骨框架、9厘（mm）石膏板贴面，按公司工艺施工（详见合同附件），不含批灰及乳胶漆，布线及灯具安装另计；按投影面积计算
8	床头软包造型	5.90	m²	850.00	5015.00	成品布艺软包
9	灰镜造型	3.00	m²	165.00	495.00	5mm 的车边灰镜
10	壁纸胶 + 基膜	3.00	卷	45.00	135.00	
11	贴壁纸人工费	3.00	卷	25.00	75.00	
12	地面砖	27.30	m²	365.00	9964.50	800mm×800mm 的地面砖
13	地面砖铺装（辅料 + 人工）	27.30	m²	55.00	1501.50	
14	地面砖踢脚线	19.00	m²	25.00	475.00	110mm 高的踢脚线
15	踢脚线铺装（辅料 + 安装）	19.00	m²	21.00	399.00	
16	门加套	1.00	套	2450.00	2450.00	
17	门锁、门吸、合页	1.00	套	320.00	320.00	
18	窗台大理石	1.32	m²	365.00	481.80	
19	窗台大理石磨边 + 安装	1.76	m	85.00	149.60	
	二、外阳台					
1	墙顶面找平	14.84	m²	12.00	178.08	粉刷石膏
2	墙面漆（立邦三合一）	10.10	m²	45.00	454.50	披刮腻子 2~3 遍，乳胶漆面漆 2 遍
3	顶面漆（立邦三合一）	4.74	m²	45.00	213.30	披刮腻子 2~3 遍，乳胶漆面漆 2 遍

续表

序号	项目	工程量	单位	综合单价/元	合价/元	备注
4	地面砖	4.74	m²	365.00	1730.10	300mm×300mm 的防滑砖
5	地面砖铺装（辅料＋人工）	4.74	m²	55.00	260.70	
6	推拉门套	12.50	m	165.00	2062.50	
7	推拉门	9.60	m²	360.00	3456.00	
三、儿童房						
1	墙顶面找平	45.60	m²	12.00	547.20	粉刷石膏
2	墙面漆（立邦三合一）	34.00	m²	45.00	1530.00	披刮腻子 2~3 遍，乳胶漆面漆 2 遍
3	顶面漆（立邦三合一）	11.60	m²	45.00	522.00	披刮腻子 2~3 遍，乳胶漆面漆 2 遍
4	衣橱柜体	4.32	m²	860.00	3715.20	杉木板柜体
5	推拉门	4.00	m²	450.00	1800.00	
6	包管道	1.00	根	280.00	280.00	木龙骨石膏板基层刷乳胶漆
7	石膏线	14.00	m	45.00	630.00	120mm 的欧式石膏线
8	地面砖	11.60	m²	365.00	4234.00	800mm×800mm 的地面砖
9	地面砖铺装（辅料＋人工）	11.60	m²	55.00	638.00	
10	地面砖踢脚线	12.00	m²	25.00	300.00	110mm 高的踢脚线
11	踢脚线铺装（辅料＋安装）	12.00	m²	21.00	252.00	
12	门加套	1.00	套	2450.00	2450.00	
13	门锁、门吸、合页	1.00	套	320.00	320.00	
14	窗台大理石	0.70	m²	365.00	255.50	
15	窗台大理石磨边＋安装	1.45	m	85.00	123.25	
四、书房						
1	墙顶面找平	37.65	m²	12.00	451.80	粉刷石膏
2	墙面漆（立邦三合一）	29.45	m²	45.00	1325.25	披刮腻子 2~3 遍，乳胶漆面漆 2 遍
3	顶面漆（立邦三合一）	8.20	m²	45.00	369.00	披刮腻子 2~3 遍，乳胶漆面漆 2 遍
4	石膏线	12.00	m	45.00	540.00	120mm 的欧式石膏线
5	包地暖	1.00	项	900.00	900.00	大芯板柜体

序号	项目	工程量	单位	综合单价/元	合价/元	备注
6	地面砖	8.20	m²	365.00	2993.00	800mm×800mm 的地面砖
7	地面砖铺装（辅料＋人工）	8.20	m²	55.00	451.00	
8	地面砖踢脚线	11.00	m²	25.00	275.00	110mm 高的踢脚线
9	踢脚线铺装（辅料＋安装）	11.00	m²	21.00	231.00	
10	门加套	1.00	套	2450.00	2450.00	
11	门锁、门吸、合页	1.00	套	320.00	320.00	
12	窗台大理石	0.24	m²	365.00	87.60	
13	窗台大理石磨边＋安装	0.80	m	85.00	68.00	
五、卫生间						
1	集成吊顶	3.70	m²	380.00	1406.00	轻钢龙骨骨架，铝扣板饰面
2	地面防滑砖	3.70	m²	285.00	1054.50	300mm×300mm 的防滑砖
3	地面砖铺装（辅料＋人工）	3.70	m²	55.00	203.50	
4	墙面砖	15.40	m²	235.00	3619.00	300mm×450mm 的砖
5	墙面砖铺装（辅料＋人工）	15.40	m²	55.00	847.00	
6	防水处理	12.00	m²	65.00	780.00	
7	门加套	1.00	套	2450.00	2450.00	
8	门锁、门吸、合页	1.00	套	320.00	320.00	
地下一楼						
一、走廊						
1	墙面漆（立邦三合一）	40.67	m²	45.00	1830.15	披刮腻子 2~3 遍，乳胶漆面漆 2 遍
2	顶面漆（立邦三合一）	27.00	m²	45.00	1215.00	披刮腻子 2~3 遍，乳胶漆面漆 2 遍
3	隔断	3.20	m²	400.00	1280.00	
4	装饰柜	1.20	m²	500.00	600.00	大芯板柜体
5	楼梯底储藏柜柜门	1.41	m²	450.00	634.50	大芯板柜体，澳松板饰面，喷白色混油，柜体内贴玻音软片
6	地面砖	27.00	m²	365.00	9855.00	800mm×800mm 的地面砖
7	地面砖铺装（辅料＋人工）	27.00	m²	55.00	1485.00	
8	地面砖踢脚线	21.00	m²	25.00	525.00	110mm 高的踢脚线

序号	项目	工程量	单位	综合单价/元	合价/元	备注
9	踢脚线铺装（辅料＋安装）	21.00	m²	21.00	441.00	
二、储物室						
1	墙面漆（立邦三合一）	25.33	m²	45.00	1139.85	披刮腻子 2~3 遍，乳胶漆面漆 2 遍
2	顶面漆（立邦三合一）	27.30	m²	45.00	1228.50	披刮腻子 2~3 遍，乳胶漆面漆 2 遍
3	衣橱柜体	20.60	m²	860.00	17716.00	杉木板柜体
4	封门洞	1.60	m²	245.00	392.00	轻钢龙骨骨架，石膏板饰面
5	地面砖	27.00	m²	365.00	9855.00	800mm×800mm 的地面砖
6	地面砖铺装（辅料＋人工）	27.00	m²	55.00	1485.00	
7	地面砖踢脚线	21.00	m²	25.00	525.00	110mm 高的踢脚线
8	踢脚线铺装（辅料＋安装）	21.00	m²	21.00	441.00	
9	门加套	1.00	套	2450.00	2450.00	
10	门锁、门吸、合页	1.00	套	320.00	320.00	
11	窗台大理石	0.24	m²	365.00	87.60	
12	窗台大理石磨边＋安装	0.80	m	85.00	68.00	
三、楼梯间						
1	墙面漆（立邦三合一）	56.21	m²	45.00	2529.45	披刮腻子 2~3 遍，乳胶漆面漆 2 遍
2	顶面漆（立邦三合一）	10.80	m²	45.00	486.00	披刮腻子 2~3 遍，乳胶漆面漆 2 遍
3	地面砖	10.80	m²	365.00	3942.00	800mm×800mm 的地面砖
4	地面砖铺装（辅料＋人工）	10.80	m²	55.00	594.00	
5	地面砖踢脚线	11.00	m²	25.00	275.00	110mm 高的踢脚线
6	踢脚线铺装（辅料＋安装）	11.00	m²	21.00	231.00	
7	门加套	1.00	套	2450.00	2450.00	
8	门锁、门吸、合页	1.00	套	320.00	320.00	
合计：218824.31 元						
四、其他						
1	安装灯具	1.00	项	500.00	500.00	甲供灯具，不包含客厅主灯及复杂水晶灯
2	垃圾清运	1.00	项	280.00	280.00	运到物业指定地点

续表

序号	项目	工程量	单位	综合单价/元	合价/元	备注
	小计：780.00 元					
	工程直接费用合计：219604.31 元					
	工程管理费（直接费×12%）：26352.52 元					
	工程总造价：245956.83 元					

注：1. 为了维护您的利益，请您不要接受任何的口头承诺。

2. 计算乳胶漆面积和墙砖面积时，门窗洞口面积减半计算，以上墙漆报价不含特殊墙面处理。

3. 实际发生项目若与报价单不符，一切以实际发生为准。

4. 水电施工按实际发生计算（算在增减项内）。电路改造：明走管 20 元/m；砖墙暗走管 28 元/m；混凝土暗走管 30 元/m。WAGO 接线端子 5 元/个。水路改造：PPR 明走管 88.4 元/m；PPR 暗走管 108.5 元/m。新开槽布底盒 4 元/个，原有底盒更换 2 元/个。水电路工程不打折。

表 7-19　预算表（三）（高档型）

序号	项目	工程量	单位	综合单价/元	合价/元	备注
	一楼					
	一、客厅					
1	墙顶面找平	69.20	m²	18.00	1245.60	粉刷石膏
2	墙面漆基层	41.90	m²	45.00	1885.50	披刮腻子 2~3 遍，打磨找平
3	顶面漆（立邦五合一）	27.30	m²	65.00	1774.50	披刮腻子 2~3 遍，乳胶漆面漆 2 遍
4	双层叠级石膏板吊顶	8.70	m²	265.00	2305.50	轻钢龙骨框架、9 厘（mm）双层石膏板贴面，按公司工艺施工（详见合同附件），不含批灰及乳胶漆，布线及灯具安装另计；按投影面积计算
5	电视墙造型	7.40	m²	450.00	3330.00	大芯板基层水曲柳搓色工艺
6	电视墙大理石基层	5.00	m²	125.00	625.00	细木工板基层
7	电视墙大理石	5.00	m²	900.00	4500.00	
8	隔断造型	2.30	m²	560.00	1288.00	细木工板基层，澳松板饰面，喷白色混油
9	18mm 白色混油花格	2.30	m²	450.00	1035.00	定做成品
10	沙发背景木质造型	6.00	m²	580.00	3480.00	细木工板基层，澳松板饰面，喷白色混油
11	沙发软包造型	8.00	m²	890.00	7120.00	成品布艺软包
12	地面砖	27.30	m²	850.00	23205.00	800mm×800mm 的地面砖
13	地面砖铺装（辅料+人工）	27.30	m²	75.00	2047.50	

续表

序号	项目	工程量	单位	综合单价/元	合价/元	备注
14	实木木质踢脚线	15.00	m	65.00	975.00	实木踢脚线
15	地面大理石拼花	6.00	m²	980.00	5880.00	
16	地面大理石拼花（铺装＋人工）	6.00	m²	145.00	870.00	
17	窗台大理石	1.32	m²	420.00	554.40	
18	窗台大理石磨边＋安装	1.76	m	85.00	149.60	
19	地面大理石打围	21.00	m²	850.00	17850.00	800mm×800mm 的地面砖
20	地面大理石打围（辅料＋人工）	21.00	m²	75.00	1575.00	
21	墙面硅藻泥	41.90	m²	125.00	5237.50	
二、走廊						
1	墙顶面找平	17.30	m²	18.00	311.40	粉刷石膏
2	墙面漆基层	7.00	m²	45.00	315.00	披刮腻子 2~3 遍，打磨找平
3	顶面漆（立邦五合一）	10.30	m²	65.00	669.50	披刮腻子 2~3 遍，乳胶漆面漆 2 遍
4	双层叠级石膏板吊顶	8.70	m²	265.00	2305.50	轻钢龙骨框架、9厘（mm）双层石膏板贴面，按公司工艺施工（详见合同附件），不含批灰及乳胶漆，布线及灯具安装另计；按投影面积计算
5	包管道	1.00	根	320.00	320.00	木龙骨石膏板基层刷乳胶漆
6	地面砖	10.30	m²	850.00	8755.00	800mm×800mm 的地面砖
7	地面砖铺装（辅料＋人工）	10.30	m²	75.00	772.50	
8	实木木质踢脚线	7.00	m²	65.00	455.00	实木踢脚线
9	墙面硅藻泥	7.00	m²	125.00	875.00	
10	踢脚线铺装（辅料＋安装）	7.00	m²	21.00	147.00	
三、餐厅						
1	石膏线	9.00	m	45.00	405.00	120mm 的欧式石膏线
2	地面砖	8.80	m²	850.00	7480.00	800mm×800mm 的地面砖
3	地面砖铺装（辅料＋人工）	8.80	m²	75.00	660.00	
4	实木木质踢脚线	12.00	m²	65.00	780.00	实木踢脚线
5	踢脚线铺装（辅料＋安装）	12.00	m²	21.00	252.00	
6	酒柜	4.50	m²	600.00	2700.00	细木工板框架，澳松板饰面，喷白色混油

续表

序号	项目	工程量	单位	综合单价/元	合价/元	备注
四、外阳台						
1	墙顶面找平	14.84	m²	18.00	267.12	粉刷石膏
2	墙面漆基层	10.10	m²	45.00	454.50	披刮腻子 2~3 遍，打磨找平
3	顶面漆（立邦五合一）	4.74	m²	65.00	308.10	披刮腻子 2~3 遍，乳胶漆面漆 2 遍
4	地面砖	4.74	m²	850.00	4029.00	300mm×300mm 的防滑砖
5	地面砖铺装（辅料＋人工）	4.74	m²	75.00	355.50	
6	推拉门套	12.50	m	165.00	2062.50	
7	推拉门	9.60	m²	360.00	3456.00	
五、厨房						
1	集成吊顶	6.90	m²	450.00	3105.00	轻钢龙骨骨架，铝扣板饰面
2	地面防滑砖	6.90	m²	450.00	3105.00	300mm×300mm 的防滑砖
3	地面砖铺装（辅料＋人工）	6.90	m²	55.00	379.50	
4	墙面砖	25.00	m²	235.00	5875.00	300mm×450mm 的砖
5	墙面砖铺装（辅料＋人工）	25.00	m²	55.00	1375.00	
6	防水处理	15.00	m²	65.00	975.00	
7	门加套	1.00	套	4500.00	4500.00	实木门
8	门锁、门吸、合页	1.00	套	450.00	450.00	
六、卫生间						
1	集成吊顶	4.50	m²	450.00	2025.00	轻钢龙骨骨架，铝扣板饰面
2	地面防滑砖	4.50	m²	450.00	2025.00	300mm×300mm 的防滑砖
3	地面砖铺装（辅料＋人工）	18.40	m²	55.00	1012.00	
4	墙面砖	18.40	m²	235.00	4324.00	300mm×450mm 的砖
5	墙面砖铺装（辅料＋人工）	21.00	m²	55.00	1155.00	
6	防水处理	12.00	m²	65.00	780.00	
7	门加套	1.00	套	4500.00	4500.00	实木门
8	门锁、门吸、合页	1.00	套	450.00	450.00	
二楼						
一、主卧室						
1	墙顶面找平	52.90	m²	18.00	952.20	粉刷石膏

序号	项目	工程量	单位	综合单价/元	合价/元	备注
2	墙面漆基层	40.67	m²	45.00	1830.15	披刮腻子 2~3 遍，打磨找平
3	墙面基层处理	12.23	m²	45.00	550.35	披刮腻子 2~3 遍
4	顶面漆（立邦五合一）	27.30	m²	65.00	1774.50	披刮腻子 2~3 遍，乳胶漆面漆 2 遍
5	石膏线	22.00	m	45.00	990.00	120mm 的欧式石膏线
6	壁纸	3.00	卷	265.00	795.00	
7	双层叠级石膏板吊顶	5.90	m²	265.00	1563.50	轻钢龙骨框架、9mm 双层石膏板贴面，按公司工艺施工（详见合同附件），不含批灰及乳胶漆，布线及灯具安装另计；按投影面积计算
8	床头软包造型	5.90	m²	850.00	5015.00	成品布艺软包
9	灰镜造型	3.00	m²	165.00	495.00	5mm 的车边灰镜
10	壁纸胶 + 基膜	3.00	卷	45.00	135.00	
11	贴壁纸人工费	3.00	卷	25.00	75.00	
12	地面砖	27.30	m²	850.00	23205.00	800mm×800mm 的地面砖
13	地面砖铺装（辅料 + 人工）	27.30	m²	75.00	2047.50	
14	实木木质踢脚线	19.00	m²	65.00	1235.00	实木踢脚线
15	踢脚线铺装（辅料 + 安装）	19.00	m²	21.00	399.00	
16	门加套	1.00	套	4500.00	4500.00	实木门
17	门锁、门吸、合页	1.00	套	450.00	450.00	
18	窗台大理石	1.32	m²	420.00	554.40	
19	窗台大理石磨边 + 安装	1.76	m	85.00	149.60	
20	墙面硅藻泥	40.67	m²	125.00	5083.75	
二、外阳台						
1	墙顶面找平	14.84	m²	18.00	267.12	粉刷石膏
2	墙面漆基层	10.10	m²	45.00	454.50	披刮腻子 2~3 遍，打磨找平
3	顶面漆（立邦五合一）	4.74	m²	65.00	308.10	披刮腻子 2~3 遍，乳胶漆面漆 2 遍
4	地面砖	4.74	m²	850.00	4029.00	300mm×300mm 的防滑砖
5	地面砖铺装（辅料 + 人工）	4.74	m²	75.00	355.50	
6	推拉门套	12.50	m	165.00	2062.50	
7	推拉门	9.60	m²	360.00	3456.00	

序号	项目	工程量	单位	综合单价/元	合价/元	备注
三、儿童房						
1	墙顶面找平	45.60	m²	18.00	820.80	粉刷石膏
2	墙面漆基层	34.00	m²	45.00	1530.00	披刮腻子2~3遍，打磨找平
3	顶面漆（立邦五合一）	11.60	m²	65.00	754.00	披刮腻子2~3遍，乳胶漆面漆2遍
4	衣橱柜体	4.32	m²	1200.00	5184.00	杉木板柜体
5	推拉门	4.00	m²	450.00	1800.00	
6	包管道	1.00	根	280.00	280.00	木龙骨石膏板基层刷乳胶漆
7	石膏线	14.00	m	45.00	630.00	120mm的欧式石膏线
8	地面砖	11.60	m²	850.00	9860.00	800mm×800mm的地面砖
9	地面砖铺装（辅料+人工）	11.60	m²	75.00	870.00	
10	实木木质踢脚线	12.00	m²	65.00	780.00	实木踢脚线
11	踢脚线铺装（辅料+安装）	12.00	m²	21.00	252.00	
12	门加套	1.00	套	4500.00	4500.00	实木门
13	门锁、门吸、合页	1.00	套	450.00	450.00	
14	窗台大理石	0.70	m²	420.00	294.00	
15	窗台大理石磨边+安装	1.45	m	85.00	123.25	
16	墙面硅藻泥	34.00	m²	125.00	4250.00	
四、书房						
1	墙顶面找平	37.65	m²	18.00	677.70	粉刷石膏
2	墙面漆基层	29.45	m²	45.00	1325.25	披刮腻子2~3遍，打磨找平
3	顶面漆（立邦五合一）	8.20	m²	65.00	533.00	披刮腻子2~3遍，乳胶漆面漆2遍
4	石膏线	12.00	m	45.00	540.00	120mm的欧式石膏线
5	包地暖	1.00	项	900.00	900.00	大芯板柜体
6	地面砖	8.20	m²	850.00	6970.00	800mm×800mm的地面砖
7	地面砖铺装（辅料+人工）	8.20	m²	75.00	615.00	
8	实木木质踢脚线	11.00	m²	65.00	715.00	实木踢脚线
9	踢脚线铺装（辅料+安装）	11.00	m²	21.00	231.00	
10	门加套	1.00	套	4500.00	4500.00	实木门
11	门锁、门吸、合页	1.00	套	450.00	450.00	
12	窗台大理石	0.24	m²	420.00	100.80	
13	窗台大理石磨边+安装	0.80	m	85.00	68.00	

序号	项目	工程量	单位	综合单价/元	合价/元	备注
14	墙面硅藻泥	29.45	m²	125.00	3681.25	
五、卫生间						
1	集成吊顶	3.70	m²	450.00	1665.00	轻钢龙骨骨架，铝扣板饰面
2	地面防滑砖	3.70	m²	450.00	1665.00	300mm×300mm 的防滑砖
3	地面砖铺装（辅料＋人工）	3.70	m²	55.00	203.50	
4	墙面砖	15.40	m²	235.00	3619.00	300mm×450mm 的砖
5	墙面砖铺装（辅料＋人工）	15.40	m²	55.00	847.00	
6	防水处理	12.00	m²	65.00	780.00	
7	门加套	1.00	套	4500.00	4500.00	实木门
8	门锁、门吸、合页	1.00	套	450.00	450.00	
地下一楼						
一、走廊						
1	墙面漆（立邦五合一）	40.67	m²	65.00	2643.55	披刮腻子 2～3 遍，乳胶漆面漆 2 遍
2	顶面漆（立邦五合一）	27.00	m²	65.00	1755.00	披刮腻子 2～3 遍，乳胶漆面漆 2 遍
3	隔断	3.20	m²	400.00	1280.00	
4	装饰柜	1.20	m²	500.00	600.00	大芯板柜体
5	楼梯底储藏柜柜门	1.41	m²	450.00	634.50	大芯板柜体，澳松板饰面，喷白色混油，柜体内贴玻音软片
6	地面砖	27.00	m²	850.00	22950.00	800mm×800mm 的地面砖
7	地面砖铺装（辅料＋人工）	27.00	m²	75.00	2025.00	
8	实木木质踢脚线	21.00	m²	65.00	1365.00	实木踢脚线
9	踢脚线铺装（辅料＋安装）	21.00	m²	21.00	441.00	
二、储物室						
1	墙面漆（立邦五合一）	25.33	m²	65.00	1646.45	披刮腻子 2~3 遍，乳胶漆面漆 2 遍
2	顶面漆（立邦五合一）	27.30	m²	65.00	1774.50	披刮腻子 2~3 遍，乳胶漆面漆 2 遍
3	衣橱柜体	20.60	m²	1200.00	24720.00	杉木板柜体
4	封门洞	1.60	m²	245.00	392.00	轻钢龙骨骨架，石膏板饰面
5	地面砖	27.00	m²	850.00	22950.00	800mm×800mm 的地面砖
6	地面砖铺装（辅料＋人工）	27.00	m²	75.00	2025.00	
7	实木木质踢脚线	21.00	m²	65.00	1365.00	实木踢脚线

序号	项目	工程量	单位	综合单价/元	合价/元	备注
8	踢脚线铺装（辅料＋安装）	21.00	m²	21.00	441.00	
9	门加套	1.00	套	4500.00	4500.00	实木门
10	门锁、门吸、合页	1.00	套	450.00	450.00	
11	窗台大理石	0.24	m²	420.00	100.80	
12	窗台大理石磨边＋安装	0.80	m	85.00	68.00	
	三、楼梯间					
1	墙面漆（立邦五合一）	56.21	m²	65.00	3653.65	披刮腻子2~3遍，乳胶漆面漆2遍
2	顶面漆（立邦五合一）	10.80	m²	65.00	702.00	披刮腻子2~3遍，乳胶漆面漆2遍
3	地面砖	10.80	m²	850.00	9180.00	800mm×800mm的地面砖
4	地面砖铺装（辅料＋人工）	10.80	m²	75.00	810.00	
5	实木木质踢脚线	11.00	m²	65.00	715.00	实木踢脚线
6	踢脚线铺装（辅料＋安装）	11.00	m²	21.00	231.00	
7	门加套	1.00	套	4500.00	4500.00	实木门
8	门锁、门吸、合页	1.00	套	450.00	450.00	
	合计：405619.89 元					
	四、其他					
1	安装灯具	1.00	项	500.00	500.00	甲供灯具，不包含客厅主灯及复杂水晶灯
2	垃圾清运	1.00	项	280.00	280.00	运到物业指定地点
	小计：780.00 元					
	工程直接费用合计：406399.89 元					
	工程管理费（直接费 ×12%）：48767.99 元					
	工程总造价：455167.88 元					

注：1.为了维护您的利益，请您不要接受任何的口头承诺。

2.计算乳胶漆面积和墙砖面积时，门窗洞口面积减半计算，以上墙漆报价不含特殊墙面处理。

3.实际发生项目若与报价单不符，一切以实际发生为准。

4.水电施工按实际发生计算（算在增减项内）。电路改造：明走管 20 元 /m；砖墙暗走管 28 元 /m；混凝土暗走管 30 元 /m。WAGO 接线端子 5 元 /个。水路改造：PPR 明走管 88.4 元 /m；PPR 暗走管 108.5 元 /m。新开槽布底盒 4 元 /个，原有底盒更换 2 元 /个。水电路工程不打折。

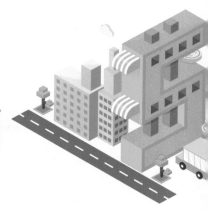

第八章
自建小别墅实战案例

第一节 中式风格——白墙黛瓦的小院

这栋房子没有繁复的造型，参照了中国的徽派建筑的配色，使用的是简单的黑白，房屋坐北朝南，有车库，前庭有池塘，后庭有绿地，环境宜人（图8-1）。

图8-1 中式风格——白墙黛瓦的小院

房屋基本信息如下。

占地面积：10.34m×22.24m（约230m²）。

建筑面积：约276m²。

总 高 度：10.5m。

建筑情况：共设5室、2厅、2卫、1厨、1车库、1阳台、1露台、2庭院。

平面图及效果图如图8-2~图8-7所示。

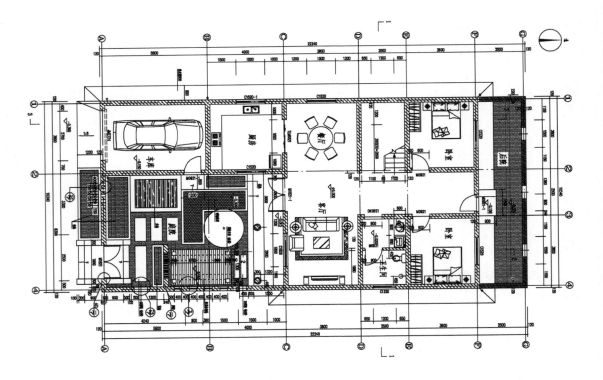

图 8-2　首层平面图

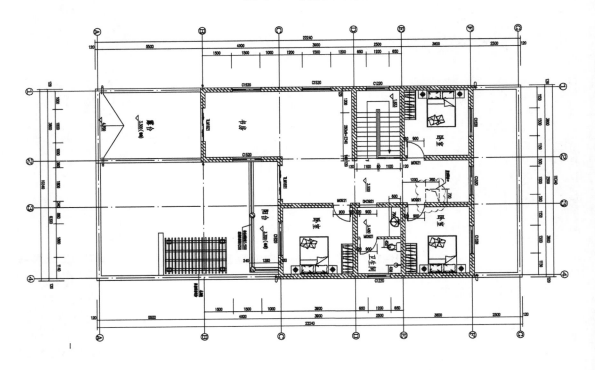

图 8-3　二层平面图

图 8-4 南立面效果图

图 8-5 北立面效果图

图 8-6 东立面效果图

图 8-7 西立面效果图

第二节 简欧风格——少见的五层别墅

对于别墅来讲，五层的设计极为罕见，但在福建地区，这个高度的别墅却是比比皆是。

有业主希望能定制设计一套 5 层楼高的简欧住宅。如此层数高的户型并不多见。该别墅重视线条、造型和颜色块面的运用，使得整栋别墅厚重雄壮。精巧的栏杆形态与玻璃窗与厚重的线条形成对比，虚实结合，减少别墅过高所带来的压抑感。大户型需要格外注重室内的通风采光，两侧立面多小窗设计，保证室内采光的同时，更显私密（图 8-8）。

图 8-8 简欧风格——少见的五层别墅

房屋基本信息如下。

占地面积：13.3m×14.2m（约 189m²）。

建筑结构：框架结构。

建筑面积：约 734m²。

总 高 度：21.2m。

建筑情况：共设 9 室、4 厅、11 卫、1 厨、1 起居室、1 书房、2 棋牌室 、1 娱乐室、1 健身房、1 休闲室 、1 杂物间、7 阳台 、1 露台。

平面图及效果图如图 8-9~ 图 8-17 所示。

扫码看视频

简欧风格自建小别墅

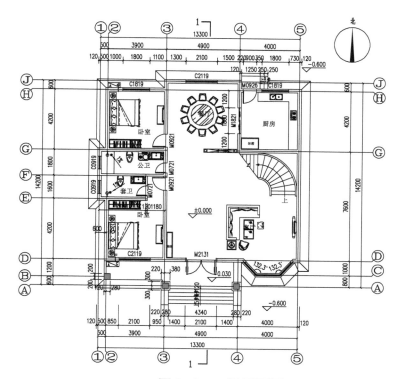

图 8-9 一层平面图

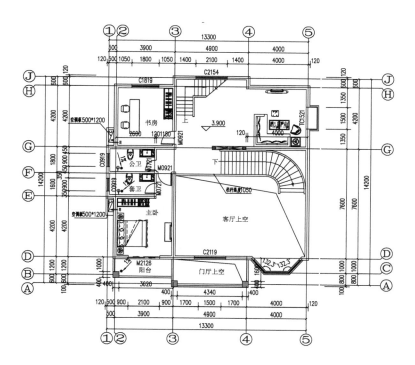

图 8-10 二层平面图

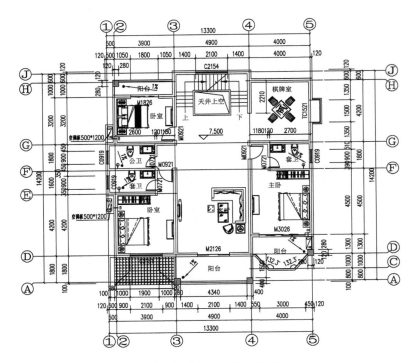

图 8-11　三层平面图

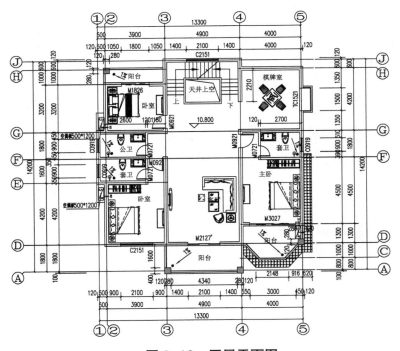

图 8-12　四层平面图

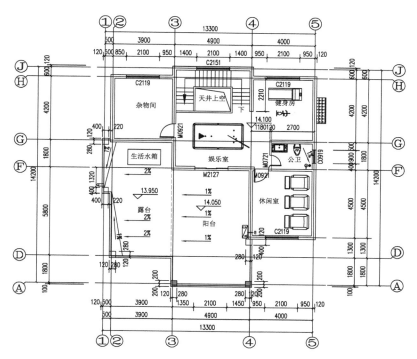

图 8-13　五层平面图

图 8-14　南立面效果图

图 8-15　北立面效果图

图 8-16　东立面效果图

图 8-17　西立面效果图

第三节 现代风格——打破别墅风格的禁锢

该别墅摒弃了对农村自建小别墅的固有风格，大胆选取了更加时尚、亮眼的现代风格，平屋顶的形态，文化石的墙面独树一帜（图8-18）。

住宅立面打造为朱红色，时尚又突出。由于基地位置处半山腰，宅地四面有高差，所以设计师选择抬高地基，增强房屋的稳固性和安全性。

图 8-18 现代风格——打破别墅风格的禁锢

房屋基本信息如下。

占地面积：13.5m×13.4m（约180m²）。

建筑结构：框架结构。

建筑面积：约366m²。

总高度：8.9m。

建筑情况：共设6室、2厅、4卫、1厨、1玄关、1储藏间、1起居室、3阳台。

平面图和效果图如图8-19~图8-24所示。

扫码看视频

现代风格自建小别墅

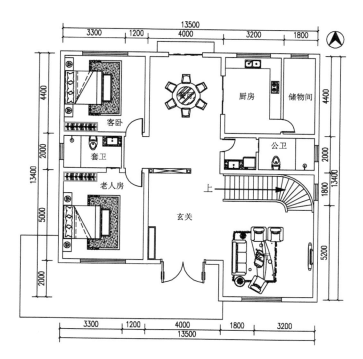

图 8-19 一层平面图

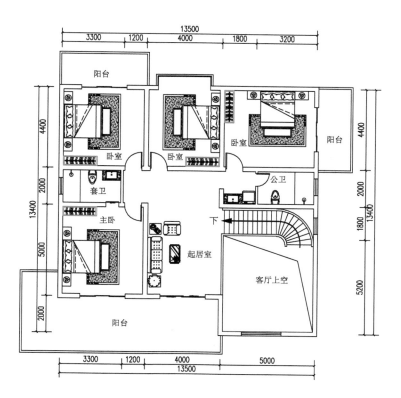

图 8-20 二层平面图

图 8-21　南立面效果图

图 8-22　北立面效果图

图 8-23　东立面效果图

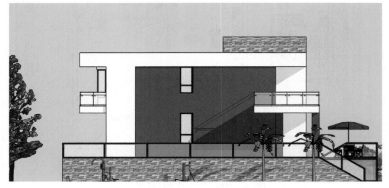

图 8-24　西立面效果图

附录

附录一 宅基地的选择与审批

1. 宅基地的定义

宅基地是指农村的农户或个人用作住宅基地而占有、利用本集体所有的土地，即指建了房屋、建过房屋或者决定用于建造房屋的土地，包括建了房屋的土地，建过房屋但已无上盖物，不能居住的土地，以及准备建房用的规划地种类型。

农村集体经济组织为保障农户生活需要而拨给农户一部分土地，用于建造住房、辅助用房（厨房、仓库、厕所）、庭院、沼气池、禽畜舍等。宅基地的所有权属于农村集体经济组织。农户对宅基地上的附着物享有所有权，有买卖和租赁的权利，不受他人侵犯。房屋出卖或出租后，宅基地的使用权随之转给受让人或承租人，但宅基地所有权始终为集体所有。

2. 宅基地的申请条件

申请人是本集体经济组织成员，且在本集体经济组织内从事生产经营活动，并承担本集体经济组织成员同等义务。只有属于附表 1 所列情况之一的，才可申请宅基地。

附表 1　可以申请宅基地的条件

序号	申请条件
1	多子女家庭，有子女已达婚龄，确需分居立户（分户后父母身边需有一个子女）
2	因国家建设原宅基地被征收
3	因自然灾害或者实施村镇规划，土地整理需要搬迁
4	原房屋破旧，宅基地面积偏小，需要新翻建、扩建
5	迁入农业人口落户成为本集体经济组织成员，经集体经济组织分配承包田，同时承担村民义务，且在原籍没有宅基地
6	因外出打工、上学、被劳动教养、服刑等特殊原因将原农业户口迁出，现户口迁回后继续从事农业劳动，承担村民义务，且无住房的农业人口
7	原本村现役军人配偶，且配偶及子女户口已落户在本村组，且无住房

3. 宅基地的申请审批流程

宅基地的申请审批流程如附图 1 所示。

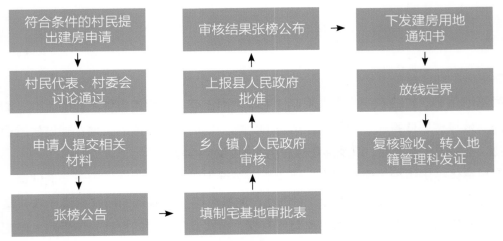

附图 1　宅基地的申请审批流程

① 由本人向所在的农村集体经济组织或者村民委员会提出用地申请。

② 由农村集体经济组织召开成员会议或者村民委员会召开村民会议对其用地申请进行讨论。

③ 讨论通过后，由农村集体经济组织或村民委员会将申请宅基地的户主名单、占地面积、位置等张榜公布，报乡（镇）人民政府审核。

④ 乡（镇）人民政府审核后，报县级人民政府批准，批准结果由村民委员会或农村集体经济组织予以公布。占用农用地的，按照《中华人民共和国土地管理法》有关规定办理农用地转用手续。

⑤ 经批准回乡落户的城镇干部、职工、军人和其他人员申请建造住宅的，应当持有原所在单位或者原户口所在地乡（镇）人民政府出具的无住房证明材料办理有关手续，其宅基地面积按照落户所在地的标准执行。

⑥ 回乡定居的华侨、外籍华人、烈士家属等申请建造住宅的，其宅基地面积参照当地标准执行。

4. 宅基地选择的注意事项

农村宅基地分配与建房应符合村庄规划和土地利用总体规划，充分利用旧宅基地、村内空闲地和村边丘陵坡地，严禁在基本农田保护区和地质灾害危险区内建房，严禁擅自在承包地、自留地上建房。严禁在滑坡、泥石流、陡坡、软土、山洪沟渠旁等地区选址建设住宅。建筑场地宜选择对防震有利地段和满足建筑物承载力及变形要求的区域。建筑地基宜选择对防震有利的地段，避开不利地段，当无法避开时，应采取有效措施。

农村或者小城镇土地相对宽松，建私房时很有必要选择适宜建房的宅基地，避开一些过于复杂的地形，以免增加一些不必要的费用。以下几种地形会大幅提高建房成本。

① 通道过于狭窄，材料难以运输。有些古旧的村落，布局不合理，没有预留车辆行驶的通道，更有一些是顺着山坡而建的寨子，道路是拾级而上的，在这些村子中间建楼房，材料进出只能用小斗车或人力挑运，运输成本可想而知。

② 宅基地的旁边有陡坡或悬崖。在这样的宅基地上建房，欠缺安全感，解决的办法只有砌挡土墙。砌挡土墙的费用一般是按立方米来计算的，$1m^3$ 的片石拉到工地要上百元，加上水泥砂浆、人工费，这样下来，是一笔不菲的费用。

③ 将房屋建在填埋土上。现代房屋一般都有二三层以上，传统的说法，地基不打到实土是不安全的，轻则下沉龟裂，重则倾斜。如果浮土过深，只能采用机压灌桩或人工挖孔桩，这样做成本自然就上去了。

附录二 自建小别墅报建手续

1. 自建房报批

自建房报批申请流程见附图 2。

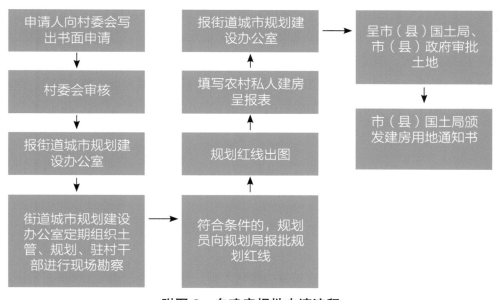

附图 2 自建房报批申请流程

2. 自建房申请与建房详细程序

根据《土地管理法》及《土地管理法实施条例》的规定，农村自建房应按照下列步骤合法申请。

① 由建房户提出申请，填写《农村个人建房申请、审核表》。

② 所在村民委员会签署并加盖公章。

③ 镇政府进行初审，由镇村建办和镇土地分所给出初审意见，并负责调地工作。

④ 镇政府分村定期、定点张榜公布初审结果。

⑤ 报市（县）级机关联合审批。

a. 市（县）规划局审核，确定规划选址，发批准文件。

b. 市（县）土地局审核，并办理用地审批手续，发批准文件。

⑥ 镇政府收取建房费用，核发《农村个人建房建设工程许可证》。

⑦ 建房户开工前报告镇政府，镇政府现场查验，敲桩定位，并实行建设全程管理。

⑧ 建房竣工后，建房户应向镇政府申请竣工验收。

⑨ 镇政府会同县有关部门派人现场查验，按规定核发建房竣工验收合格证，退还建房用地保证金。

⑩ 建房户凭验收合格证，向房地产登记部门申请房地产权利登记。

3. 个人建房申请

按照国家有关规定，为了统一规划，防止乱搭乱建以及侵占土地等问题的产生，建新房要经过政府有关部门的批准。要建新房的个人或集体，必须向有关部门（土地规划局、建设局等）写建房申请，待批准后才能建房，否则将做违规建房处理。

写建房申请前，应查阅国家和当地政府的有关规定，要在符合这些规定的范围内写申请。如不符有关规定，申请是不会得到批准的。写的时候，一般正文开头部分提出建房申请，主体部分写建房理由（为什么要建房）、建房的条件和建房方案（怎么建）。理由要充分，方案也应可行。具体可以参考下面实例。

建 房 申 请

××土地规划局：我叫×××，是××乡××村××组农民。由于下列几个原因，我申请新建住房。

一、我现住的房屋，还是 1976 年建的简陋木制瓦房，至今已逾 40 余年，虽经过多次整修，但破损处仍然较多，修修补补后既难解决漏雨、漏风问题，也影响房屋外观。因而建新房非常有必要。

二、我现居住的房屋一共 5 间，80 多平方米，要住 8 人，还要堆放粮食等，十分拥挤。特别是我大儿子后年要结婚，女方家要求必须有新房才肯嫁过来。为了改善现有的住房状况，为了我大儿子能顺利成家，我也必须建新房。

三、这些年来，党的政策越来越好，我们的收入也一年比一年增加。我通过二十多年的辛勤劳动，不断积攒，已基本上攒够了建新房（建成砖混水泥房）的费用。只要上级一批准，我就能马上动工。

四、我建房的方案是：拆除现有的住房，主要在老地基建新房，另外占用我现住房背后的自留地 $40m^2$。所建房屋为一楼一底，约 $200m^2$。特此申请，敬请审核批准。

附：1. 现住房照片；2. 生产小组的证明。

申请人：×× 乡 ×× 村 ×× 组 ×××××× 年 × 月 × 日

附录三　自建小别墅建房合同书

一般施工队都是由一名建筑工匠负责牵头，组织工人承包附近房屋的建设工作。该工匠负责与房主商谈建筑费用并组织施工，工人按天发给报酬。由于国内人情关系比较重，加上这些工匠都是"熟人"，很多房主在建房时，只是进行口头约定。在现代社会，这种依靠人情、自觉性建立的合作关系，一旦真正遇到问题，往往会导致各方面的损失，而且很难追究相关责任。因此，在自建小别墅施工之前，还是要与相关责任人签订规范的承包合同，明确双方的义务和权利，这样在施工过程中，对于质量、进度都有保证，也能够将建设过程中的各种风险因素降到最低。

1. 施工队的性质

由某位建筑工匠牵头组建的施工队并不是法律意义上的"组织"。该工匠以建筑工匠的身份承包房主的住房拆建工程，工匠与房主之间形成承包合同关系；然后该工匠又以雇主身份雇佣若干工人为其劳动，他与其他工人之间所形成的关系实际上是雇佣劳动关系。因此该施工队是以雇佣形式组建的，它不是严格的组织，而是个人承包经营下的雇佣劳动群。因此，签订建房合同从法律层面并不是与施工队签订，而是与牵头的建筑工匠个人（即承包方）签订。

虽然承包方的确不是法人、不具有法人地位，但这不影响个人可以成为小型建筑工程的承包者。房主自建两层以上住宅建筑，可以委托具有资格的建筑工匠施工并签订建房协议。

2. 组织者与房主之间合同的订立

作为施工队组织者的工匠与房主是承包合同关系，受《合同法》、建筑市场规范及相关法律规范的调整和保护，因此建筑工匠承包建筑工程时，应当依法与业主签订书面承包合同，并认真履行合同的规定。

合同的内容可以参照《合同法》中关于建设工程合同和承揽合同的规定由当事人约定，一般包括以下条款：当事人的名称或者姓名和住所，标的，数量，质量，价款或者报酬，履行期限、地点和方式，违约责任，解决争议的方法等。

在合同的签订过程中有几个实际问题需要引起重视。

（1）工程质量的评定

因为自建小别墅不像大型建筑那样有正式的质量验收过程，因此在质量评定上会有一定困难，所以房主在签订合同后会承担一些风险。虽然相关管理办法如《村镇建设工程质量安全监督管理办法》中明确规定村镇建筑工匠对工程项目的施工质量负责，但房屋施工质量的验收主要取决于房主的评价。对于建成房屋的质量问题，承包人和房主双方应当在承包合同中进行明确的约定。建筑工匠对所承包的工程质量负责，对达不到合同规定标准的，应当在限期内进行返修。为此，建议房主自建两层以上住宅最好与具有专业知识的专业技术人员（一般当地建委部门都有相关的技术人员）签订技术服务协议，指导建房户选用符合自建住宅技术标准的通用图纸，并提供基础设计、材料选用、质量控制等技术服务。

（2）施工安全的责任

在双方签订的承包合同里，应该包括对安全问题的明确约定。虽然相关规定中明确规定建筑工匠对工程项目的施工安全负责，但房主知道或者应当知道承包人没有相应资质或者不具备安全生产条件的，当工人在施工过程中因安全生产事故遭受人身损害时，发包人与承包人承担连带赔偿责任，或者先由作为承包人的建筑工匠承担，承包人再向发包人追偿相应责任。

3. 建房合同书

房主与承包人就自建住宅签订施工合同时，应根据具体情况签订详细的合同条款。以下是一个合同范本，虽然不一定完全标准，但可供参考。

农村建房合同样本（格式范本）

甲方：_____（姓名，身份证号码）

乙方：_____（姓名，身份证号码）

甲方拟建房屋一座，位置在____县____镇____村____组，由乙方负责承揽建设。为明确双方权利和义务关系，经平等协商，双方自愿签订本加工承揽合同。

一、双方权利义务

1. 甲方负责提供石灰、砖、水泥、沙子、水源、钢材等建筑材料。根据施工进度，乙方应提前____天通知甲方购买所需材料。

2. 乙方具有从事农村房屋建设的成熟经验，负责施工建设并交付建房成果。当事人明确，双方不存在雇佣关系。

3. 搅拌机、振动器等施工机械以及模板、脚手架等所有劳动工具均由乙方自带，费用由乙方自理。

4. 工期从_____年____月____日开始建设，工期为____天。如发生下雨、停电、地震等影响施工的不可抗力情况的，可顺延工期。

5. 乙方加强对其人员的安全教育，严格管理，遵守国家法律法规，安全施工。由于乙方人员的故意或过失引起的安全事故由乙方自行负责，与甲方无关。

6. 乙方所属人员的工资报酬由乙方负责支付，与甲方无关。

二、质量要求

1. 乙方应当本着保质保量的原则，按照图纸施工，加强质量管理。

2. 重要施工过程，如地基、浇筑须经甲方验收后方能进行下一工序。

3. 甲方发现乙方在施工过程中有偷工减料、工作不负责等影响房屋质量的行为时，有权要求乙方停工或整改。

4. 房屋建成后一年内，甲方发现质量问题的，乙方必须进行免费维修。

三、付款方式

1. 工程款结算方式：以建房面积计算，每平方米人民币_____元。

2. 付款时间：第一次付款在施工开始后_____天内，第二次付款在_____天内，第三次付款在_____天内，第四次付款在房屋竣工并经甲方检验后_____天内给付。

四、违约责任

1. 由于工程质量达不到要求的，乙方要进行修理、重做；造成损失的，由乙方赔偿。因乙方原因导致合同无法履行的，乙方应承担违约金_____元，并赔偿因其违约给甲方造成的一切损失。

2. 乙方若无视甲方的合理要求，或者采取消极怠工和延误工期等做法为难甲方，视为乙方违约，甲方有权解除本合同。乙方应承担违约金_____元。

3. 在乙方无违约行为的情况下，甲方若不按合同约定支付工程价款，应当承担违约金_____元（或每日承担违约金_____元）。

五、争议解决办法

1. 发生合同争议时，双方应友好协商。

2. 如协商不成，双方可将争议提交人民法院进行裁决。

六、附则

1. 本合同一式两份，甲乙双方当事人各执一份。

2. 本合同自签订之日起生效。

3. 以上合同，双方必须共同遵守。如经双方协商同意签订补充合同，补充合同与本合同具有同等法律效力。

甲方签字：

乙方签字：

年　　月　　日